水质传感网的多载体检测及自适应组网技术研究

印士勇 刘 辉 王英才 孙志伟 田 勇等 著

科学出版社

北 京

内 容 简 介

本书是物联网技术与传统水环境监测技术相结合的一次尝试，旨在研发和集成多载体水质监测传感器，发展固定监测台站、浮标、智能监测车（船）、水下仿生机器人、卫星遥感等多目标、多尺度的水质智能感知节点，研发感知节点及网元自适应组网技术，建立立体水质监测传感网络，实时在线感知获取与快速传输水质信息，优化和构建水质信息智能化感知系统，实现水环境监测的自动化、智能化和网络化。

本书可作为环境学和生态学相关专业科研技术人员，以及大专院校水利工程、物联网专业教师和学生的参考用书。

图书在版编目（CIP）数据

水质传感网的多载体检测及自适应组网技术研究／印士勇等著 . —北京：科学出版社，2017.1
　ISBN 978-7-03-051519-3

　Ⅰ.①水… 　Ⅱ.①印… 　Ⅲ.①水利工程–地下水污染–水质监测–研究
Ⅳ.①X523.06

中国版本图书馆 CIP 数据核字（2016）第 324068 号

责任编辑：周 杰 　吴春花／责任校对：王晓茜
责任印制：徐晓晨／封面设计：铭轩堂

科 学 出 版 社 出版
北京东黄城根北街 16 号
邮政编码：100717
http://www.sciencep.com

北京东华虎彩彩印刷有限公司 印刷
科学出版社发行　各地新华书店经销
*
2017 年 1 月第 一 版　开本：787×1092　1/16
2018 年 1 月第二次印刷　印张：18 1/4
字数：650 000
定价：168.00 元
（如有印装质量问题，我社负责调换）

本书撰写组（按单位排序）

长江流域水环境监测中心

印士勇　刘　辉　王英才　孙志伟

胡　圣　唐剑锋　余明星　郭雪勤

南水北调中线干线工程建设管理局

田　勇

力合科技(湖南)股份有限公司

聂　波　李晶晶　陈晓磊

河北先河环保科技股份有限公司

李少华

天津大学

马　超

中国环境监测总站

姚志鹏

中科宇图天下科技有限责任公司

陈　静

自　序

　　水是生命之源，生产之要，生态之基。改革开放以来，我国社会经济在持续快速发展的同时，也造成了严重的环境污染和生态破坏问题，水污染事件层出不穷。面对频繁发生的水污染事件，国务院相继印发了《关于实行最严格水资源管理制度的意见》和《水污染防治行动计划》（"水十条"）等纲领性文件，并在"十三五"规划中首次将加强生态文明建设写入五年规划。新时期水资源保护、监督及管理面临着新的挑战，传统的水质监测已经满足不了需求，迫切需要拓展监测内容，创新监测手段，以更好地保障供水水质，服务于经济社会发展，维护人民群众身体健康。

　　水环境监测是生态环境保护的一项重要的基础性工作。目前，我国的水环境监测存在监测站网缺少统一管理及协调、监测手段单一、对先进技术的应用不足、在线监测参数缺少有机指标及综合生物毒性指标等问题，难以满足新时期水资源保护的需求。

　　物联网是一个基于互联网、传统电信网等信息承载体，让所有能够被独立寻址的普通物理对象实现互联互通的网络。它具有普通对象设备化、自治终端互联化和服务智能化三个重要特征。物联网技术能极大地提高水环境监测的智能化及监测效率，降低监测成本，已在污染物监控、水质监测预警、水华预警等方面得到广泛应用。

　　本书聚焦国内外先进的水环境监测技术，通过改进或标准化已有监测技术，开展新技术及设备的研发，将已有监测技术集成优化等，将物联网技术与传统的水环境监测技术融合起来。实现水环境监测的自动化及智能化，是物联网技术在水环境监测技术领域应用的典型案例。

　　本书的撰写人员长期从事水环境监测工作，具有扎实的专业知识和丰富的实践经验。在撰写过程中，采用精炼、易懂的语言，图文并茂地向读者展示了最新的水环境监测成果和技术。希望本书的出版能为相关技术人员及管理部门提供新技术、新方法的参考，进一步推动物联网技术在水环境监测中的应用，为水资源保护事业贡献一份力量。

印士勇

2016 年 5 月

前　　言

南水北调工程是迄今为止世界上最大的水利工程，是实现全国水资源合理配置、保障国家经济社会可持续发展的重大战略性基础工程。中线工程输水干线全长 1432km，一期规划年调水 95 亿 m^3，主要向湖北、河南、河北、北京及天津五省（市）供水，重点解决北京、天津、石家庄等沿线 20 多座大中城市的缺水问题，为 15.1 万 km^2 范围内的 1.1 亿人提供饮用水，并兼顾沿线生态环境和农业用水，对缓解华北水资源危机，改善受水区生态环境，提高沿线居民的生活质量，促进水源地生态文明建设，同时带动地区国民经济和社会的可持续发展具有重要的战略意义。

当前，南水北调中线工程水源区的监测站网涉及水利、环保等在内的多个部门，缺乏统一的管理及协调。水源区站网局部区域重复建设与偏远地区建设不足并存，存在监测频次不统一、数据质量难以控制等问题。在监测手段方面，丹江口水库的水质监测以人工监测为主，缺少大尺度遥感、浮标式在线、智能移动车（船）、水下自行式监测等先进的水质监测手段，水质信息的时效性、全面性难以满足水源地水质安全保障的需求。随着物联网技术、通信技术、智能嵌入式技术的飞速发展及日益成熟，多元、泛在、网络化的系统已成为环境监测的发展趋势。多载体自适应组网技术的实质是传感网、因特网及移动通信网"三网"的高效融合，其核心是智能传感网络技术。将自适应组网技术与传统的水环境监测相结合，可实现水质数据的高效检测及远程传输。

本书在南水北调中线工程水源区现有监测站网的基础上，根据水源区水质特点，开展监测站网优化布控技术研究，为水源区水质监测预警网络的构建提供理论基础；针对目前水源地水质监测手段较为单一、监测指标较少的现状和南水北调中线对水源地水质高标准的要求，开发了固定监测台站水质检测质量保障技术，建立了仪器自动校正和感知结果智能分析系统，形成了固定监测台站水质检测与质量保障技术规范。同时，将遥感技术应用到水源区的监测预警，建立了遥感解译系统；开发了搭载低功耗、小型化传感器和智能化网络通信系统并具有 GPS 定位功能的浮标式水质监测平台；研发了具有有机物自动检测、数据传输和自动定位及组网功能的智能监测车（船）装备；突破了水下仿生机器人传感器集成设计技术、水动力优化设计技术、多驱动方式融合技术及导航与轨迹规划技术、控制和信息传输技术，形成了一套可搭载多参数水质检测传感器的水下仿生机器人监测平台。本书从不同营养级出发，系统研究了发光菌、藻类、溞类及鱼类 4 种指示生物在污染物的胁迫下生理特征或行为学的响应规律，优化了 4 种指示生物的生物综合毒性测试指标或测试条件，首次提出了多源生物联合预警技术体系；利用自适应组网技术将站房式、浮标式、智能监测车（船）、水下仿生机器人、遥感、生物综合毒性监测技术进行集成创新，建立了立体水质监测传感网络，实现了多载体水质监测的有机融合及集成创新，为南水北调中线工程水质监测网的构建提供了关键技术支撑和业务化示范。

本书的研究得到了国家科技支撑项目"南水北调中线工程水质传感网的多载体检测与自适应组网技术研究与示范"与水利部公益性行业科研专项项目"大东湖水网生态水文过程模拟技术及应用研究"的联合资助。

本书凝聚了多家机构与科技人员的心血，其中第 1 章由印士勇、孙志伟撰写完成，第 2 章由余明星、姚志鹏撰写完成，第 3 章由聂波、田勇撰写完成，第 4 章由陈晓磊、胡圣撰写完成，第 5 章由李少华、郭雪勤撰写完成，第 6 章由马超撰写完成，第 7 章由刘辉撰写完成，第 8 章、第 9 章由王英才撰写完成，第 10 章由唐剑锋撰写完成，第 11 章由刘辉撰写完成，第 12 章由陈静、孙志伟撰写完成，第 13 章由李晶晶、胡圣撰写完成。全书由印士勇、刘辉及王英才统稿、修改、定稿。

在此，对长江流域水环境监测中心王源、史媛、胡文、张晶所做的基础实验工作及资料整理工作表示感谢，向在项目实施过程中做出大量基础工作的同仁及各参与单位表示感谢。

鉴于作者编写水平有限，书中难免存在不足与疏漏之处，敬请广大读者提出宝贵意见和建议。

作　者

2016 年 5 月

目　录

第1章 | 引 言

1.1 研究背景

根据《中国水资源公报 2011》，我国多年平均水资源总量为 2.84 万亿 m^3，约占世界淡水资源量的 6%，居世界第 6 位，人均占有水资源量为 2173m^3，不足世界人均占有量的 30%，在全球 193 个国家和地区中，我国人均水资源量居 143 位。随着社会经济的迅速发展，我国水环境问题日益严峻，资源型缺水、水质型缺水与工程型缺水并存，使得全国目前有 3 亿多人无法获取安全饮用水，已经危及人民群众的身体健康、生产生活及我国经济的可持续发展。2011 年，水利部对 634 个地表水集中式饮用水水源地评价结果表明，按全年水质合格率统计，合格率在 80% 及以上的集中式饮用水水源地有 452 个，占评价水源地总数的 71.3%，其中合格率达 100% 的水源地有 352 个，占评价总数的 55.5%，全年水质均不合格的水源地有 31 个，占评价总数的 4.9%。我国地下水污染形势严峻，水质状况堪忧，地下水污染呈现由点到面、由浅入深、由城市到农村的发展趋势。中国地质环境监测院的监测结果表明，全国 195 个城市中 97% 的城市地下水受到不同程度的污染，40% 的城市地下水污染趋势加重；北方 17 个省会城市中 16 个污染趋势加重（罗兰，2008）。在中国北方部分地区，地下水污染已经严重危及供水安全，威胁到人民群众的身体健康，给社会经济发展带来不可估量的损失。同时，水污染事故频繁发生，2004 年的沱江污染事故，2005 年的松花江污染事件、广东北江污染事件、湖南资江污染事件，2007 年的太湖蓝藻暴发引发的无锡饮用水危机事件等，水环境危机已经敲响了警钟，日益严峻的水环境问题给水质监测预警提出了更高的要求。

为了解决我国水资源量南多北少、时空分布不均的问题，结合中国疆土地域特点，国家在 20 世纪 50 年代提出了南水北调战略，把长江流域水资源自其上游、中游、下游分东、中、西三线抽调部分送至华北、淮海平原和西北地区水资源短缺地区。其中，南水北调中线工程从丹江口水库调水，主要向淮河中上游和海河流域西部平原的湖北、河南、河北、北京及天津五省（市）供水，重点解决北京、天津、石家庄等沿线 20 多座大中城市的缺水问题，为 15.1 万 km^2 范围内的 1.1 亿人提供饮用水，并兼顾沿线生态环境和农业用水。对缓解华北水资源危机，改善受水区生态环境，提高沿线居民的生活质量，促进水源地生态文明建设，同时带动地区国民经济和社会的可持续发展均具有重要的战略意义。

丹江口水库在 170m 蓄水位时库容 290.5 亿 m^3，多年入库年均水量 388 亿 m^3，控制流域面积约 9.52 万 km^2，水库及上游涉及湖北、河南和陕西 3 省 43 个县（市、区）。丹江口水源区水系发达，河流众多，水资源量丰富，但时空分布不均，时间上多集中在 5~10 月，径流量占全年的 70%~80%，空间上汉江以南多于汉江以北，整体呈现由南向北，由西向东递减的规律。水源区水资源分布与耕地组合、人口分布不匹配。水源区水质状况总体较好，局部水质较差。具体而言，水源区水质整体以Ⅰ类~Ⅱ类为主，但空间分布差异明显，支流上游控制断面水质类别全部为Ⅰ类~Ⅱ类，水库水质以Ⅰ类~Ⅱ类为主，而河口控制断面水质类别多为Ⅲ类~劣Ⅴ类，支流上游的水质、水库水质状况明显好于河口区域。近30年来，入库白河断面营养盐水平整体呈增加态势，库内凉水河断面总氮水平呈增加态势，应引起足够重视。近50年来丹江口水源区水质类别略有下降，特别是2000年以后，Ⅱ类水质所占比例明显增加。近50年来，丹江口水源区浮游植物、浮游动物和底栖动物种类及密度明显增加，耐污的种类及数量大量出现。丹江口水源区的水生态环境现状及变化趋势对水质监测、评价提出了更高的要求。

南水北调中线工程水质状况的好坏，关系千家万户，牵动国计民生，水质安全是保障南水北调中线工程发挥供水效益的前提。《丹江口库区及上游水污染防治和水土保持"十二五"规划》明确提出"丹江口水库水质长期稳定达到国家地表水环境质量标准Ⅱ类要求、汉江干流省界断面水质达到Ⅱ类标准、直接汇入丹江口水库的各主要支流达到不低于Ⅲ类标准"的水质保护目标，同时要考核饮用水源几十项有机物和重金属指标。丹江口水源区的水质保护受到党中央、国务院的高度重视及社会各界的广泛关注。温家宝做出了"永保一库清水"和"清水廊道"的指示；李克强在召开的国务院南水北调委员会第四次全体会议上，提出不断加大中线水源地保护力度，保证一渠清水顺利北送，要统筹安排和使用各类环保资金，在国家重大科技项目中，要向南水北调工程倾斜。科学技术部有关领导就南水北调水质安全保障技术支撑做出重要批示，要求尽快开展中线水质监测预警系统关键技术研究。习近平于2014年12月12日南水北调中线工程通水之际指出，"南水北调工程要坚持先节水后调水、先治污后通水、先环保后用水的原则，加强运行管理，深化水质保护，强抓节约用水"。

1.2 水源区水环境监测现状

当前，丹江口水源区水环境监测主要存在以下问题。首先，水源区监测站网主要涉及水利、环保等在内的多个部门，缺乏统一的管理及协调，水源区站网局部区域重复建设与偏远地区建设不足并存，存在监测频次不统一、数据质量难以控制等问题。其次，在监测手段方面，丹江口水库的水质监测工作主要通过现场人工取样，室内分析检测完成，缺少大尺度遥感、浮标式在线、智能移动车（船）、水下仿生机器人监测等先进的水质监测预警方式，影响了水质监测预警效率，难以满足南水北调中线工程水源地的水质安全保障需求。再次，在监测参数方面，水源区缺少硫化物、氰化物、氟化物、氯化物等无机阴离子指标，镉、铅、铜、六价铬、总砷、总镍、总锰、游离锰、总铬、总汞等重金属指标，缺乏多环芳烃、有机氯/磷农药、卤代烃类、苯胺类、硝基苯类等有机物指标及表征饮用水安全的综合生物毒性指标，现有监测指标满足不了南水北调水质高标准的监测要求。最后，现有自动站在测试结果的持续稳定性、质量保障方式、故障自诊断体系等方面也存在不足。因此，迫切需要开展水质生物综合毒性、有毒有机物、重金属等在线监测手段的应用性研究，研发并装备具有先进预处理、传感器自动校正、标样核查、仪器日志记录、校准、自动报警等功能的自动化分析系统，更好地满足丹江口水质在线监控预警需求。

　　总之，南水北调中线工程水源地和干渠现有的水环境监测主要是针对地表水环境质量监测建设的，存在监测站网布设不合理、监测范围窄、监测参数有限、水质自动监测设备少、先进监测手段缺乏、水质信息时效性低、网络布局、监测参数不合理等一系列问题，难以适应南水北调对水质监测时效性、全面性、准确性高标准的水质要求。因此，迫切需要开展适用于丹江口水源区的监测技术研究，加强水质在线监测、水质信息传输、水质预报及风险预警网络的建设。

1.3　研　究　思　路

　　本书针对丹江口水源地水质监测手段较为单一、监测指标较少的现状和水库Ⅱ类水质高标准要求，开发固定监测台站水质检测的质量保障技术，建立仪器自动校正和感知结果智能分析系统，形成固定监测台站水质检测与质量保障技术规范；形成生物综合毒性在线监测及预警技术；形成搭载低功耗、小型化传感器和智能化网络通信系统及具有GPS定位功能的浮标式水质监测平台；开发具有全过程有机物自动化检测、数据传输和自动定位组网功能的智能监测车（船）水质检测成套装备；突破水下仿生机器人传感器集成设计技术、水动力优化设计技术、多驱动方式融合技术及导航与轨迹规划技术、控制和信息传输技术，形成一套可搭载多参数水质检测传感器的水下仿生机器人监测平台；集成水面遥感监测技术，形成适用于库区环境的水华、石油污染团、水土流失黄色物质团的水面遥感监测系统。重点开发站房式、浮标式、智能监测车（船）、水下仿生机器人、遥感、水文在线检测组成的多载体水质检测和自适应组网技术，攻克饮用水敏感性指标生物毒性、有机物等感知保证技术，构建多载体、多目标、多尺度的水质智能感知节点，建立立体水质监测传感网络，实现多载体水质检测技术的有机融合及集成创新，为南水北调中线工程水质监测网构建提供关键技术支撑和业务化示范。本书研究思路如图1-1所示。

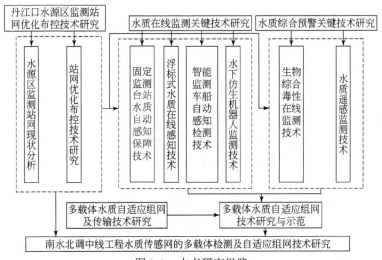

图1-1　本书研究思路

|第2章| 丹江口水源区水环境
监测站网优化布设技术研究

水环境监测的主要任务是掌握和评价水环境质量状况及发展变化趋势，为水环境管理相关部门提供全面及时、准确可靠的科学依据。要全面、准确地获得地表水环境质量状况，建立合理、具有代表性的地表水环境监测网络体系至关重要。丹江口水源区地域广阔，上游汇水区河流枝杈交错，并且库区水质要求满足Ⅱ类水质标准。然而，目前南水北调水源区缺乏统一的地表水监测系统，现有监测点位数量少，且分布在水利、环保等不同的监测部门，监测频次、监测参数和监测标准不统一，使得水源区的水质监测及数据利用效率不高，不能全面、真实地反映水源区水质的现状和变化趋势。因此，丹江口水源区水质监测点位的调整和优化势在必行。

本章研究水源区和总干渠水环境监测站网优化布控技术，在充分分析丹江口水源区现有监测站网的基础上，结合水源区水质特点，根据监测断面（点位）的代表性、特征性及水环境管理的需求，结合监测运行的经济性和可行性，开展监测站网优化布控技术研究，构建丹江口水源区及总干渠水质监测预警网络，形成科学合理的水环境监测网络体系。

2.1 水质监测站网优化布设方法研究进展

2.1.1 概述

水环境质量监测起初主要是用于掌握水环境质量状态，监测网络建立后一般不会进行再设计，对其运行效率和适合性进行再评估的工作做得较少（Ward，1996）。河流水质监测断面布设的原则是以最小的代价和最高的效率使监测断面（站）具有最佳的整体功能（朱党生等，2000）。传统的点位布设方法在流域或水系层面一般要设背景断面和控制断面，在行政区域层面一般要设背景断面或入境断面（对过境河流）或对照断面、控制断面和出境断面，在控制断面下游，如果河流长度足够还应设削减断面。但传统的断面布设方法存在较大的主观性，断面设置可能存在重复或合理性不足的问题，特别是随着经济社会的发展和污染源的转移变化，原有的监测断面需要进行调整。通过水质监测断面的优化布设，可以节约监测成本，提升水质监测数据的代表性（续衍雪等，2012）。

19世纪70年代，地表水环境质量监测网络优化设计和效率改善问题开始受到关注（Ning and Chang，2002）。1976年，美国地质调查局将全美划分为21个区域、221个分区域进行监测（马媛媛，2013）。80年代初，美国T. G. 桑德斯发表专著系统介绍了水环境监测站的样点布设、分析项目、采样频次等内容（赵吉国，2004；水利部水文司和中国科学院地理研究所，1989）。苏联曾对其境内4000多处河流水质监测断面进行站网优化布设研究（金立新，1989）。90年代，水质监测站的选址原则和优化方法研究成为热点问题（Loftis et al.，1991；Esterby，1996），整体目标规划、克里格理论等统计学理论及方法在水质监测网络的优化研究上得到了广泛的应用（Harmancioglu and Alpaslan，1992；Cieniawski et al.，1995；Dixon and Chiswell，1996；Dixon et al.，1999）。中国水环境监测站的优化布设工作最早可追溯到1985年，国家环境保护总局颁布了《环境监测技术规范》，对监测断面的布设原则、断面及断面垂线和采样点的设置等技术要求做了明确规定。自1993年起，国家环境保护总局在全国范围内组织开展了地表水监测网络的认证工作，随后流域、地方省市陆续开展监测站点的优化布设工作。例如，赵丽君等在1997年提出了松辽流域水质监测站网优化调整的总体设想；李云梅等在1998年提出了黄河上游水质监测站网的布设方案；河南省于2000年对省控监测断面进行了优化调整（姚运先，2003）；江苏省在2006年对全省的国家考核断面、市界监测断面、城市监测断面和农村地表水监测断面进行了优化布设工作；马媛媛在2013年提出了安徽省地表水水质自动监测网络优化布设方案；仇伟光（2015）以辽河流域2009~2011年监测数据为基础，运用最优分割法、变异系数与水质类别相结合的方法，对辽河流域水环境质量监测断面、监测频次和监测项目进行了优化。

通常情况下，监测点位的优化工作应遵循代表性原则、信息量原则及可操作性原则。代表性原则要求优化后的监测点位具有足够的类型和区域代表性，能全面反映水体的环境质量状况，且监测站点之间时间稳定性好，方差、变异系数尽可能小。信息量原则要求优化后的点位能从宏观上反映水体的环境质量信息，能反映社会经济特征及发展趋势，能反映区域环境污染现状、污染物特征及分布规律，能反映区域水文特征及其对环境自净能力、污染物扩散及传播的影响等。可操作性原则要求设点、采样、运输等工作的可行性，优化点位不仅理论上最优或较优，还要技术上可行、经济上合理、实践中操作方便。

目前常用的断面优化布设数理统计方法较多，如综合指数法、聚类分析法、多元统计方法、经验公式法、主成分分析法、多目标决策分析法、最优分割法、动态贴近度法、物元分析法、均值偏差法、相关性分析法等。利用这些统计方法开展水质断面优化分析的研究较多，以下对几种常用的断面优化分析方法做简要介绍。

2.1.2 聚类分析法

聚类分析是研究"物以类聚"的一种多元分析方法，即用数学定量地确定样品的亲疏关系，从而客观地分型划类。由于水环境本身是灰色系统，带有很大的模糊性，因此可以把模糊数学方法引入水环境站网优化分析中来。其基本思路是：首先根据样本之间的相似程度，建立模糊相似关系矩阵，然后进行"合成"运算，改造成一个模糊关系等价矩阵，再利用置信水平 λ 集的不同标准，将样本分类。聚类算法主要集中在基于距离的聚类分析，如 K-means 算法、K-medoids 算法等。

聚类分析无需复杂编程，在样本数量较少的情况下应用比较简单，在国内外地表水环境监测站网优化中应用较广。例如，王建珊（1993）采用模糊数学"最大树"聚类分析法，对秦淮河水系的监测点位进行了优化调整；梁伟臻等（2002）采用聚类分析法对广州市某河涌的水质监测站点进行了优化；马飞和蒋莉（2006a）采用聚类分析法对南运河水质监测断面进行了优化设置，经验证，优化后的监测断面不仅能够全面反映南运河水质变化动态，还能减少工作量，节约人力物力。此外还有学者提出一种基于综合分层聚类算法的水质监测断面优化布设方法，该方法可针对不同水域，自适应地选择最优算法，从而提高结果准确度。例如，连晓峰等（2015）利用该方法对北京5个水域的监测断面进行了优化改进，使得优化后的监测断面更加合理、有效。

2.1.3　相关性分析法

相关性分析法一般以历史监测数据为基础，采用主要污染物的5年变异系数衡量现有监测断面数据受到偶然、局部干扰的程度，分析现有监控断面水质的年际稳定性。在此基础上对相邻断面监测数据进行相关性分析，可在一定程度上说明断面布设的重复性，为断面优化特别是现有断面布设较密河段的优化提供依据。

例如，安贝贝等（2015）利用三峡库区长江干流现有25个断面近5年的监测数据，采用历史数据相关性分析、模糊聚类和物元分析方法进行断面优化，通过 F 检验和 T 检验表明优化前后监测断面无显著差异。结果表明，多种断面优化技术的综合应用，能优化三峡库区长江干流水环境质量监控断面，为合理布设流域监测断面提供技术支撑。

2.1.4　断面综合指数法

断面综合指数法为数量化的技术指标，它是将断面上各技术指标数值的累加值作为综合指数，其值越大说明越符合布设原则。在同类断面中，综合指数大的优于指数小的。由于"综合指数评价法"主要用于对水质监测断面的评价和同类断面的优化，因此，凡是在断面之间有差异并实现了数量化的技术指标均可选取。均匀性、信息量和可行性是综合指数评价法的选取依据。

例如，梁铁军（2004）将综合指数法应用于鸭绿江丹东段水质例行监测断面优化布设研究中，取得了令人满意的结果。断面综合指数法与其他方法相比，其优点是结果更接近实际，提高了可操作性。

2.1.5　主成分分析方法

主成分分析是将多个变量通过线性变换以选出较少个数重要变量的一种多元统计分析方法。该方法的优越性在于可用几个彼此不相关的主成分代替原来较多的变量。用主成分分析既可以合理地解释包含在原始变量之间的相关性，又简化了观测系统，抓住了影响观测数据的主要信息。

例如，韩波和林华荣（1991）运用主成分分析方法，将水质污染特征因素作为若干待求因子，建立水质污染特征因子与污染物间的数学模型，再由该数学模型算出各点位相对污染程度，并进行分类，据此优选出最佳监测点位。案例应用结果表明，主成分分析的方法固定，优选出的点位代表性强，能较好地反映水质污染特征。

2.1.6　多目标决策分析法

多目标决策分析法是从 20 世纪 70 年代中期发展起来的一种决策分析方法，系统方案的选择取决于多个目标的满足程度，这类决策问题称为多目标决策，或称为多目标最优化。决策分析是在系统规划、设计和制造等阶段为解决当前或未来可能发生的问题，在若干可选的方案中选择和决定最佳方案的一种分析过程。

多目标决策分析法的基本思想是基于归一化后的原始数据矩阵，找出有限方案中的最优方案和最劣方案（分别用最优向量和最劣向量表示），然后分别计算各评价对象与最优方案和最劣方案间的距离，获得各评价对象与最优方案的相对接近程度，以此作为评价优劣的依据。本方法对样本资料无特殊要求，使用灵活简便，应用广泛。

2.1.7　最优分割法

最优分割法又称 Fisher 法，是对所有有序样品进行分类的一种数学方法，使样品段内部各样品间的差异最小，而段与段之间的差异最大，它具有客观、最优的特点。通常该方法作为河流污染级别划分的一种手段，适用于河流从上游至下游有序断面的优化。

仇伟光（2015）根据北方河流季节性明显的特征，采用最优分割法对辽河流域监测断面进行优化。通过创建变异系数与水质类别相结合的方法对监测频次进行优化，采用连续 3 年未检出判断法对监测参数进行优化。优化后的辽河流域水环境监测网络能更科学、客观地反映水质状况，并达到经济高效运行的目的。

2.1.8　贴近度法

贴近度法是依据监测数据与水质标准之间的贴近度，并依据贴近度的大小对监测点进行科学合理聚类，再从每类中选出代表点位，最后实现点位优化的目标。该方法首先要进行数据的标准化，然后找出各监测点多指标参数中每个指标的最大值或最小值，将这些单指标的最大值或最小值合成为一个虚拟的"最优值"或"最差值"，即最大点与最小点集合，求出各个样本点及标准值点与该两虚拟点之间的距离，再根据它们的距离值计算出各样本点与选取的标准值点之间的贴近度（可任意选取一个监测断面为标准点），即可为各水质监测点的优化提供计算判断的依据。贴近度法通过计算数值得出各个断面与标准值的量化距离，它可以定量描述各个断面的相似程度，具有概念明确、计算简便、形象直观、结论唯一等特点。该法对监测断面的优化只是一种理论上的计算，而实际上，监测断面的设置除考虑水质的代表性外，还需考虑水环境管理的实际需要，如污染源监测、跨界水体管理及重要水功能区管理的需要等。

续衍雪等（2012）以湘江干流为研究对象，采用贴近度法对干流 18 个监测断面进行优化，采用 T 值检验法对优化结果进行验证，并结合水环境管理的实际需求，对优化结果进行了修正，优化后的湘江干流监测断面减少为 17 个，且优化后断面所反映的水质与优化前无显著差异，表明贴近度法在水质监测断面优化中实用性较好。王辉等（2014）以浑河干流为研究区，使用改进后的贴进度法对浑河干流 7 个监测断面进行优化，采用 T 检验和 F 检验对优化结果进行验证，优化后的浑河干流监测断面减少为 5 个，优化后断面所反映的水质与优化前无显著差异，表明改进后的贴近度法在水质监测断面优化中具有较好的实用性。

2.1.9　均值偏差法

均值偏差法适用于监测断面多、历史数据齐全的河流断面。通过对已有监测断面不少于 5 年历史数据的平均值、偏差值等特征值的统计分析，借以确定对照、控制和削减 3 类断面，并对同类断面进行优化。该方法以均值偏差值作为分析指标，确定河段的类型断面。正偏差值最大的为清洁对照断面群，负偏差值最大的为控制断面群，余者为削减断面群。

姜欣（2006）以爱河连续 5 年的水质监测数据为基础，采用"均值偏差法"对现有监测断面进行数学优化分类，将爱河现有 6 个监测断面优化为 3 个最佳监测断面，结果表明"均值偏差法"对监测断面多、历史数据齐全的爱河进行断面优化是非常适用的。

2.1.10　物元分析法

物元分析法是研究解决问题矛盾的规律和方法，是系统科学、思维科学和数学交叉的边缘学科。它可以将复杂问题抽象为形象化的模型，并应用这些模型研究基本理论，提出相应的应用方法。环境监测优化布点一般涉及多项监测指标，而由单项指标优选出的点位未必能保持一致。物元分析法基于断面多项水质指标与标准值建立系列物元阵列对比分析，计算多项指标的综合关联函数，分析各断面综合关联函数的贴近程度，进而划分断面的亲近关系。该方法是 20 世纪 80 年代初由蔡文教授提出的，物元分析法使用简便，可直接编制程序上机运行，评价结果直观、准确、可靠。

樊引琴等（2012）利用某河段 2010 年 8 个水质监测断面的化学需氧量、氨氮、高锰酸盐指数等监测数据，采用物元分析法进行水质监测断面的优化。结果表明，将原来的 8 个监测断面优化为 6 个监测断面是符合实际情况的。物元分析法用于水质监测断面优化分析，计算简便、图像直观、结果准确，是水质监测断面优化设置的一种实用、有效的方法。

2.2　丹江口水源区水环境监测站网现状

2.2.1　水利系统监测站网现状

水利部门在丹江口库区的水环境监测工作始于 1977 年，常规监测对象主要包括汉江、丹江、丹江口水库及部分入库支流。从 1997 年起，结合长江流域省界监测工作，流域水资源保护机构对汉江、丹江及丹江口水库内的省界断面进行定期监测。其中，长江流域水环境监测中心自 1995 年起开展了若干次丹江口水库水质专项监测。1998～2003 年，丹江口水库库区水质常规监测控制断面 7 个，2004 年之后新增断面 16 个，共 23 个监测断面。2012 年 4 月起，对丹江口库区及上游范围内的重点支流开展了定期水质监测工作，布设水质监测断面 16 个。目前，水利系统流域水文局和地方水利部门在丹江口库区及上游汉江干、支流上共设置水文站 20 个。初步调查，水利部门在丹江口库区及上游布设水环境监测断面 73 个，具体分布位置如图 2-1 所示。

2.2.2　环保系统监测站网现状

环保系统对汉江干流、汉江支流和丹江口水库均进行了长期监测。根据 2012 年 4 月中国环境监测总站下发的《南水北调中线工程丹江口水库库区及其上游水质监测方案》，丹江口库区及其上游共布设 49 个水质监测断面（点位），涉及陕西、湖北、河南三省，其中陕西布设 12 个断面、湖北布设 24 个断面（点位）、河南布设 13 个断面（点位）。此外，地方环保部门还在丹江口水库及支流布设了大量省控、市控等常规水环境监测断面。经初步调查，环保部门在丹江口库区及其上游共布设水环境监测断面 63 个，具体分布位置如图 2-2 所示。

2.2.3　监测站网存在的问题

目前，丹江口水源区还没有统一的生态环境监测网络体系，水源区相关职能部门、流域机构均在各自的职责范围内开展了常规的生态环境监测工作。总体而言，丹江口水源区水环境监测存在下列问题：一是常规监测断面数偏少，部分水质较差的支流未纳入常规监测范围，局部偏远地区尚未布设监测断面。二是监测频次有限，当前常规监测的水质断面中，多数为按月监测，少数为隔月监测，难以满足丹江口水库作为南水北调水源地的保护需求。三是常规监测指标有限，主要包括常规 24 项，对有毒有机物、水生生物等参数开展的监测范围及频度不够。四是缺乏统一的组织及监测体系，不同部门的监测各自为政，没有形成统一的监测体系，监测、评价方法及标准尚未统一，使得数据质量保障力度不够。缺少数据共享平台及体系，存在监测断面、频次及参数重复，监测效率不高。五是缺乏应急监测体系，缺乏针对库区及其上游的突发性污染事故隐患（如工业企业废污水排放、矿产无序开采、化学品运输船舶及车辆等）的应急监测体系，一旦发生水污染事故，可能会对该区域的生态环境和水质安全造成潜在威胁。

水利和环保部门在丹江口水源区内汉江、丹江及其他支流、丹江口水库等水系开展的水资源和水环境监测断面分布如图 2-3 所示。可以看出，丹江口水库、汉江、丹江均布设了多个水质监测断面，在重要节点均布设了控制断面，其他重要入库支流一般只在支流口或上游布设断面。可见，环保系统和水利系统布设的断面不完全相同，需要优化配置，以做到相互补充，更好地反映水源区水质状况。

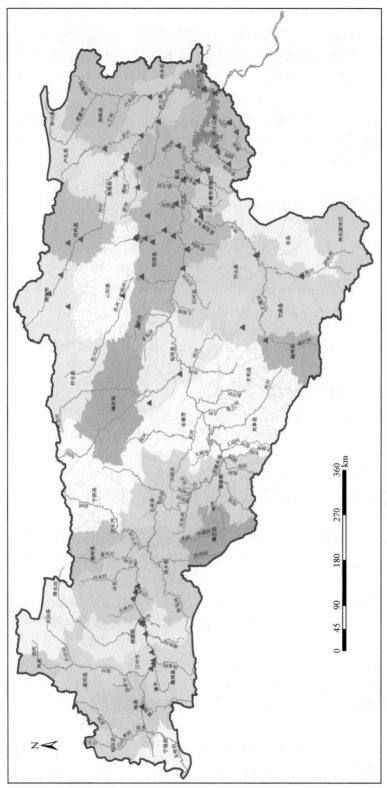

图2-1　水源区水利系统水环境监测站网现状

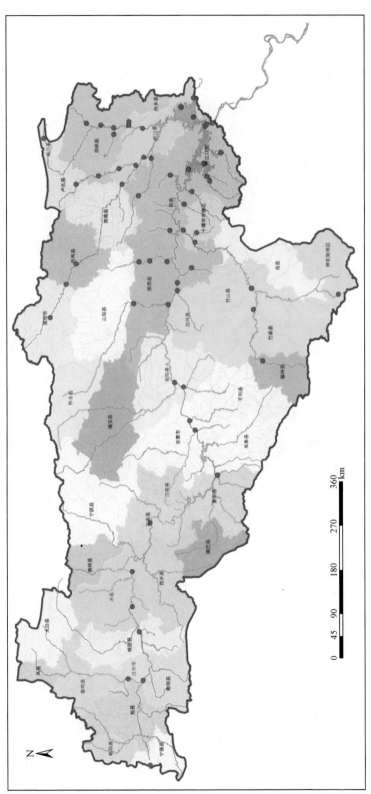

图2-2 水源区环保系统水环境监测站网现状

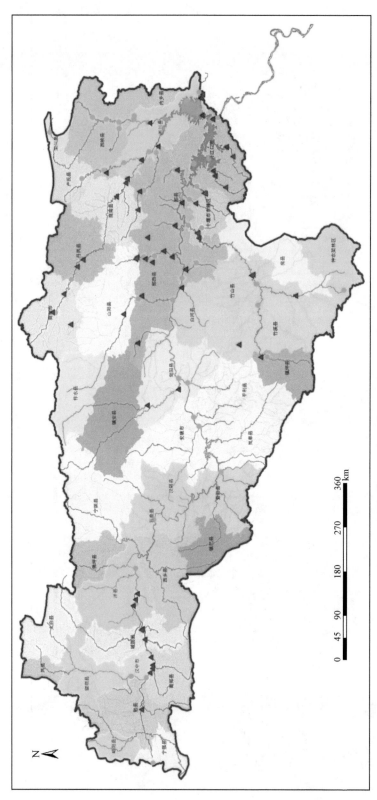

图2-3 水源区环保和水利系统水环境监测站网现状分布比较

2.3 丹江口水源区水环境监测站网优化布设技术方法

2.3.1 水源区水环境监测站网优化原则

丹江口库区及上游水域范围广、支流水系发达，局部水质状况较为复杂。丹江口水库大坝加高及调水实施后，水文情势发生明显变化，对局部水质、水生生物及富营养化程度产生影响。因此，水环境监测站网应覆盖包括丹江口水库库内、库湾，汉江干流、丹江及其他支流以及总干渠等重点控制断面和敏感水域。

断面优化主要基于以下原则：

1）代表性原则；

2）信息量原则；

3）可操作性原则；

4）历史延续性原则；

5）河流 50～100km 设置一个监测断面，库体每 50～100km^2 设置一个点位；

6）国控断面、考核断面、省界等跨界断面原则上保留；

7）只有一个监测断面的河流，该断面继续保留；

8）只有一个监测断面，且入库水质较差的河流，其上游增加对照断面；

9）饮用水监测断面保留；

10）同一条河流在聚类分析中属于同一类的断面最少选择一个作代表；同一条河流中属于同一类且相邻断面中有两种以上主要污染物呈显著相关的两个断面保留一个。

最后综合考虑自然环境特征，区域污染源分布特征及社会经济特征等，确定在空间上具有代表性，又切实可行的监测断面布局方案。

2.3.2 水源区水环境监测站网优化方法

通过多种水环境监测布点优化方法的比较和筛选，依据科学性、有效性、可行性的原则，对丹江口水库监测点位采用聚类分析法进行优化，对库区汉江干流监测点位相邻断面利用相关性分析法进行优化。其他支流和干渠则主要根据实际需要和 2.3.1 节的相关原则进行优化确定。

2.3.2.1 聚类分析优化方法

聚类分析是对一群不知道类别的观察对象按照彼此相似程度进行分类，达到"物以类聚"的目的。聚类分析既可以对样品进行聚类，也可以对变量（指标）进行聚类。从几何角度讲，聚类分析就是根据某种准则将空间中某些比较接近的点聚为一类，而点之间的接近程度常用相似系数和距离两种量来表示。为讨论相似系数和距离的表示方法，先进行一些设定。假设有 n 个环境样本，每个样本有 m 个指标，设第 i 个样本的第 j 个指标为 X_{ij}。

（1）相似系数

相似系数是表示样本之间相似程度的变量，其变化区间为 $[0,1]$，其值越接近于 1，则表示样本之间的相似程度越大，如果相似系数为 0，则表示样本之间无相关性。一般用符号 r 表示相似系数，常用的相似系数计算方法有以下几种。

1）夹角余弦法：

$$r_{ij} = \frac{\sum_{k=1}^{p} X_{ik} \times X_{jk}}{\sqrt{\sum_{k=1}^{p} X_{ik}^2 \times \int_{k=1}^{p} X_{jk}^2}} \tag{2-1}$$

2）相关系数法：

$$r_{ij} = \frac{\int_{k=1}^{p} (X_{ik} - \bar{X}_i) \times (X_{jk} - \bar{X}_j)}{\sqrt{\int_{k=1}^{p} (X_{ik} - \bar{X}_i)^2 \times \int_{k=1}^{p} (X_{jk} - \bar{X}_j)^2}} \tag{2-2}$$

式中，$i, j=1, 2, \cdots, n$；$k=1, 2, \cdots, p$；p 为指标数 m。

（2）距离

距离是几何学概念，其原理是将每一个样本看作是 m 维空间的一个点，从而能够计算不同空间点之间的几何距离，距离越小，则表明样本之间越相似。距离一般用符号 d 表示，常用的距离计算方法有以下几种。

1）欧几里得距离：

$$d_{ji} = \sqrt{\sum_{i=1}^{m} (X_{ik} - X_{jk})^2} \tag{2-3}$$

2）海明距离：

$$d_{ji} = \sum_{k=1}^{m} |X_{ik} - X_{jk}| \tag{2-4}$$

3）明科夫斯基距离：

$$d_{ji} = \left[\sum_{k=1}^{m} |X_{ik} - X_{jk}|^p \right]^{\frac{1}{p}} \tag{2-5}$$

式中，$i, j=1, 2, \cdots, n$；$R=1, 2, \cdots, m$；p 为变量系数，取值 1 或 2，可得到不同的距离变量。

（3）聚类分析基本过程

聚类分析的基本思路是：开始先将 n 个样本各自归为一类，即 n 类，然后取其中最相似者为新一类，此时总类数变为 $n-1$ 类，再计算新类与其他 $n-2$ 个类之间的相似性，选择最相近者并为又一新类，此时总类数变为 $n-2$ 类，依此类推，直到所有变量都归为一类为止。该聚类过程可用聚类图谱表示出来，并在合理选择聚类距离或相似系数后，得到最终聚类类别。

2.3.2.2　相邻断面历史数据相关性分析优化方法

相邻断面历史监测数据的相关性分析是判断断面是否重复布设的方法。断面重复布设会加重某些河段污染物的权重，影响流域总体代表性。因此，应避免断面重复布设，提高断面代表性。该方法原理如下：

$$l_{xx} = \sum_{i=1}^{n} x_i^2 - \frac{\left(\sum_{i=1}^{n} x_i^2 \right)^2}{n} \tag{2-6}$$

$$l_{yy} = \sum_{i=1}^{n} y_i^2 - \frac{\left(\sum_{i=1}^{n} y_i^2 \right)^2}{n} \tag{2-7}$$

$$l_{xy} = \sum_{i=1}^{n} x_i y_i - \frac{\sum_{i=1}^{n} x_i \times \sum_{i=1}^{n} y_i}{n} \tag{2-8}$$

$$r = \frac{l_{xy}}{\sqrt{l_{xx} \times l_{yy}}} \tag{2-9}$$

式中，r 为相关系数；x_i、y_i 分别为相邻断面某主要污染物年均值序列；n 为年数，取 $n=5$；l_{xx}、l_{yy} 分别为变量 x、y 的离均差平方和；l_{xy} 为变量 x、y 的离均差积和。相关系数绝对值越大，相关性越强，相关系数越近于 1 或 -1，相关度越强，相关系数越接近于 0，相关度越弱。

以上述原理为基础，使用 SPSS 软件中的相关性分析模块，可免去繁琐数据的计算。

相关性分析过程中相关系数（correlation coefficients）有以下 3 个选项。

1）Pearson（皮尔逊相关）：计算皮尔逊积差系数并作显著检验，适用于连续变量或是等间距测度的变量间的相关分析，即服从正态分布的连续变量。

2）Kendall（肯德尔相关）：计算 k 值相关系数并作显著检验，对数据分布无特别要求，可用来分析：①分布不明，非等间距测度的连续变量；②完全等级的离散变量；③数据资料不服从双变量正态分布或总体分布型未知的数据。

3）Spearman（斯皮尔曼相关）：计算等级相关系数并作显著检验，对数据分布无特别要求，可用来分析不服从双变量正态分布或总体分布型未知的数据。

计算检验统计量并与特定显著水平的临界值比较，是过去分析相关性比较简洁的方法。如今，各类相关性分析软件的相继出现，极大程度地简化了分析过程。本研究中使用 P 值进行统计推断，P 值为检验统计量取值的相伴概率，α 值为假设检验的显著性水平（significant level），一般取值为 0.05（显著相关）或 0.01（极显著相关），$P<\alpha$，即变量显著相关或极显著相关；否则，不相关。

2.4 丹江口水源区水环境监测站网优化布设方案

2.4.1 丹江口水库站网优化布设方案

2.4.1.1 库内断面优化布设方案

中国环境监测总站联合湖北省环境监测中心站、河南省环境监测中心于 2013 年 6 月在丹江口水库进行了网格布点现场采样,此次采样用网格法在丹江口水库均匀布点,兼顾到每个水域(库区和库湾),在湖北境内布设 21 个点位(1#～21#),在河南境内布设 23 个点位(22#～44#),共 44 个点位,如图 2-4 所示,各点位经纬度见表 2-1。

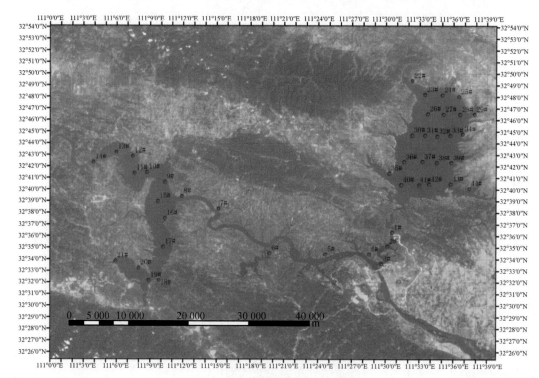

图 2-4 丹江口水库监测点网格示意图

表 2-1 丹江口水库库内网格布点经纬度

点位编码	经度	纬度	备注
1#	111°30′2.71″E	32°30′54.8″N	江北大桥
2#	111°30′12.3″E	32°35′7.49″N	
3#	111°29′38.7″E	32°33′36.8″N	坝上

点位编码	经度	纬度	备注
4#	111°28′33.1″E	32°34′25.7″N	何家湾
5#	111°24′41″E	32°34′25.8″N	
6#	111°19′43.6″E	32°34′31.9″N	
7#	111°15′10.9″E	32°38′22.3″N	
8#	111°11′53.9″E	32°39′26.8″N	
9#	111°10′20.8″E	32°40′40.5″N	
10#	111°8′44.05″E	32°41′30.9″N	
11#	111°7′37.99″E	32°41′26.2″N	
12#	111°7′28.46″E	32°42′55.6″N	莲花
13#	111°5′59.01″E	32°43′14.8″N	
14#	111°3′54.15″E	32°42′22.5″N	
15#	111°9′42.9″E	32°39′1.78″N	
16#	111°10′21.6″E	32°37′32.6″N	
17#	111°10′11.5″E	32°35′4.49″N	龙口
18#	111°9′47.91″E	32°32′11.2″N	
19#	111°8′53.66″E	32°32′11.3″N	
20#	111°7′59.66″E	32°33′16.5″N	
21#	111°5′55.38″E	32°33′52.5″N	
22#	111°32′22.36″E	32°49′24.89″N	
23#	111°33′29.89″E	32°48′12.63″N	
24#	111°35′3.39″E	32°48′10.43″N	
25#	111°36′31.85″E	32°48′1.3″N	
26#	111°33′45.93″E	32°46′33.52″N	
27#	111°35′8.36″E	32°46′31.35″N	
28#	111°36′37.51″E	32°46′30.71″N	
29#	111°37′53.46″E	32°46′30.84″N	宋岗
30#	111°32′22.49″E	32°44′43.45″N	
31#	111°33′30.64″E	32°44′42.16″N	
32#	111°34′35.7″E	32°44′37.55″N	
33#	111°35′45.08″E	32°44′41.87″N	
34#	111°36′50.92″E	32°44′48.45″N	
35#	111°30′20.82″E	32°41′25.66″N	
36#	111°31′40.03″E	32°42′24.97″N	
37#	111°33′17.67″E	32°42′26.56″N	

续表

点位编码	经度	纬度	备注
38#	111°34′33.7″E	32°42′20.42″N	
39#	111°35′51.48″E	32°42′20.48″N	
40#	111°31′24.57″E	32°40′26.3″N	
41#	111°33′1.47″E	32°40′25.53″N	五龙泉
42#	111°33′52.64″E	32°40′28.87″N	
43#	111°35′47.58″E	32°40′29.9″N	
44#	111°37′25.91″E	32°40′6.27″N	

本次丹江口水库点位优化采用 SPSS 软件，对理化指标 pH、溶解氧、COD_{Mn}、TOC、TN、TP、硝酸盐氮、叶绿素 a 进行分层聚类，采用组间连接法和欧几里得距离法计算点位之间的"距离"。

经 SPSS 软件计算丹江口水库湖北境内监测点位之间的"距离"，并绘制聚类分析树状图，如图 2-5 所示。将丹江口水库湖北境内的 21 个监测点位分为以下 4 类：1#～6#点、13#、14#点可聚为一类；7#、8#、12#点可聚为一类；9#、10#、15#～21#点可聚为一类；11#点单独为一类。

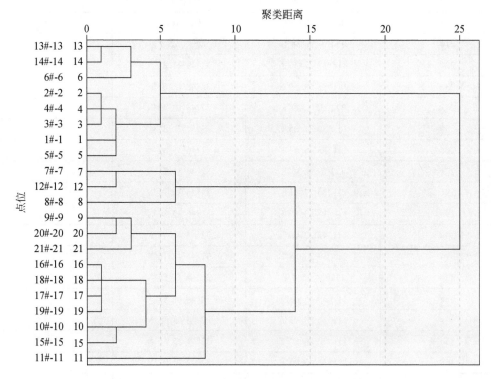

图 2-5　丹江口水库湖北境内监测点聚类分析树状图

经 SPSS 软件计算丹江口水库河南境内监测点位之间的"距离",并绘制聚类分析树状图,如图 2-6 所示。聚类分析树上序号 6、7、9、14、17、19、22 为一类,10 ~ 13、15、16、21 为一类,3、4、8、18、20、23 为一类,2、5 为一类,1 可单独为一类。将以上聚类结果分别对应于图 2-4 中的点位,丹江口水库河南境内的 23 个监测点位可以分为以下 5 类:27#、28#、30#、35#、38#、40#、43#点位可聚为一类,31# ~ 34#、36#、37#、42#点位可聚为一类,24#、25#、29#、39#、41#、44#点位可聚为一类,23#、26#点位可聚为一类,22#点位单独为一类。

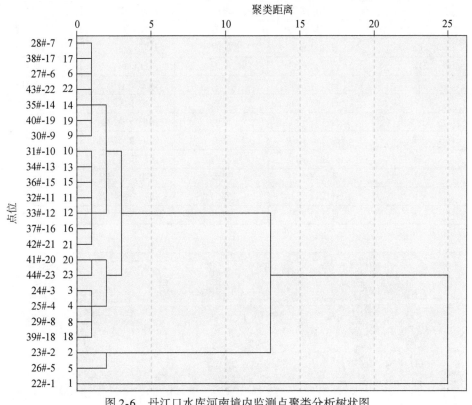

图 2-6　丹江口水库河南境内监测点聚类分析树状图

丹江口水库湖北库区现有常规监测点位 5 个,分别为江北大桥(1#)、坝上(3#)、何家湾(4#)、莲花(12#)和龙口(17#)。综合考虑库区各水域点位在空间上的均匀分布及水质聚类分析结果,本次点位优化后拟新增 5 个点位,分别为 5#、6#、7#、14#和 21#,新增后丹江口水库湖北库区共布设 10 个点位。

丹江口水库河南库区现有 3 个国控点位,陶岔(渠首)、宋岗(29#)、五龙泉(41#),综合考虑库区各水域及水质聚类分析结果,本次断面优化后拟新增 5 个点位,在聚类分析树上的序号为 1、2、11、14、23,分别对应图 2-4 中的点位为 22#、23#、32#、35#和 44#,新增后丹江口水库河南库区共布设 8 个点位。

通过网格化布点和聚类分析优化,丹江口水库库内优化布控水质监测断面共 18 个,见表 2-2,库内优化后断面分布如图 2-7 所示。

表 2-2 丹江口水库库内断面优化结果

序号	断面名称	所在水域	断面属性	所在地区	所属省份
1	坝上	丹江口水库	库内	丹江口市	湖北省
2	何家湾	丹江口水库	库内	丹江口市	湖北省
3	江北大桥	丹江口水库	库内	丹江口市	湖北省
4	龙口	丹江口水库	库内	丹江口市	湖北省
5	莲花	丹江口水库	库内	丹江口市	湖北省
6	5#	丹江口水库	库内	丹江口市	湖北省
7	6#	丹江口水库	库内	丹江口市	湖北省
8	7#	丹江口水库	库内	丹江口市	湖北省
9	14#	丹江口水库	库内	丹江口市	湖北省
10	21#	丹江口水库	库内	丹江口市	湖北省
11	陶岔	丹江口水库	库内	南阳市淅川县	河南省
12	宋岗	丹江口水库	库内	南阳市淅川县	河南省
13	五龙泉	丹江口水库	库内	南阳市淅川县	河南省
14	22#	丹江口水库	库内	南阳市淅川县	河南省
15	23#	丹江口水库	库内	南阳市淅川县	河南省
16	32#	丹江口水库	库内	南阳市淅川县	河南省
17	35#	丹江口水库	库内	南阳市淅川县	河南省
18	44#	丹江口水库	库内	南阳市淅川县	河南省

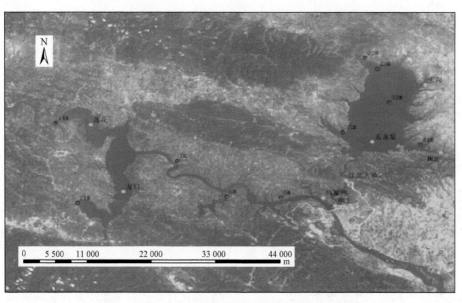

图 2-7 丹江口水库库内断面优化后监测点位示意图

2.4.1.2 库湾断面优化布设方案

水库库湾因靠近水库岸边，易受周边面源和入库河流影响，且水文条件不利于污染物的稀释，属于水质敏感区域。因此在水质监控断面布设中应考虑水库库湾水质监测断面优化布控问题。丹江口水库库湾众多，共有大型典型库湾 14 个，现有库湾监测断面 14 个，见表 2-3，断面分布如图 2-8 所示。将此 14 个库湾断面与 2.4.1.1 小节丹江口水库库内断面叠加分析，根据邻近性和代表性等原则，确定优化布控库湾断面 9 个。优化的库湾断面见表 2-3 和图 2-9。

表 2-3 丹江口水库库湾断面优化结果

序号	库湾断面	经度	纬度	是否选取	优化说明
1	肖川库湾	111°08′12.32″E	32°41′14.00″N	选取	
2	草店库湾	111°08′56.65″E	32°30′39.41″N	选取	
3	香花库湾	111°37′21.76″E	32°42′56.06″N	选取	
4	马蹬库湾	111°29′54.12″E	32°57′03.22″N	选取	
5	土台乡库湾	111°16′31.85″E	32°36′41.45″N	选取	
6	牛河库湾	111°23′09.91″E	32°33′24.65″N	选取	
7	三官殿库湾	111°24′57.57″E	32°32′52.11″N	选取	
8	羊山库湾	111°30′25.54″E	32°34′17.79″N	选取	
9	老城镇库湾	111°26′24.34″E	32°57′30.38″N	选取	
10	习家店库湾	111°07′51.62″E	32°43′07.94″N	不选取	与莲花断面邻近
11	九重镇库湾	111°36′48.64″E	32°40′55.07″N	不选取	与44#断面邻近
12	仓房镇库湾	111°31′21.46″E	32°44′49.59″N	不选取	与35#断面邻近
13	浪河口库湾	111°19′13.15″E	32°34′08.77″N	不选取	与6#断面邻近
14	凉水河库湾	111°27′48.80″E	32°35′10.84″N	不选取	可由邻近省界断面控制

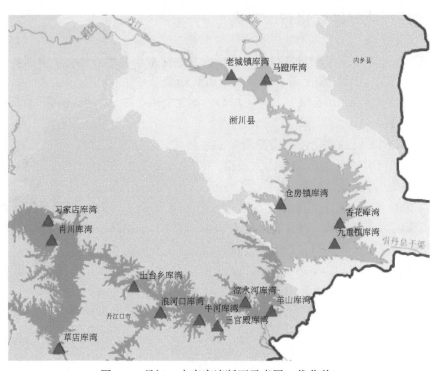

图 2-8 丹江口水库库湾断面示意图（优化前）

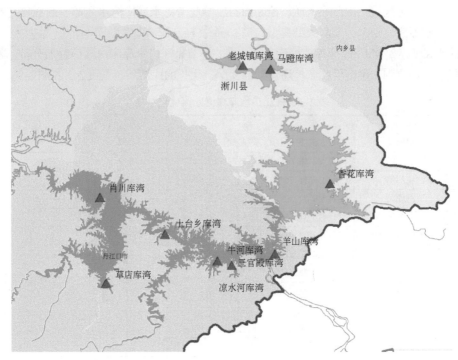

图 2-9 丹江口水库库湾断面示意图（优化后）

2.4.2 汉江干流站网优化布设方案

根据《南水北调中线工程丹江口水库库区及其上游水质监测方案》（中国环境监测总站，2012 年 4 月），汉江干流上游共布设 7 个监测断面，其中陕西境内 5 个，从上游到下游依次为梁西渡、南柳渡、石泉、安康、白河，湖北境内 2 个，从上游到下游依次为羊尾（省界）、陈家坡。

为了降低断面布设的重复性，提高断面的总体代表性，优化汉江干流上游监测断面，本书以 2007~2011 年 5 年的监测数据为基础，利用 SPSS 软件中的相关性分析模块，对汉江干流相邻断面进行相关性检验。

本书对 2007~2011 年的各断面监测数据的年均值作统计计算，得出汉江干流 7 个断面各监测指标的污染分担率，计算结果见表 2-4。在以上数据库中筛选出污染分担率较大的前 5 种指标：氨氮、挥发酚、石油类、铅、高锰酸盐指数。

现以相关性分析理论为基础，利用 SPSS 软件对该 5 种参数的浓度年均值作相关性检验。由于这 5 种参数的浓度年均值不服从正态分布，在运行 SPSS 软件时，选择 Spearman（斯皮尔曼）秩相关系数及验证双侧检验显著性来分析其相关性，软件运行结果见表 2-5 ~ 表 2-9。

表 2-4 汉江干流各断面监测指标污染分担率

河流名称	断面名称	统计指标	COD$_{Mn}$	BOD	氨氮	挥发酚	氰化物	砷	汞	六价铬	铅	镉	石油类
汉江	梁西渡	5年均值/（mg/L）	2.23	2.53	0.26	0.001 6	0.002 583	0.000 772	0.000 009	0.005 50	0.002 70	0.000 28	0.040 0
		污染分担率/%	13.34	20.24	12.36	18.75	1.24	0.37	4.07	2.64	6.46	1.36	19.17
		污染分担率排名	4	1	5	3							2
	南柳渡	5年均值/（mg/L）	2.38	2.60	0.59	0.001 6	0.002 975	0.000 642	0.000 008	0.004 93	0.002 74	0.000 29	0.040 8
		污染分担率/%	12.03	17.56	23.76	16.53	1.21	0.26	3.38	2.00	5.54	1.19	16.55
		污染分担率排名	5	2	1	4							3
	石泉	5年均值/（mg/L）	1.96	1.40	0.25	0.001 1	0.002 583	0.000 562	0.000 029	0.003 85	0.007 17	0.000 72	0.027 5
		污染分担率/%	11.88	11.30	11.99	12.93	1.25	0.27	14.24	1.87	17.40	3.50	13.37
		污染分担率排名	5		5	4			2		1		3
	安康	5年均值/（mg/L）	2.01	1.46	0.27	0.001 1	0.002 517	0.000 558	0.000 030	0.005 17	0.007 17	0.000 72	0.026 6
		污染分担率/%	11.95	11.58	12.69	12.75	1.20	0.27	14.06	2.46	17.03	3.40	12.62
		污染分担率排名			4	3			2		1		5
	白河	5年均值/（mg/L）	1.87	1.47	0.27	0.001 1	0.002 550	0.000 535	0.000 030	0.005 77	0.007 17	0.000 72	0.026 5
		污染分担率/%	11.14	11.70	12.82	12.72	1.22	0.26	14.17	2.76	17.12	3.42	12.66
		污染分担率排名	5		3	4			2		1		5
	羊尾	5年均值/（mg/L）	2.12	1.58	0.307	0.001	0.003	0.000 845 6	0.000 020 6	0.003	0.005	0.003	0.023
		污染分担率/%	12.32	12.21	14.25	12.33	1.23	0.39	9.57	1.23	12.37	13.45	10.64
		污染分担率排名	5		1	4					3	2	
	陈家坡	5年均值/（mg/L）	2.20	1.54	0.271	0.001	0.003	0.000 845 6	0.000 020 82	0.003	0.005	0.003	0.023
		污染分担率/%	12.93	12.11	12.77	12.50	1.25	0.40	9.81	1.25	12.55	13.64	10.79
		污染分担率排名	2		3	5					4	1	

表 2-5 高锰酸盐指数断面相关系数

断面		判定项	梁西渡	南柳渡	石泉	安康	白河	羊尾	陈家坡
Spearman 的 rho	梁西渡	相关系数	1.000	0.667	0.000	0.100	0.000	-0.600	-0.616
		Sig.（双侧）	0.000	0.219	1.000	0.873	1.000	0.285	0.269
		N	5	5	5	5	5	5	5
	南柳渡	相关系数	0.667	1.000	0.359	0.667	0.359	-0.154	-0.711
		Sig.（双侧）	0.219	0.000	0.553	0.219	0.553	0.805	0.179
		N	5	5	5	5	5	5	5
	石泉	相关系数	0.000	0.359	1.000	0.900*	1.000**	0.600	-0.154
		Sig.（双侧）	1.000	0.553	0.000	0.037	0.000	0.285	0.805
		N	5	5	5	5	5	5	5
	安康	相关系数	0.100	0.667	0.900*	1.000	0.900*	0.500	-0.359
		Sig.（双侧）	0.873	0.219	0.037	0.000	0.037	0.391	0.553
		N	5	5	5	5	5	5	5
	白河	相关系数	0.000	0.359	1.000**	0.900*	1.000	0.600	-0.154
		Sig.（双侧）	1.000	0.553	0.000	0.037	0.000	0.285	0.805
		N	5	5	5	5	5	5	5
	羊尾	相关系数	-0.600	-0.154	0.600	0.500	0.600	1.000	0.616
		Sig.（双侧）	0.285	0.805	0.285	0.391	0.285	0.000	0.269
		N	5	5	5	5	5	5	5
	陈家坡	相关系数	-0.616	-0.711	-0.154	-0.359	-0.154	0.616	1.000
		Sig.（双侧）	0.269	0.179	0.805	0.553	0.805	0.269	0.000
		N	5	5	5	5	5	5	5

* 表示在置信度（双侧）为 0.05 时，相关性是显著的；** 表示在置信度（双侧）为 0.01 时，相关性是显著的，下同

表 2-6　氨氮断面相关系数

断面		判定项	梁西渡	南柳渡	石泉	安康	白河	羊尾	陈家坡
Spearman 的 rho	梁西渡	相关系数	1.000	0.205	-0.789	0.359	-0.975**	0.667	0.667
		Sig.（双侧）	0.000	0.741	0.112	0.553	0.005	0.219	0.219
		N	5	5	5	5	5	5	5
	南柳渡	相关系数	0.205	1.000	-0.462	0.500	-0.300	0.700	0.500
		Sig.（双侧）	0.741	0.000	0.434	0.391	0.624	0.188	0.391
		N	5	5	5	5	5	5	5
	石泉	相关系数	-0.789	-0.462	1.000	-0.103	0.872	-0.872	-0.667
		Sig.（双侧）	0.112	0.434	0.000	0.870	0.054	0.054	0.219
		N	5	5	5	5	5	5	5
	安康	相关系数	0.359	0.500	-0.103	1.000	-0.400	0.100	0.000
		Sig.（双侧）	0.553	0.391	0.870	0.000	0.505	0.873	1.000
		N	5	5	5	5	5	5	5
	白河	相关系数	-0.975**	-0.300	0.872	-0.400	1.000	-0.700	-0.600
		Sig.（双侧）	0.005	0.624	0.054	0.505	0.000	0.188	0.285
		N	5	5	5	5	5	5	5
	羊尾	相关系数	0.667	0.700	-0.872	0.100	-0.700	1.000	0.900*
		Sig.（双侧）	0.219	0.188	0.054	0.873	0.188	0.000	0.037
		N	5	5	5	5	5	5	5
	陈家坡	相关系数	0.667	0.500	-0.667	0.000	-0.600	0.900*	1.000
		Sig.（双侧）	0.219	0.391	0.219	1.000	0.285	0.037	0.000
		N	5	5	5	5	5	5	5

表2-7 挥发酚断面相关系数

	断面	判定项	梁西渡	南柳渡	石泉	安康	白河	羊尾	陈家坡
Spearman 的 rho	梁西渡	相关系数	1.000	0.875	0.884*	0.884*	0.884*	0.250	0.250
		Sig.（双侧）	0.000	0.052	0.047	0.047	0.047	0.685	0.685
		N	5	5	5	5	5	5	5
	南柳渡	相关系数	0.875	1.000	0.884*	0.884*	0.884*	-0.250	-0.250
		Sig.（双侧）	0.052	0.000	0.047	0.047	0.047	0.685	0.685
		N	5	5	5	5	5	5	5
	石泉	相关系数	0.884*	0.884*	1.000	1.000**	1.000**	0.000	0.000
		Sig.（双侧）	0.047	0.047	0.000	0.000	0.000	1.000	1.000
		N	5	5	5	5	5	5	5
	安康	相关系数	0.884*	0.884*	1.000**	1.000	1.000**	0.000	0.000
		Sig.（双侧）	0.047	0.047	0.000	0.000	0.000	1.000	1.000
		N	5	5	5	5	5	5	5
	白河	相关系数	0.884*	0.884*	1.000**	1.000**	1.000	0.000	0.000
		Sig.（双侧）	0.047	0.047	0.000	0.000	0.000	1.000	1.000
		N	5	5	5	5	5	5	5
	羊尾	相关系数	0.250	-0.250	0.000	0.000	0.000	1.000	1.000**
		Sig.（双侧）	0.685	0.685	1.000	1.000	1.000	0.000	0.000
		N	5	5	5	5	5	5	5
	陈家坡	相关系数	0.250	-0.250	0.000	0.000	0.000	1.000**	1.000
		Sig.（双侧）	0.685	0.685	1.000	1.000	1.000	0.000	0.000
		N	5	5	5	5	5	5	5

表2-8 铅断面相关系数

断面		判定项	梁西渡	南柳渡	石泉	安康	白河	羊尾	陈家坡
Spearman 的 rho	梁西渡	相关系数	1.000	1.000**	-0.487	-0.487	-0.487	0.363	0.363
		Sig.（双侧）	0.000	0.000	0.406	0.406	0.406	0.548	0.548
		N	5	5	5	5	5	5	5
	南柳渡	相关系数	1.000**	1.000	-0.487	-0.487	-0.487	0.363	0.363
		Sig.（双侧）	0.000	0.000	0.406	0.406	0.406	0.548	0.548
		N	5	5	5	5	5	5	5
	石泉	相关系数	-0.487	-0.487	1.000	1.000**	1.000**	-0.559	-0.559
		Sig.（双侧）	0.406	0.406	0.000	0.000	0.000	0.327	0.327
		N	5	5	5	5	5	5	5
	安康	相关系数	-0.487	-0.487	1.000**	1.000	1.000**	-0.559	-0.559
		Sig.（双侧）	0.406	0.406	0.000	0.000	0.000	0.327	0.327
		N	5	5	5	5	5	5	5
	白河	相关系数	-0.487	-0.487	1.000**	1.000**	1.000	-0.559	-0.559
		Sig.（双侧）	0.406	0.406	0.000	0.000	0.000	0.327	0.327
		N	5	5	5	5	5	5	5
	羊尾	相关系数	0.363	0.363	-0.559	-0.559	-0.559	1.000	1.000**
		Sig.（双侧）	0.548	0.548	0.327	0.327	0.327	0.000	0.000
		N	5	5	5	5	5	5	5
	陈家坡	相关系数	0.363	0.363	-0.559	-0.559	-0.559	1.000**	1.000
		Sig.（双侧）	0.548	0.548	0.327	0.327	0.327	0.000	0.000
		N	5	5	5	5	5	5	5

表 2-9　石油类断面相关系数

断面		判定项	梁西渡	南柳渡	石泉	安康	白河	羊尾	陈家坡
Spearman 的 rho	梁西渡	相关系数	1.000	0.968**	0.577	−0.148	0.577	1.000**	1.000**
		Sig.（双侧）	0.000	0.007	0.308	0.812	0.308	0.000	0.000
		N	5	5	5	5	5	5	5
	南柳渡	相关系数	0.968**	1.000	0.447	−0.057	0.447	0.968**	0.968**
		Sig.（双侧）	0.007	0.000	0.450	0.927	0.450	0.007	0.007
		N	5	5	5	5	5	5	5
	石泉	相关系数	0.577	0.447	1.000	0.359	1.000**	0.577	0.577
		Sig.（双侧）	0.308	0.450	0.000	0.553	0.000	0.308	0.308
		N	5	5	5	5	5	5	5
	安康	相关系数	−0.148	−0.057	0.359	1.000	0.359	−0.148	−0.148
		Sig.（双侧）	0.812	0.927	0.553	0.000	0.553	0.812	0.812
		N	5	5	5	5	5	5	5
	白河	相关系数	0.577	0.447	1.000**	0.359	1.000	0.577	0.577
		Sig.（双侧）	0.308	0.450	0.000	0.553	0.000	0.308	0.308
		N	5	5	5	5	5	5	5
	羊尾	相关系数	1.000**	0.968**	0.577	−0.148	0.577	1.000	1.000**
		Sig.（双侧）	0.000	0.007	0.308	0.812	0.308	0.000	0.000
		N	5	5	5	5	5	5	5
	陈家坡	相关系数	1.000**	0.968**	0.577	−0.148	0.577	1.000**	1.000
		Sig.（双侧）	0.000	0.007	0.308	0.812	0.308	0.000	0.000
		N	5	5	5	5	5	5	5

在设定显著水平 $\alpha = 0.01$ 的条件下，用 SPSS 软件对水质数据进行分析，不同污染指标所体现的汉江干流相邻断面的相关性并不一致。6 对相邻断面中，梁西渡和南柳渡断面铅和石油类指标呈显著相关，石泉和安康断面挥发酚和铅指标呈显著相关，安康和白河断面挥发酚和铅指标呈显著相关，羊尾和陈家坡断面挥发酚、铅、石油类指标呈显著相关，高锰酸盐指数和氨氮，相邻断面均未出现显著相关，见表 2-10。

表 2-10　汉江干流相邻断面相关性分析结果

断面	相关关系	高锰酸盐指数	氨氮	挥发酚	铅	石油类
梁西渡和南柳渡	相关系数	0.667	0.205	0.875	1.000	0.968
	相伴概率（P）	0.219	0.741	0.520	0.000	0.007
	相关性				显著相关	显著相关
南柳渡和石泉	相关系数	0.359	−0.462	0.884	−0.487	0.447
	相伴概率（P）	0.553	0.434	0.047	0.406	0.450
	相关性					
石泉和安康	相关系数	0.900	−0.103	1.000	1.000	0.359
	相伴概率（P）	0.037	0.870	0.000	0.000	0.553
	相关性			显著相关	显著相关	
安康和白河	相关系数	0.900	−0.400	1.000	1.000	0.359
	相伴概率（P）	0.037	0.505	0.000	0.000	0.553
	相关性			显著相关	显著相关	
白河和羊尾	相关系数	0.600	−0.700	0.000	0.559	0.577
	相伴概率（P）	0.285	0.188	1.000	0.327	0.308
	相关性					
羊尾和陈家坡	相关系数	0.616	0.900	1.000	1.000	1.000
	相伴概率（P）	0.269	0.037	0.000	0.000	0.000
	相关性			显著相关	显著相关	显著相关

分析得到上述结果的原因可能是，汉江干流上游陕西境内，非金属矿采选及有色金属矿采选企业较多，挥发酚、石油类、铅等物质进入水体后浓度相对稳定，难以降解，使得上述指标浓度在汉江上下游断面间差异性较小。但对于高锰酸盐指数和氨氮，由于农业面源、生活源和工业源在研究区域内分布差异较大，其进入水体的方式、位置亦有差异，现有断面能较好地监控各单元的污染物通量，准确反映水体水质变化情况。

因此，从历史监测数据对相邻断面进行相关性分析，综合考虑各水环境功能区划、污染源分布、水文及采样方便等因素，汉江干流上游 7 个监测断面中相邻断面所呈现的显著相关较少，各断面的布设基本符合设置原则。总体来说，汉江干流现有 7 个监测断面布设较为合理。汉江干流布设断面见表 2-11，断面位置如图 2-10 所示。

表 2-11　丹江口水源区汉江干流断面优化结果

河流名称	断面名称	经度	纬度
汉江	安康	109°4′0.61″E	32°42′43.3″N
	梁西渡	106°56′44.23″E	33°6′13.95″N
	南柳渡	107°20′28″E	33°8′10″N
	石泉	108°13′57.5″E	33°2′32.47″N
	白河	110°7′52″E	32°48′33″N
	陈家坡	110°22′31″E	33°2′27″N
	羊尾	110°11′47″E	32°48′39″N

2.4.3　主要入库支流站网优化布设方案

根据现有监测方案，丹江上布设有 5 个断面，上游陕西境内有 3 个断面（构峪桥、张村、丹凤下），均为控制断面，历史数据较为齐全；河南境内有两个断面，荆紫关断面为省界入境断面，史家湾断面为入库断面，综合数据代表性、历史延续性及各断面功能属性，建议全部保留。

老灌河在河南境内的 5 个断面依次为三道河、杨河、许营、西峡水文站、张营。三道河为背景断面，杨河为蛇尾河汇入口上游控制断面，许营为蛇尾河汇入口下游控制断面，西峡水文站为西峡县城下游控制断面，张营为入库断面，以上各断面均符合断面优化设置原则，建议全部保留。

除汉江、丹江、老灌河外，其他入库支流上均只布设 1~2 个控制断面，根据断面优化设置原则，只布设一个断面的河流该断面保留，如果该断面水质较差，拟在该河流上游增加对照断面。水质较差的支流主要为神定河、泗河、剑河、犟河，其他入库支流水质多为Ⅱ~Ⅲ类。

由于泗河入茅箭区上游有马家河水库水源地，每月监测一次，可利用该水源地数据，泗河上游不再新增断面。

剑河全长 26.9km，发源于武当山镇，主要污染源为生活污水，周围无工业企业。武当山镇已建有一座日处理 14 000t 的污水处理厂，年实际处理污水量 255.5 万 t，主要收集处理武当山镇的生活污水。现有监测断面位于剑河入汉江口，因此，剑河沿用现有断面可监控入库水质状况，不再新增断面。

神定河流域径流量小，仅为 6700 万 m³，枯水期断流且主要流经十堰市城区，为纳污河渠，上游建有神定河污水处理厂，现有断面神定河口断面可监控入库水质状况，上游不再新增断面。

犟河为堵河支流，汉江二级支流，河流全长 50.2km，年径流量 9700 万 m³，属于山区季节性河流，枯水期断流，生态基流小。犟河西部污水处理厂出水河段至堵河约 7km，现有断面东湾桥位于河口位置，可监控犟河入堵河水质状况，上游不再新增断面。

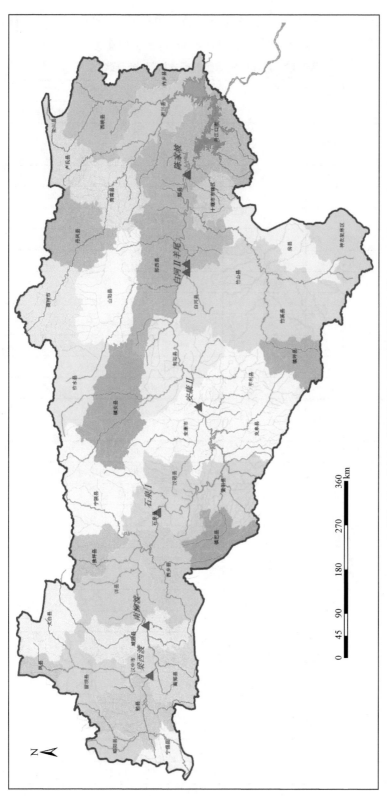

图2-10 丹江口水源区汉江干流断面优化布设

因此，丹江口水源区丹江等其他 25 条入库支流共优化布设断面 40 个，优化断面名录及断面位置信息见表 2-12 和表 2-13，断面分布如图 2-11 所示。

表 2-12　丹江口水源区入库支流优化断面名录

水域类型	断面分类	断面数	断面名称
入库支流	丹江	5	张村、构峪桥、丹凤下、史家湾、荆紫关
	天河	2	天河口、水石门
	堵河	2	黄龙滩水库、焦家院
	神定河	1	神定河口
	犟河	1	东湾桥
	泗河	1	泗河口
	官山河	1	孙家湾
	剑河	1	剑河口
	浪河	1	浪河口
	淇河	3	高湾、淇河桥、上河
	滔河	2	滔河水库、王河电站
	老灌河	5	三道河、西峡水文站、许营、杨河、张营
	曲远河	1	青曲
	淘沟河	1	淘沟河口
	坝河	1	坝河口
	丁河	1	封湾
	洞河	1	紫阳洞河口
	官渡河	2	潘口水库坝上、洛阳河九湖
	汇湾河	2	新洲、界牌沟
	金钱河	2	夹河、玉皇滩
	蛇尾河	1	东台子
	东河	1	东河口
	旬河	1	旬河口
	月河	1	月河
合计		40	

表 2-13　丹江口水源区入库支流优化断面位置

序号	断面名称	河流	经度	纬度
1	史家湾	丹江	110°13′47″E	33°5′14″N
2	荆紫关	丹江	111°0′10″E	33°16′15″N
3	丹凤下	丹江	110°21′14″E	33°39′21″N
4	张村	丹江	110°11′2″E	33°44′19″N

序号	断面名称	河流	经度	纬度
5	构峪桥	丹江	109°54′43″E	33°52′23″N
6	坝河口	坝河	109°20′42″E	32°45′41″N
7	封湾	丁河	111°28′11″E	33°19′8″N
8	东河口	东河	110°19′8″E	32°41′28″N
9	紫阳洞河口	洞河	108°37′16.35″E	32°28′44.73″N
10	黄龙滩水库	堵河	110°31′38″E	32°39′40″N
11	焦家院	堵河	110°33′37.512″E	32°41′14.64″N
12	潘口水库坝上	官渡河	110°8′58″E	32°11′29″N
13	洛阳河九湖	官渡河	110°5′59.4″E	31°27′46.94″N
14	孙家湾	官山河	111°1′41.268″E	32°32′17.59″N
15	新洲	汇湾河	109°58′35″E	32°10′38″N
16	界牌沟	汇湾河	109°36′33″E	33°9′25″N
17	剑河口	剑河	111°03′53.8″E	32°33′39.9″N
18	东湾桥	犟河	110°33′48″E	32°41′6″N
19	夹河	金钱河	111°01′16″E	33°53′13″N
20	玉皇滩	金钱河	110°1′35″E	33°10′31″N
21	浪河口	浪河	111°15′44.9″E	32°26′43.0″N
22	张营	老灌河	111°27′32.4″E	33°05′46.8″N
23	西峡水文站	老灌河	111°30′50″E	33°12′38″N
24	许营	老灌河	111°28′5″E	32°20′0″N
25	杨河	老灌河	111°30′33″E	33°25′20″N
26	三道河	老灌河	111°22′44″E	33°55′27″N
27	高湾	淇河	111°9′6″E	33°10′23″N
28	淇河桥	淇河	111°09′22.4″E	33°09′16.4″N
29	上河	淇河	111°0′10″E	33°39′10″N
30	青曲	曲远河	110°37′23.70″E	32°52′19.02″N
31	东台子	蛇尾河	111°30′37″E	33°25′4″N
32	神定河口	神定河	110°50′17.16″E	32°45′10.87″N
33	泗河口	泗河	110°53′59.8″E	32°38′13.3″N
34	王河电站	滔河	111°12′52″E	33°1′35″N
35	滔河水库	滔河	110°54′29″E	33°8′0″N
36	淘沟河口	淘沟河	111°4′35″E	32°51′58″N
37	天河口	天河	110°22′10.992″E	32°53′40.74″N
38	水石门	天河	110°22′11″E	33°7′47″N
39	旬河口	旬河	109°22′46″E	32°50′6″N
40	月河	月河	108°59′23.05″E	32°39′57.91″N

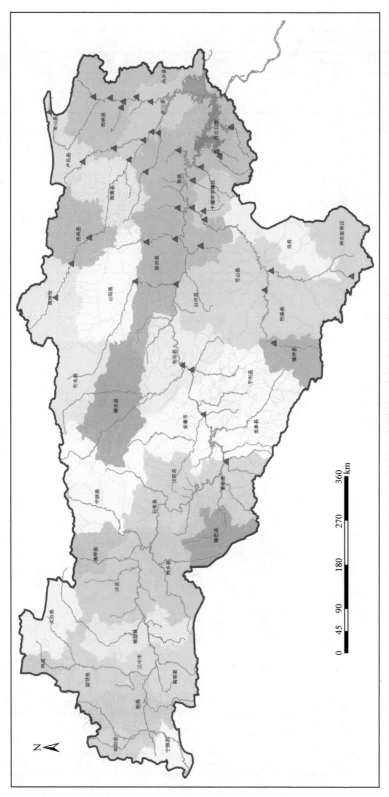

图2-11 丹江口水源区入库支流断面优化布设

2.4.4 水源区水环境站网综合优化布设方案

丹江口水源区水质监测站网优化需要全面考虑丹江口水库、汉江、丹江等重要支流水质监测的代表性和可行性,2.4.1~2.4.3 节从理论计算及水质监测断面功能作用的角度进行了优化,同时也考虑重点库湾敏感水域的水质监控需求,初步优化筛选了 74 个水质监测断面。此外还需要进一步考虑区域水资源管理工作需求,如省界等跨界水质管理,因此在前述基础上,需要进一步与省界监测断面结合开展综合优化。目前,丹江口水源区水利系统共布设省界水体监测断面 15 个,断面信息见表 2-14。将初步筛选的 74 个断面与省界的 15 个断面位置进行比较(图 2-12),根据断面邻近性、重复性等因素做进一步综合优化筛选,优化省界监测断面结果见表 2-14。

表 2-14 丹江口水源区省界水体断面信息及优化结果

编号	断面	所在水域	经度	纬度	交界	邻近环保省界断面	说明
1	凉水河台子山	丹江口水库	111°31′18″E	32°38′53″N	河南~湖北		选取
2	白河	汉江	110°7′52″E	32°48′33″N	陕西~湖北		与优化的白河省控断面基本重合,保留本断面
3	兰滩	汉江	110°07′E	32°49′N	湖北~陕西	羊尾	选取,相隔有一定距离
4	荆紫关	丹江	111°0′10″E	33°16′15″N	陕西~河南	荆紫关	位置基本重合,保留本断面
5	湘河	丹江	110°58′E	33°17′N	陕西~河南		选取
6	鄂坪	堵河	109°33′13″E	32°9′19″N	陕西~湖北		选取
7	西坪	黑漆河	111°03′E	33°27′N	陕西~河南		选取
8	南宽坪	夹河	109°54′E	33°18′N	陕西~湖北		选取
9	上津	夹河	110°03′E	33°09′N	陕西~湖北	玉皇滩	与优化的玉皇滩位置基本重合,保留本断面
10	大竹河	任河	108°18′E	32°12′N	四川~陕西		选取
11	滔河水库	滔河	110°54′E	33°10′N	陕西~湖北	滔河水库	位置基本重合,保留本断面
12	梅家铺	滔河	110°44′59″E	33°10′59″N	湖北~河南	王河电站	选取
13	照川	天河	110°21′E	33°12′N	陕西~湖北	水石门	选取,相隔有一定距离
14	关防	仙河	109°40′E	33°11′N	湖北~陕西		选取
15	清泉沟	丹江口水库	111°41′17″E	32°38′39″N	河南~湖北		选取

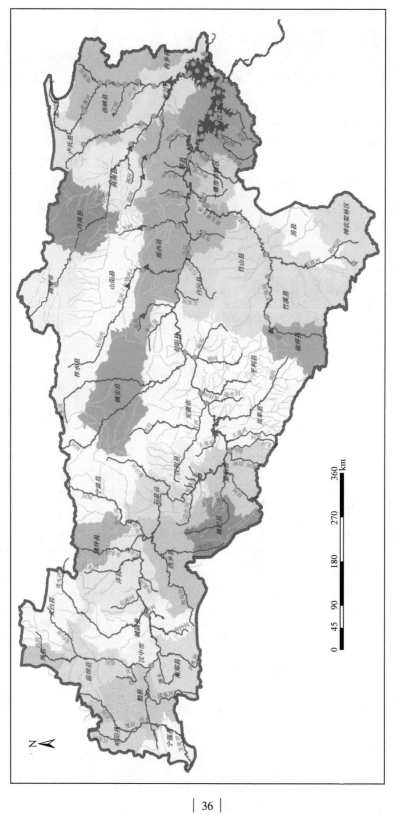

图2-12 初步优选断面(74个)与省界断面(15个)相对位置

通过断面综合优化，丹江口水源区 15 个省界断面有 4 个断面与环保系统省界控制断面位置基本一致，即白河、荆紫关、上津、滔河水库，分别对应环保监测断面白河、荆紫关、玉皇滩、滔河水库。因省界监测断面对流域管理的重要性，可以考虑保留此 4 个省界断面，4 个断面中有 3 个断面名称相同，仅上津与玉皇滩不一致，建议保留省界上津断面。

综上所述，丹江口水源区最终优化筛选断面 85 个，分布在丹江口水库库内和库湾、汉江、丹江及其他 28 条入库支流。丹江口水源区水质断面综合优化结果名录见表 2-15。

表 2-15 丹江口水源区水质断面综合优化结果名录

水域类型	断面分类	断面数	断面名称
丹江口水库	库内	20	江北大桥、坝上、何家湾、龙口、莲花、陶岔、宋岗、五龙泉、凉水河台子山（省界）、清泉沟（省界）、5#、6#、7#、14#、21#、22#、23#、32#、35#、44#
	库湾	9	肖川库湾、草店库湾、香花库湾、马蹬库湾、土台乡库湾、牛河库湾、三官殿库湾、羊山库湾、老城镇库湾
入库河流	汉江	8	梁西渡、南柳渡、石泉、安康、白河（省界）、兰滩（省界）、羊尾（省界）、陈家坡
	丹江	6	张村、构峪桥、丹凤下、史家湾、荆紫关（省界）、湘河（省界）
	天河	3	天河河口、水石门、照川（省界）
	堵河	3	黄龙滩水库、焦家院、鄂坪（省界）
	神定河	1	神定河口
	犟河	1	东湾桥
	泗河	1	泗河河口
	官山河	1	孙家湾
	剑河	1	剑河河口
	浪河	1	浪河河口
	淇河	3	高湾、淇河桥、上河
	滔河	2	滔河水库（省界）、梅家铺（省界）
	老灌河	5	三道河、西峡水文站、许营、杨河、张营
	曲远河	1	青曲
	淘沟河	1	淘沟河口
	坝河	1	坝河口
	丁河	1	封湾
	洞河	1	紫阳洞河口
	官渡河	2	潘口水库坝上、洛阳河九湖
	汇湾河	2	新洲、界牌沟
	金钱河	1	夹河
	蛇尾河	1	东台子

续表

水域类型	断面分类	断面数	断面名称
入库河流	滔河	1	王河电站
	东河	1	东河口
	旬河	1	旬河口
	月河	1	月河
	黑漆河	1	西坪（省界）
	夹河	2	南宽坪（省界）、上津（省界）
	任河	1	大竹河（省界）
	仙河	1	关防（省界）
合计		85	

2.4.5 输水干渠站网优化布设方案

南水北调中线工程自丹江口水库陶岔取水，经长江流域与淮河流域的分水岭方城垭口，沿唐白河流域和黄淮海平原西部边缘开挖渠道，在河南郑州附近通过隧道穿过黄河，沿京广铁路西侧北上，自流到北京颐和园的团城湖。中线输水干渠总长达 1277km，向天津输水干渠长 154km。工程供水范围主要是唐白河平原和黄淮海平原的中西部，供水区总面积约 15.5 万 km^2，工程重点解决河南、河北、天津、北京 4 省（市）及沿线 20 多座大中城市的生活和生产用水问题。

南水北调中线一期工程已于 2014 年年底通水，为及时、准确掌握南水北调中线工程试调水和调水期间输水干渠水质状况及变化趋势，目前输水干渠上共布设有 27 个监测点，分别为陶岔、姚营、程沟、方城、沙河南、兰河北、新峰、苏张、郑湾、穿黄前、穿黄后、纸坊河北、赵庄东南、西寺门东北、侯小屯西、漳河北、侯庄、北盘石、东滹、大安舍、北大岳、蒲王庄、柳家左、西黑山、霸州、天津外环河、惠南庄。监测断面信息见表 2-16，断面位置如图 2-13 所示。由于总干渠为人工河流，渠道形状、宽度均一性好，且沿线采用封闭式设计，不与其他水系连通，避免了外源污染。通水后监测结果表明，总干渠沿线水质稳定在Ⅱ类，营养盐水平也相对稳定，因此可以考虑在输水干渠上每隔约 100km 布设一个监测断面。综合考虑工程节点和断面重要程度，拟将总干渠输水干渠上 27 个断面合并成 13 个断面（其中渠首陶岔与水库内陶岔合并），同时增加一个团城湖监测断面（北京汇入处），共计 14 个断面（优化后监测断面信息见表 2-17）。

表 2-16　输水干渠水质监测断面基本信息

序号	断面名称	地址	桩号	类别	作用
1	陶岔	河南省南阳市淅川县陶岔村	0+240	重点监测站	渠首
2	姚营	河南省南阳市邓州姚营村	14+304（左岸）	一般监测站	水质变化敏感渠段
3	程沟	河南省南阳市程沟东南	94+836	一般监测站	水质变化敏感渠段
4	方城	河南省南阳市方城县独树镇后三里河村	184+700	重点监测站	南阳、平顶山地区界
5	沙河南	河南省平顶山市鲁山县薛寨北沙河南岸	241+885（左岸）	一般监测站	水质变化敏感渠段
6	兰河北	河南省平顶山市郏县安良乡狮王村	301+005	重点监测站	平顶山、许昌地区界
7	新峰	河南省许昌市禹州新峰村	315+300	一般监测站	水质变化敏感渠段
8	苏张	河南省郑州市新郑县苏张村	354+353	重点监测站	许昌、郑州地区界
9	郑湾	河南省郑州市郑湾	440+717	一般监测站	水质变化敏感渠段
10	穿黄前	河南省郑州市荥阳李村	478+833	一般监测站	穿黄
11	穿黄后	河南省郑州市黄河北南屯滩	483+645	重点监测站	郑州、焦作地区界
12	纸坊河北	河南省新乡市辉县王里村西南	560+480（左岸）	重点监测站	焦作、新乡地区界
13	赵庄东南	河南省新乡市辉县金河赵庄村东南	602+100	一般监测站	水质变化敏感渠段
14	西寺门东北	河南省新乡市卫辉西寺门东北	626+104	一般监测站	水质变化敏感渠段
15	侯小屯西	河南省安阳市宜沟镇侯小屯村西	669+384	重点监测站	鹤壁、安阳地区界
16	漳河北	河南省安阳市施家河村东	731+677	重点监测站	河南、河北省界
17	侯庄	河北省邯郸市永年县侯庄村	811+288	重点监测站	邯郸、邢台地区界
18	北盘石	河北省邢台市临城县北盘石村	883+017	一般监测站	水质变化敏感渠段
19	东漫	河北省邢台市临城县东漫村	903+449	重点监测站	邢台、石家庄地区界
20	大安舍	河北省石家庄市西郊大安舍村	970+422	一般监测站	水质变化敏感渠段
21	北大岳	河北省石家庄新乐市北大岳村	1027+155	重点监测站	石家庄、保定地区界
22	蒲王庄	河北省保定市满城县蒲王庄村	1091+419	一般监测站	水质变化敏感渠段
23	柳家左	河北省保定市满城县柳家左	1102+548	一般监测站	水质变化敏感渠段
24	西黑山	河北省保定市徐水县西黑山	1119+898	重点监测站	与北京、天津交界
25	霸州	河北省霸州市金各庄村	XW89+887	一般监测站	控制天津干渠水质
26	天津外环河	天津市外环河西青区段西	XW155+163	重点监测站	天津干渠终点
27	惠南庄	北京市房山惠南庄	1197+580	重点监测站	河北、北京省界

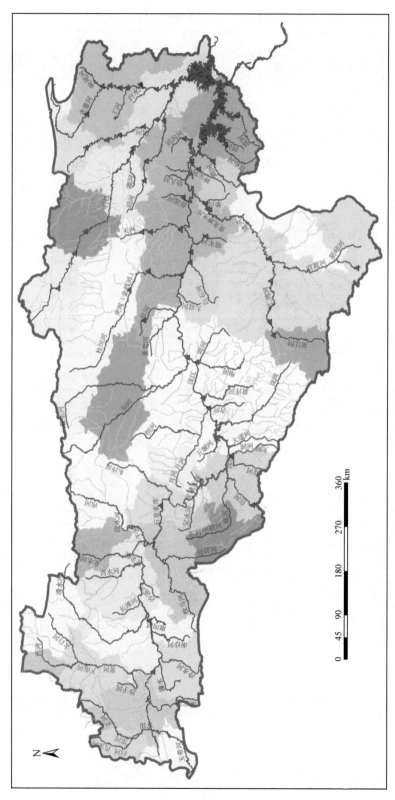

图2-13 丹江口水源区水质监测断面优化示意图

表 2-17 南水北调中线工程输水干线监测断面优化结果

序号	断面名称	所在地区	所属省份
1	方城	南阳市方城县独树镇后	河南
2	兰河北	平顶山市郏县安良乡狮王村	河南
3	苏张	郑州市新郑县苏张村	河南
4	穿黄后	郑州市黄河北南屯滩	河南
5	纸坊河北	新乡市辉县王里村西南	河南
6	侯小屯西	安阳市宜沟镇侯小屯村	河南
7	漳河北	安阳市施家河村东	河南
8	侯庄	邯郸市永年县侯庄村	河北
9	东渎	邢台市临城县东渎村	河北
10	北大岳	石家庄新乐市北大岳村	河北
11	西黑山	保定市徐水县西黑山	河北
12	天津外环河	天津市外环河西青区段西	天津
13	惠南庄	北京市房山惠南庄	北京
14	团城湖	北京市船营村东官厂	北京

2.5 丹江口水源区监测断面优化布设结果

采用聚类分析、相关性分析等方法，根据代表性、可操作性、历史延续性及水资源管理等断面优化原则对丹江口水库水源区、总干渠监测断面（点位）进行了优化。优化后的丹江口水库水源区监测站网共设 85 个断面（点位），输水干渠共设 14 个断面（陶岔与丹江口水库陶岔断面重合），水源区及总干渠合计布设断面 99 个。具体断面（点位）名录见表 2-18，断面（点位）位置信息见表 2-19，丹江口水源区水质监测断面优化示意图如图 2-13 所示。

表 2-18 丹江口水源区及干渠水质断面综合优化结果名录

水域类型	断面分类	断面数	断面名称
丹江口水库	库内	20	江北大桥、坝上、何家湾、龙口、莲花、陶岔、宋岗、五龙泉、凉水河台子山（省界）、清泉沟（省界）、5#、6#、7#、14#、21#、22#、23#、32#、35#、44#
	库湾	9	肖川库湾、草店库湾、香花库湾、马蹬库湾、土台乡库湾、牛河库湾、三官殿库湾、羊山库湾、老城镇库湾
入库河流	汉江	8	梁西渡、南柳渡、石泉、安康、白河（省界）、兰滩（省界）、羊尾（省界）、陈家坡
	丹江	6	张村、构峪桥、丹凤下、史家湾、荆紫关（省界）、湘河（省界）
	天河	3	天河河口、水石门、照川（省界）

水域类型	断面分类	断面数	断面名称
入库河流	堵河	3	黄龙滩水库、焦家院、鄂坪（省界）
	神定河	1	神定河口
	犟河	1	东湾桥
	泗河	1	泗河河口
	官山河	1	孙家湾
	剑河	1	剑河河口
	浪河	1	浪河河口
	淇河	3	高湾、淇河桥、上河
	滔河	2	滔河水库（省界）、梅家铺（省界）
	老灌河	5	三道河、西峡水文站、许营、杨河、张营
	曲远河	1	青曲
	淘沟河	1	淘沟河口
	坝河	1	坝河口
	丁河	1	封湾
	洞河	1	紫阳洞河口
	官渡河	2	潘口水库坝上、洛阳河九湖
	汇湾河	2	新洲、界牌沟
	金钱河	1	夹河
	蛇尾河	1	东台子
	滔河	1	王河电站
	东河	1	东河口
	旬河	1	旬河口
	月河	1	月河
	黑漆河	1	西坪（省界）
	夹河	2	南宽坪（省界）、上津（省界）
	任河	1	大竹河（省界）
	仙河	1	关防（省界）
合计		85	
输水干渠	干渠	14	方城、兰河北、苏张、穿黄后、纸坊河北、侯小屯西、漳河北、侯庄、东淏、北大岳、西黑山、天津外环河、惠南庄、团城湖

表 2-19　丹江口水源区及干渠水质综合优化断面位置

序号	断面（点位）名称	所在水域	断面位置	
			经度	纬度
1	坝上	丹江口水库	111°29′38.7″E	32°33′36.8″N
2	何家湾	丹江口水库	111°28′33.1″E	32°34′25.7″N
3	江北大桥	丹江口水库	111°30′2.71″E	32°30′54.8″N
4	龙口	丹江口水库	111°10′11.5″E	32°35′4.49″N
5	莲花	丹江口水库	111°7′28.46″E	32°42′55.6″N
6	陶岔	丹江口水库	111°42′27.6″E	32°40′22.3″N
7	宋岗	丹江口水库	111°37′53.46″E	32°46′30.84″N
8	五龙泉	丹江口水库	111°33′1.47″E	32°40′25.53″N
9	凉水河台子山	丹江口水库	111°31′18″E	32°38′53″N
10	清泉沟	丹江口水库	111°41′17″E	32°38′39″N
11	5#	丹江口水库	111°24′41″E	32°34′25.8″N
12	6#	丹江口水库	111°19′43.6″E	32°34′31.9″N
13	7#	丹江口水库	111°15′10.9″E	32°38′22.3″N
14	14#	丹江口水库	111°3′54.15″E	32°42′22.5″N
15	21#	丹江口水库	111°5′55.38″E	32°33′52.5″N
16	22#	丹江口水库	111°32′22.36″E	32°49′24.89″N
17	23#	丹江口水库	111°33′29.89″E	32°48′12.63″N
18	32#	丹江口水库	111°34′35.7″E	32°44′37.55″N
19	35#	丹江口水库	111°30′20.82″E	32°41′25.66″N
20	44#	丹江口水库	111°37′25.91″E	32°40′6.27″N
21	肖川库湾	丹江口水库	111°08′12.32″E	32°41′14.00″N
22	草店库湾	丹江口水库	111°08′56.65″E	32°30′39.41″N
23	香花库湾	丹江口水库	111°37′21.76″E	32°42′56.06″N
24	马蹬库湾	丹江口水库	111°29′54.12″E	32°57′03.22″N
25	土台乡库湾	丹江口水库	111°16′31.85″E	32°36′41.45″N
26	牛河库湾	丹江口水库	111°23′09.91″E	32°33′24.65″N
27	三官殿库湾	丹江口水库	111°24′57.57″E	32°32′52.11″N
28	羊山库湾	丹江口水库	111°30′25.54″E	32°34′17.79″N
29	老城镇库湾	丹江口水库	111°26′24.34″E	32°57′30.38″N
30	羊尾	汉江	110°11′47″E	32°48′39″N
31	陈家坡	汉江	110°22′31″E	33°2′27″N
32	石泉 I	汉江	108°13′57.5″E	33°2′32.47″N
33	南柳渡	汉江	107°20′28″E	33°8′10″N

续表

序号	断面（点位）名称	所在水域	断面位置	
			经度	纬度
34	梁西渡	汉江	106°56′44.23″E	33°6′13.95″N
35	安康Ⅱ	汉江	109°4′0.61″E	32°42′43.3″N
36	白河	汉江	110°7′52″E	32°48′33″N
37	兰滩	汉江	110°07′E	32°49′N
38	史家湾	丹江	110°13′47″E	33°5′14″N
39	丹凤下	丹江	110°21′14″E	33°39′21″N
40	张村	丹江	110°11′2″E	33°44′19″N
41	构峪桥	丹江	109°54′43″E	33°52′23″N
42	荆紫关	丹江	111.00275°E	33.27071°N
43	湘河	丹江	110°58′E	33°17′N
44	坝河口	坝河	109°20′42″E	32°45′41″N
45	封湾	丁河	111°28′11″E	33°19′8″N
46	东河口	东河	110°19′8″E	32°41′28″N
47	紫阳洞河口	洞河	108°37′16.35″E	32°28′44.73″N
48	黄龙滩水库	堵河	110°31′38″E	32°39′40″N
49	焦家院	堵河	110°33′37.512″E	32°41′14.64″N
50	鄂坪	堵河	109°33′13″E	32°9′19″N
51	潘口水库坝上	官渡河	110°8′58″E	32°11′29″N
52	洛阳河九湖	官渡河	110°5′59.4″E	31°27′46.94″N
53	孙家湾	官山河	111°1′41.268″E	32°32′17.59″N
54	西坪	黑漆河	111°03′E	33°27′N
55	新洲	汇湾河	109°58′35″E	32°10′38″N
56	界牌沟	汇湾河	109°36′33″E	33°9′25″N
57	南宽坪	夹河	109°54′E	33°18′N
58	上津	夹河	110°03′E	33°09′N
59	剑河口	剑河	111°03′53.8″E	32°33′39.9″N
60	东湾桥	犟河	110°33′48″E	32°41′6″N
61	夹河	金钱河	111°01′16″E	33°53′13″N
62	浪河口	浪河	111°15′44.9″E	32°26′43.0″N
63	张营	老灌河	111°27′32.4″E	33°05′46.8″N
64	西峡水文站	老灌河	111°30′50″E	33°12′38″N
65	许营	老灌河	111°28′5″E	32°20′0″N
66	杨河	老灌河	111°30′33″E	33°25′20″N

序号	断面（点位）名称	所在水域	断面位置	
			经度	纬度
67	三道河	老灌河	111°22′44″E	33°55′27″N
68	高湾	淇河	111°9′6″E	33°10′23″N
69	淇河桥	淇河	111°09′22.4″E	33°09′16.4″N
70	上河	淇河	111°0′10″E	33°39′10″N
71	青曲	曲远河	110°37′23.70″E	32°52′19.02″N
72	大竹河	任河	108°18′E	32°12′N
73	东台子	蛇尾河	111°30′37″E	33°25′4″N
74	神定河口	神定河	110.83810°E	32.75302°N
75	泗河口	泗河	110°53′59.8″E	32°38′13.3″N
76	王河电站	滔河	111°12′52″E	33°1′35″N
77	滔河水库	滔河	110°54′E	33°10′N
78	梅家铺	滔河	110°44′59″E	33°10′59″N
79	淘沟河口	淘沟河	111°4′35″E	32°51′58″N
80	天河口	天河	110°22′10.992″E	32°53′40.74″N
81	水石门	天河	110°22′11″E	33°7′47″N
82	照川	天河	110°21′E	33°12′N
83	关防	仙河	109°40′E	33°11′N
84	旬河口	旬河	109°22′46″E	32°50′6″N
85	月河	月河	108°59′23.05″E	32°39′57.91″N
86	方城	干渠	184+700	
87	兰河北	干渠	301+005	
88	苏张	干渠	354+353	
89	穿黄后	干渠	483+645	
90	纸坊河北	干渠	560+480（左岸）	
91	侯小屯西	干渠	669+384	
92	漳河北	干渠	731+677	
93	侯庄	干渠	811+288	
94	东滦	干渠	903+449	
95	北大岳	干渠	1027+155	
96	西黑山	干渠	1119+898	
97	天津外环河	干渠	XW155+163	
98	惠南庄	干渠	1197+580	
99	团城湖	干渠	1277	

注：86~99 断面位置为定位桩距离陶岔千米数及相对定位桩距离数（m）

第3章 固定监测台站水质在线监测系统集成技术研究

3.1 国内外研究进展

传统的水质监测以人工采样、实验室分析为主，随着水环境监测时效性要求的不断提高，传统的监测方式已难以满足当前水环境监测的需求。科技的进步使水质自动监测成为可能。水质自动监测是以监测仪器为核心，运用传感器技术、自动测量技术、自动化控制技术、计算机技术、软件技术及物联网技术，实现多种参数的实时监测。目前该技术已在国内外河流、湖泊的水质监测中得到了广泛的应用。

美国、日本、英国等发达国家在水质自动监测领域的研究起步较早（曹捍，1987）。1960年，美国在俄亥俄河上建立了第一批自动监测系统（站），随后哈得孙河、纽约等地都建立了自动监测系统（站），截至1975年，美国在全国建立了13 000个自动监测系统（站），形成了覆盖18条主要河流的水质自动监测网（高娟等，2006）。1971年日本开始建立水质自动监测系统，截至1992年，日本国内公共水域的自动监测测点（站）达到了8000余个（徐富春和程子峰，1996）。19世纪末，英国泰晤士河鱼虾绝迹，为了加强水质监测，1975年开始在泰晤士河流域建立水环境自动监测系统，该系统由一个数据处理中心（监控中心站）和250个子系统（站）组成（王增愉，1991）。经过近60年的发展，发达国家水质自动监测技术已比较成熟。在监测指标方面，实现了常规指标、有机物指标及生物指标等的全自动监测。在系统集成方面，微电子技术、嵌入式微控制器技术等先进技术得到广泛应用，实现了数据采集、分析和运算的自动化及智能化，可动态监测水质变化，结合水质预警预报模型，能及时预警突发污染事件（刘晓茹等，2007）。

与发达国家相比，我国水质自动监测技术应用起步较晚。1988年，天津建立了第一个水质自动监测系统（刘晓茹等，2004），该系统包括1个中心站和4个子站。此后，全国主要流域、湖泊的自动监测系统逐步开始建立。据统计，目前我国已建立覆盖423条河流和62座湖泊（水库）共972个断面（点位）的国家地表水环境监测网。90年代以前，我国的水质自动监测仪器主要依靠进口，2000年以后开始出现成套的国产水质自动监测设备。近年来国内水环境监测设备发展迅速，部分具备自主研发实力的科研院所、企业迅速壮大，特别是"十二五"期间国产化设备在全国范围内得到了大量推广。例如，成都理工大学刘海锋（2010）研制出了高锰酸盐指数在线监测设备；天津大学顾建等（2012）研制了一种投入式光谱法紫外水质监测系统，可以同时测定水中的COD及硝酸盐氮；中国地质调查局水文地质环境调查中心赵学亮和史云（2012）基于线性扫描溶出伏安法研制了一套水质重金属自动监测系统，实现了水中铅、锌、砷、锑等重金属元素的自动监测；力合科技（湖南）股份有限公司的陈阳等（2014）研制了一种总氮和总磷的检测设备，可快速、高效地实现水体中总磷、总氮的自动监测；北京邮电大学的滕佩峰（2008）研发了一种用于污水监测的水质自动监测系统，该系统采用 PLC 控制设备，能够实现无人值守、自动运行；中国科学院大学的杨增顺（2014）设计了一种水质在线监测系统，该系统主要由测试终端设备和远端的水质监测中心组成，测试终端设备包含水质参数采集传感器、AD 转换模块、GPRS 传输模块，利用低功耗、高性能的嵌入式控制器将采集的水质信息通过以太网或者 GPRS 将数据传输到远端的水质监测中心，实现数据的远程传输，提高了水质监控的实时性及连续性；华东理工大学的梁承美（2014）研发出了基于物联网技术的湖泊水质在线监测系统，该系统可用于湖泊水质的远程在线监测和评价预测。除此之外，水质自动监测数据的质量控制与保障也是研究重点。例如，中国环境监测总站的刘允等（2011）发现自动监测具有开放性较强和可控性较弱的特点，数据的质量保证和控制是一个难点。因此，应从固定监测台站建设和运行两方面着手，通过加强人员素质培训、系统维护、建立管理制度、定期校准仪器、保证试剂有效性、开展标液或质控样核查、对比实验、加强数据检查与审核，确保监测数据质量。

综上所述，近些年我国在水质自动监测仪器和系统设计、研究等方面取得了较大的进展，但总体而言我国的水质自动监测系统在监测指标、集成化和数据质量控制方面还不够成熟，主要表现在以下 4 个方面：①目前，水质自动监测系统尚缺乏建设和配置标准，不同品牌的产品存在较大的差异，仪器与系统的兼容性较差，给后期的系统运行维护和数据综合利用造成了不便；②部分现场监测设备适应性较差，缺乏有效的预处理手段；③监测参数指标有限，主要集中在五参数、COD、氨氮、总磷、总氮、TOC 和少数重金属参数，缺乏有机物及生物综合毒性指标；④缺乏有效的数据质量保障措施。

本章针对以上问题，从固定监测台站的单元设计、系统集成、数据的质量控制与保障 3 个方面开展研究工作，以期解决目前水质自动监测存在的问题。

3.2 固定监测台站的单元设计

固定监测台站水质在线监测系统（简称固定监测台站）包括取水、配水、检测、数据采集、数据传输控制等单元，涉及的水质分析仪器和传感器较多，任何一个环节出现问题，都会影响监测数据的可靠性。因此，固定监测台站的单元设计是保障监测数据可靠性的重要基础。由环境保护部公布的《地表水自动监测技术规范》（征求意见稿）介绍了固定监测台站的基本结构及单元建设的基本要求，本研究在此基础上进一步优化固定监测台站的结构，明确了各单元的技术要求。

本研究所提出的固定监测台站由取水单元、配水单元、留样单元、检测分析单元、废液处理单元、数据采集与传输控制单元和辅助单元组成，系统的集成结构如图 3-1 所示。

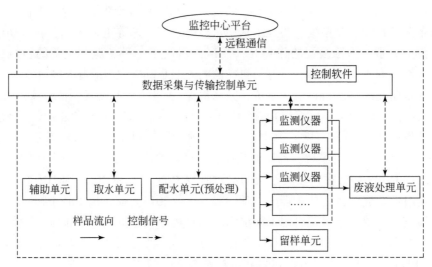

图 3-1　固定监测台站系统的集成结构

3.2.1　取水单元

固定监测台站取水单元的设计首先要保证所取水样有代表性，且保持水样在传输过程中物理化学性质的稳定。其次，要考虑因地制宜的原则，采取最适用的取水方式。固定监测台站的取水方式包括固定式、移动式和缆车式 3 种方式。典型的固定式取水方式有固定式栈桥、固定式桥墩、固定式悬（臂）杆、固定式导杆等；典型的移动式取水方式有移动式浮筒（浮标）、移动式导索、移动式拉索等。缆车式取水方式是比较灵活的取水方式，适用于水位变化幅度大、流速和风浪较大但岸坡比较稳定的监测断面。因此，取水单元在设计中应满足的技术要求如下：

1）取水方式的选择，应充分考虑其对丰水期、枯水期水位变化的适应性，并且对航运不造成影响，对河堤不造成损害。

2）取水口应确保在水面下 0.5～1.0m，并与水体底部保持足够距离（枯水期>1.0 m），避免受水体底部泥沙扰动的影响，确保所取水样的代表性。

3）取水泵的选择，根据监测台站所需水量及取水点的水质情况、环境条件，可选泵型有潜水泵、自吸泵和离心泵等。为了保证系统的正常运行，应采用双回路采水，一备一用，并在控制系统中设置取水泵故障自动诊断及自动切换功能，确保取水单元的正常运行。取水泵四周需安装不锈钢钢丝网等隔离网具，隔离水面漂浮物，防止堵塞。

4）取水管路宜选用化学稳定性好、能适应高温和冰冻条件的惰性材料，并且具有足够的强度，可承受内压和外载荷，使用年限长。所有管路应密封性良好、配备保温及防冻措施，有合理的流路设计，配备足够的活动接头，便于拆卸清洗。室内管路在关键部位使用透明管路，便于观察管路中的积藻状况。此外，取水管道应具备排空和反冲洗功能，保证取水完成后，自动排空并清洗管道，防止藻类附着积聚。

5）设计并建立必要的保温、防冻、防压、防淤、防藻、防撞及防盗措施，并对取水设备和设施进行必要的固定，确保取水单元安全、正常地工作。

6）采用连续或间歇可调节的工作方式，并能够根据监测要求现场或远程调整监测频次。

7）设置断电保护功能，在系统断电时自我保护，再次通电时自动恢复原位。

8）满足长期稳定运行、维护周期长等要求。

3.2.2 配水单元

配水单元通过管道对不同的监测仪器进行水样分配，并根据需求进行水样预处理。水样预处理过程既要保证除去水中的大颗粒杂质和泥沙等干扰因素，又要保证水样中待测成分不被破坏，测试结果具有代表性。

常用的水样预处理方法很多，如三水箱过滤沉降、叠片过滤式及超声波匀化预处理等，需根据水样特性选择合适的预处理方式。三水箱过滤沉降预处理适用于水质较好，悬浮物少的水样；叠片过滤式预处理适用范围较广，是一种常用的过滤方式。超声波匀化预处理能起到匀化水样和清洗过滤的作用，适用范围也比较广泛。

无论采用哪种预处理方式，均须满足以下技术要求：

1）常规五参数（包括pH、水温、溶解氧、浊度和电导率）的分析应使用未经过预处理的水样。

2）在不违背标准分析方法的情况下，可以通过过滤达到预沉淀的效果，也可以通过预沉淀替代过滤操作。

3）预处理装置应具备自动反清洗（或反吹洗）功能和远程反控功能。

4）预处理装置在系统停电恢复后，能够按照采集控制器的控制程序自动启动。

5）配水主管路采用串联的方式配水，管路干路中无任何过滤装置，但每台仪器应具有单独的预处理模块，满足仪器测试的需要。

6）仪器的预处理管路均设有旁路系统，可通过手动阀门进行调节。当某台仪器或过滤器损坏，或者单元需要维护时，可以打开旁路，关闭主路，通过旁路系统输送水样，这样既保证了其他仪器的正常工作，又便于维护维修。

7）所有配水管通过PLC控制阀门（如电动球阀等）切换，将水导入到相应管路，达到水样输送和清洗的目的，防止管路残留物干扰测试；仪器单独配置采样杯，调控采样杯到分析仪器管路中残留水样的滞留时间，使其不影响仪器下一周期的分析检测。

8）所有配水管采用耐高压、高温、抗老化管材，并安装压力、液位传感器进行监控，通过对压力和流量的调控，满足各监测分析仪器对样品压力和流量的具体要求。配水尽量采用自流的方式完成，减少增压泵运转对水质造成的影响。

9）配水单元采用管路自排空设计，测试完成后自动排空采样杯，减少泥沙的沉积和藻类的滋生，避免残留水样对下一周期分析测试结果产生影响，减小系统维护量。

10）配水管路应预留多个仪器扩展接口，方便系统的升级。配水管线设有压力变送器，用于流量辅助调节及判断配水单元的工作状态。

3.2.3 留样单元

设计水质自动留样单元的目的是验证水样自动监测的结果，为仪器的重复测试或实验室比对提供原始样品。留样单元在设计时应满足以下几点技术要求：

1）水质自动留样器具有多种留样模式，包括超标留样、常规留样和紧急留样等，用户可根据需求选择。

2）水质自动留样器具备自动清洗、自动排空、反吹洗、润洗、复测、自动加密、故障报警和缺水报警等功能。

3）当出现数据超标或仪器故障时，留样单元自动启动并留样。

4）留样单元与检测单元应具备良好的兼容性，确保所留水样与超标、故障等情况下检测的水样为同一水样。

3.2.4 检测分析单元

检测分析单元是在线监测系统最核心的部分，其检测方法要符合国家及行业标准要求。为了获取准确可靠的监测数据，分析方法按照以下原则选取：

1）检测方法的灵敏度和准确度能够满足现场监测需求。

2）检测方法成熟，具备较好的重现性，准确度较高。

3）具备较好的抗干扰能力，能满足大多数样品的监测需求。

4）容易实现自动监测，所需的试剂具备较长的保质周期。

为便于监测参数的扩展，检测分析单元应采用模块化设计，将监测仪器各功能单元模块化，一方面可提高仪器的集成化及稳定性；另一方面可以通过简单的程序切换、试剂切换或面板切换实现参数的切换，减少仪器采购的成本，而且维护方便。

本节除探讨检测分析单元的基本技术要求外，将重点介绍仪器模块化设计。

3.2.4.1 设计要求

1）仪器具有基本参数储存、断电保护与自动恢复功能。

2）仪器具备参数调整设置功能，可根据需要设定监测方式（定时或手动监测）及频次（最高监测频次为1h/次）。

3）仪器具有故障自动报警、异常值自动报警及缺试剂报警功能。

4）仪器具有自动清洗功能。

5）仪器具有定期自动校准功能。

6）仪器具有远程控制功能，如远程启动、远程校正、标样核查等功能。

7）仪器具有密封防护箱体及防潮功能。

8）仪器具有双向数据及信号传输功能。

9）仪器的输出信号采用 485/232 和 MODBUS 标准接口，并提供标准协议。

10）仪器可用键盘唤醒子程序，从而使操作者和微处理机器进行人机对话。

11）仪器能够兼容现有固定监测台站的数据采集和传输，具有安全防护设计，可实现无人值守。

12）仪器采用高度集成设计，安装调试方便，运行费用低。

13）仪器应预留通信接口，可根据测试需要选配加标回收模块，实现加标回收功能。

3.2.4.2 自动监测仪器的模块化

模块化设计把自动监测仪器由相互依赖的复杂系统转变为模块化系统。依据所用监测分析方法的具体要求，对仪器部件采用模块化设计，主要包括控制模块、各种标准驱动模块、进样/计量模块、处理模块、检测模块、试剂储存模块等，其结构如图 3-2 所示。

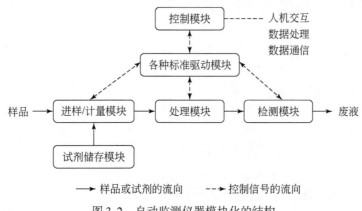

图 3-2　自动监测仪器模块化的结构

仪器模块化设计的优点如下：①可快速有效地实现仪器检测参数的扩展，节省大量仪器购置费和场地建设费；②可根据常规检测参数和非常规检测参数检测周期的不同进行监测参数的变换，最大限度地满足多参数的检测需求；③便于移动，能满足突发性应急监测的需求。

仪器模块化的实现方式有 3 种：①在控制电路一致的情况下，更换检测模块，同时切换控制程序，并更换测试试剂；②在控制电路不一致时，更换面板并切换控制程序，同时更换测试试剂；③运用光谱法检测时，变换测试光谱波长、频率、组合等，无需更换任何部件。通过光谱仪可以检测多个参数，而且光谱检测法具有抗干扰性强、检测参数多的优点。目前，该模块化设计的自动监测仪器已经比较成熟，在全世界的水质固定监测台站中均有应用。

3.2.5　废液处理单元

为避免水质固定监测台站运行过程中产生的废液对环境造成二次污染，实现绿色、零污染的监测目标，在不具备废液转运条件的站点须建设废液处理单元。

1）废液处理单元应避免使用有毒有害的试剂，避免对环境造成二次污染。

2）废液经废液处理单元处理后，通过出水检验，达到直接排放标准。

3）废液处理单元的处理能力须满足固定监测台站所有设备运行产生废液总量的处理要求，并能长期、稳定、连续地运行，满足维护周期长、维护方便、运行费用低的要求。

4）废液处理单元应设置废液缓存装置，在废液处理单元出现故障或停止运行时，收集并储存监测站运行产生的废液。

5）废液处理单元出现故障时，通过控制单元向相关人员发送故障信息，并自动停止处理废液的外排。

3.2.6　数据采集与传输控制单元

数据采集与传输控制单元是固定监测台站的重要组成部分，由基站控制软件和工业控制计算机组成，具有数据采集、传输、存储和控制等功能。数据采集与传输控制单元在设计中应主要考虑以下技术要求：

1）数据采集与传输控制单元应采用合适的数据采集与传输方式，完整、准确、可靠地采集和传输各单元的数据和状态量，数据采集的首要目标是采集数字量，当无法采集数字量时，采集的模拟量与测量值误差应小于等于满量程的1%。

2）数据采集与传输控制单元应对取水、配水、留样、检测分析及其他辅助单元等工作模式进行控制，并对故障或异常事件进行处理。

3）数据采集与传输控制单元应对监测仪器的分析结果和状态量进行采集、处理和储存。

4）数据采集与传输控制单元的数据传输能够支持多种与上级监控平台的通信方式，如ADSL、GPRS、4G等，以满足不同环境条件下的传输要求。

5）数据采集与传输控制单元应具有比较大的存储容量，通常要具备储存5年以上原始数据，同时保存有关校准、断电、系统工作过程、仪器测试过程及其他事件记录的能力。

6）数据采集与传输控制单元的数据传输尽量采用专网传输，若使用公网传输，则应采用相应的加密手段，以保证数据的安全。

7）数据采集与传输控制单元应具有历史数据备份及被动上传的功能，当网络或者通信线路出现故障时，仍然可进行正常的数据采集和控制，当网络或者通信线路故障恢复后，可将所有未上传的数据主动上传至上级监控平台，保证数据不丢失。

8）数据采集与传输控制单元能够实现断电、断水或设备故障时的安全保护性操作，有备用电源时，断电后可继续工作时间≥12h。

9）数据采集与传输控制单元应具备自动启动和自动恢复功能。

10）数据采集与传输控制单元应满足长期、稳定、可靠运行的要求，并可在现场及远程进行人工控制。

11）数据采集与传输控制单元应具备安全防护功能，具备数据加密功能，可采用金字塔权限约束，在进入系统时需确认身份，根据操作者权限开放相应的操作功能。

12）数据采集与传输控制单元应具有分类报警功能，对超标数据、设备故障等异常情况通过短信或其他方式报警。

13）数据采集与传输控制单元应预留扩充接口，方便扩充或升级。

3.2.7 辅助单元

辅助单元是固定监测台站的重要组成部分，是固定监测台站稳定运行的保障。辅助单元一般包括清洗设施、电力保障设施、防雷设施和视频监控设施等。

3.2.7.1 清洗设施

清洗设施是固定监测台站长期、稳定运行的基本保障。采水、配水、预处理装置在运行过程中容易造成大量泥沙附着于管道、箱体内壁，若不及时清洗，日积月累将影响水样的测定结果。此外，由于地表水中可能存在藻类或其他生物，常年积累，可能导致管道内藻类的大量繁殖，进而对测量结果造成影响，因此必须定期对管道进行除藻处理。清洗设施在设计时主要考虑以下技术要求：

1）清洗设施包含多种设备，如清洗水冲洗装置、压缩空气反吹装置和除藻装置等。利用清洗装置及时对系统管路、箱体等进行清洗，以减少对测试的干扰，图3-3为本研究推荐的清洗设施结构示意图。

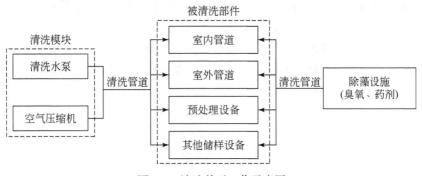

图3-3 清洗单元工作示意图

2）清洗水冲洗装置应具备足够的反冲洗能力，保证管道、箱体内无泥沙、无藻、无附着物。

3）压缩空气反吹装置的空压机应采用无油型空压机，避免对分析结果造成影响。

4）除藻装置应使用无毒、无害的药剂，避免对环境造成二次污染。

5）清洗设施应既支持手动启动，也可根据现场水质状况，设定清洗时间间隔，自动启动。

6）清洗设施应具备远程控制功能，可远程控制清洗设施开关，远程设置运行方式和运行周期。

7）清洗装置应满足长期、稳定运行的要求，系统维护周期要长。

3.2.7.2 电力保障设施

电力保障设施包括总配电箱、稳压电源及停电保障部分，该设施可为固定监测台站提供电力保障。电力保障设施是一种比较常见的辅助设备，本书对供电设施建立的基本要求不再赘述，主要介绍固定监测台站供电需要满足的技术要求。

1）全部设备的供电及信号电缆应采用高质量屏蔽电缆，配备相应的稳压装置，防止断电或电压波动较大时对仪器的测试造成影响。

2）市政供电系统接入时应特别注意接地，避免接地不良影响仪器测试，杜绝可能产生的安全隐患。

3）电力保障设施除设有市电接入系统外，还应配备相应的备用电源。

4）控制单元应配置 UPS 电源，用于停电状态下数据的保存。

5）市电供电与备用供电电源应设置自动切换功能。当市政供电系统中断时，备用电源立即启动。当市政供电系统恢复正常后，又能自动切换至市政供电系统，并将备用电源切换至充电模式。

3.2.7.3 防雷设施

防雷设施能够有效地降低雷电对建筑物及设施设备的危害，保障监测台站供电系统、监测系统及设备的正常运行。防雷设施在设计时主要考虑以下技术要求：

1）固定监测台站防雷设施的建立应按照《建筑物电子信息系统防雷技术规范》（GB 50343—2004）及附录相关要求设计。

2）固定监测台站的防雷设施通常包括电源防雷和通信防雷，可采用专用电源防雷模块、防雷插座、避雷器、信号隔离器、电源滤波器、地线设置实现对电源总线、室内供电、仪器设备及通信的防雷。

3.2.7.4 视频监控设施

视频监控设施主要功能是监控固定监测台站现场的运行状态，通常包含室内和室外视频监控。

1）室内视频监控设施主要功能是通过远程监控监视固定监测台站内配水单元、自动监测仪器、数据采集与传输控制单元、清洗设施等设备的整体工作情况，如设备的面板指示灯及数据显示情况、电源是否正常等，实现远端的工作人员对固定监测台站各单元的运行情况、环境信息的实时视频监视。

2）室外视频监控设施的主要功能是远程观察取水单元的工作状况，观察固定监测台站周边的水位、流量等水情情况，同时也可观察固定监测台站院落、站房、供电线路等周边情况。

3.3　固定监测台站的系统集成技术研究

固定监测台站的集成通过信息采集、传输控制实现，包括传感器/继电器与 PLC 控制器、PLC 控制器与控制系统、分析仪器与控制系统、控制系统与中心平台之间的通信，具体实现方式如图 3-4 所示。

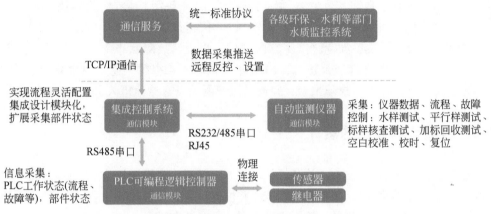

图 3-4　固定监测台站系统集成的信息流向

如图 3-4 所示，集成控制系统与自动监测仪器、PLC 控制器之间信息通信通过数据采集模块实现，集成控制系统与水质监控系统（即监控中心平台）之间信息传输通过传输模块实现。本节重点探讨采集、传输模块的通信设计。

3.3.1　数据采集模块的设计

采集模块设计包括数据交互、数据标记、不同品牌仪器间信息采集、采集参数 4 个方面。

（1）数据交互

采集模块与自动监测仪器、PLC 控制器之间通过 RS232/485 串口，以模拟信号方式连接，采用标准 MODBUS 协议通信。MODBUS 协议遵守主–从原则，其中上位机为主设备（数据采集与传输控制单元），下位机为从设备（如自动监测仪器）。通信流程为：主设备发送命令给从设备，从设备进行地址验证，如果验证通过则必须返回相应的数据。通过这样的方式，实现监测数据、仪器状态、辅助参数和环境参数的实时采集，再由 CPU 对采集到的数据进行运算和处理。

（2）数据标记

数据标记功能基本目标是实时掌握监测台站系统故障、仪器故障、数据异常、质控与维护状况等信息，采集模块需对监测数据附加相应的数据标识，方便用户及管理人员对系统运行状态做出判定。

（3）不同品牌仪器间信息采集

由于固定监测台站的数据采集模块与检测分析设备的品牌可能不同，信息的采集方式也不尽相同，但只要设备厂家提供对应的关键状态输出协议，采集模块就可以实现对设备的实时监控和日志记录功能，并对测试过程数据添加对应的标识。

（4）采集参数

根据系统需求，采集模块需采集的参数包括以下四大类：①监测数据：满足接入水质固定监测台站的所有参数需求，并且预留了多个扩展（备用）接口。②环境参数：温度（包括室内、室外）、湿度（包括室内、室外）。③仪器设备状态量：启动、复位、运行、测量、校零、校标、清洗、加标测试、空白测试、流程、故障状态等；供电系统：市电、电池；通信状态：设备通信是否正常，网络连接状态。④报警信息：供电报警、取水报警、超标报警、异常报警、故障报警，并通过短信网关发送给值班人员。

3.3.2 数据传输模块的设计

数据传输模块设计的关键在于通信协议的扩展。数据传输模块与监控中心之间的通信标准，可依据国家相关河流断面数据传输标准，并根据当地实际管理需要进行协议指令扩展及软件定制开发。本研究所编制的传输标准是依据《污染源在线自动监控（监测）系统数据传输标准》(HJ/T 212—2005) 和《水资源监测数据传输规约》(SZY 206—2012) 标准开发扩展的，是基于 TCP/IP 网络传输协议，规定了数据传输过程及系统对参数命令、交互命令、数据命令和控制命令的数据格式和代码定义。协议从底层逐级向上可分为现场端（如固定监测台站的数据采集与传输控制单元）、传输网络和上位机（如监控中心）3 个层次，上位机通过传输网络与现场端交换数据、发起或应答指令。数据传输通常包括现场端的主动上传和上位机主动下发命令两大类。

通过通信协议实现控制系统与监控中心之间的通信，将固定监测台站及仪器的控制命令、状态量、日志数据、监测数据和运行模式推送到监控中心；同时接收并执行监控中心发送的系统运行模式设置、平行样测试、加标回收测试、标样核查测试、数据采集控制、远程校对、紧急留样等命令。丰富的通信协议保障了固定监测台站的智能化运行，有利于监测数据的质量控制与保障、异常数据的判断、紧急污染事件应对及运行维护服务等。

3.3.3 基站控制软件的设计

3.3.3.1 设计原则

控制软件的设计应遵循可靠性、健壮性、程序简便、先进性和可扩展性强、安全性高等原则。

1）可靠性：控制软件作为固定监测台站控制的核心，起着承上启下的作用。软件可靠性指软件测试运行过程中避免发生故障的能力，以及一旦发生故障后，具有解决和排除故障的能力。

2）健壮性：健壮性又称鲁棒性，是指软件能够判断输入（中心控制端下发的命令及现场人员的操作）是否符合规范要求，并产生合理的处理方式。

3）程序简便：程序简便指软件的 UI 展示及操作、设置比较方便，便于维护人员进行维护。

4）先进性：既满足客户需求，系统性能可靠，易于维护，同时在遵守现有规范的条件下，通过一系列先进手段确保数据的准确性。

5）可扩展性：控制软件设计过程中要预留升级接口和升级空间，便于增加新功能或者接入新的监测参数。

6）安全性：安全性又分为软件的安全性和数据的安全性；软件安全性的目的在于防止非法用户对系统进行控制；数据安全性的目的在于避免数据丢失与非法篡改。

3.3.3.2 运行方式控制设计

在固定监测台站运行和管理过程中，经常会碰到以下 3 类问题：

1）现有大部分自动站只能做常规检测，检测参数及手段不全面。

2）现有固定监测台站存在数据异常浮动问题，并且没有完善的手段保障或验证该数据的准确性。

3）现有固定监测台站对超标数据处理不严谨，超标自动化判别能力低，对突发事件的响应慢。

针对以上 3 个问题，本研究在设计控制软件时，在常规监测模式的基础上，提出了 3 种新型自动化运行模式，实现了固定监测台站监测数据判别、质量控制及事件切换等功能。所提出的 3 种新型运行模式如图 3-5 所示。

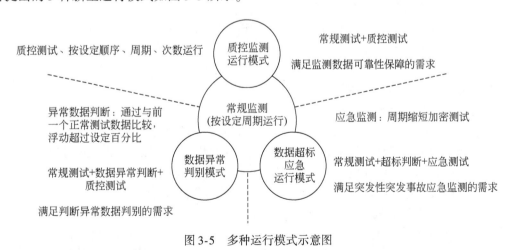

图 3-5　多种运行模式示意图

（1）质控监测运行模式

与传统的固定监测台站相比，本研究在原有集成控制系统的基础上，增加并完善了水质固定监测台站的质控方式，如平行样、标样核查、加标回收测试等，保障了监测数据的可靠性。例如，设置系统进行 6 次水样测试后，执行 1 次加标回收测试和 1 次标样核查测试，在实际运行过程中，当系统进行 6 次水样测试后，将自动进行加标回收测试和标样核查测试，测试完成后，系统将自动进行数据分析，判断自动监测仪器是否正常，数据是否可靠。

（2）数据异常判别模式

考虑到数据存在发生异常浮动的可能性，本研究通过设定监测参数异常浮动百分比，即通过与上一个正常监测数据进行比较，系统会自动判断并识别异常数据。针对该异常数据，系统自动通过质控手段进行核查。例如，设置异常值比例为 30%，设定的异常数据异常出现后，进行 1 次平行样测试，1 次加标回收测试，1 次标样核查测试。实际运行过程中，当监测参数测定值浮动超过 30% 时，系统自动启动平行样测试、加标回收测试及标样核查测试，测试完成后，系统将自动进行数据分析，判断该数据是否是仪器异常所造成的。

（3）数据超标应急运行模式

对超标数据，系统必须谨慎、高效地处理。当数据突然超标，系统会根据设定自动启动平行样测试，判断该次数据的准确性。若两次水样测试数据均超标，则启动数据超标应急运行模式，进行加密测试。加密测试为连续测试，不受测试周期的限制，加密测试过程中可增加质控测试手段，如平行样测试、加标回收测试、标样核查测试等。若连续 3 次水样测试数据不超标，则退出数据超标应急运行模式。测试数据超标、测试数据恢复到超标限以下等信息均通过短信发送至相关负责人。

3.3.3.3　主要功能设计

基站控制软件是数据采集与传输控制单元的核心，为满足固定监测台站的集成控制需求，软件设计的主要功能如下。

（1）系统自启动和自恢复功能

将工控计算机（基站控制软件依托的硬件设备）设置成自动启动模式，断电恢复后，基站控制软件能够自动启动，其软件所控制的单元都能够自动恢复工作，真正实现无人值守。

（2）强大的数据查询功能

系统能够显示实时监测状态、实时数据，还可对历史数据进行查询，查询范围包括周期数据、实时数据（30s）、1min 数据、10min 数据、小时数据、日数据、标样核查数据、加标回收测试数据、平行样测试数据及日志等（查询数据还可以 Excel 形式导出并打印）。查询数据中的超标数据用红色突出显示，选择对应的参数即可显示对应的曲线，曲线既可显示单参数曲线，也可显示多参数曲线，用户可根据需要进行选择。

（3）直观的系统调试功能

通过软件控制界面可选择启动对应的模块，通过软件刷新按钮来刷新当前的 IO 输入点状态及 AD 通道值，便于在管路出现配水失败的情况下查找问题并进行及时处理。软件还可显示实时工作状态、故障情况等。

（4）多协议网络传输功能

软件内设置《污染源在线自动监控（监测）系统数据传输标准》（HJ/T 212—2005）、

《水资源监测数据传输规约》（SZY 206—2012）或者根据用户需求扩展的传输协议标准，可支持数据一点多发。

（5）远程控制功能

软件在《水资源监测数据传输规约》（SZY 206—2012）及其扩展内容的基础上，接收监控中心下发的远程控制命令并响应，命令包括远程校时、远程仪器控制（如水样测试、标样测试、加标回收测试、复位、校时、空白校准、标样校准、紧急测试等）、远程数据采集、远程状态量采集、远程测试周期设置和远程质控周期设置等。

（6）质量控制功能

在质控运行模式时可按设定的周期开展平行样、标样、加标回收等质量控制，用来衡量前一段时间数据的准确性；当测试数据出现异常时（当前数据与前一个数据出现 30% 以上的浮动时）进行平行样测试、标样核查，用来校核当前数据的准确性；当测试数据出现超标时，系统进行平行样测试、标样核查、加标回收，以确定数据是否超标，如果连续两次出现超标，系统自动进入应急测试模式，进行加密监测。

（7）自动报警功能

当仪器设备出现故障、测试数据出现异常或者超标时，系统能够将报警信息自动发送至监控中心，并给相应的负责人发送报警短信。

3.4 自动监测数据的质量控制与保障体系研究

固定监测台站能实现实时在线监测预警，提供海量监测数据，是目前水环境监测的有力手段，但监测数据的可靠性是困扰在线监测的难题，限制了该技术的推广应用。

本研究开创性地把实验室质量控制体系引入在线监测系统，使数据均具备可溯源性及质量保证。本研究采取的质量控制与保障措施主要包括详细的关键运行日志记录、标样自动核查、加标回收测试、故障报警和故障反馈、异常数据标识及远程控制等，形成了一套完整的质量控制与保障体系，为确保数据的有效性和可溯源性提供了技术保障。

3.4.1 关键运行日志记录

关键运行日志记录包括仪器日志和系统日志两部分，仪器日志能够实时详细记录在线分析仪器的具体检测过程；系统日志能够实时详细记录监测系统各设备的工作过程。通过记录过程一方面确保仪器的流程正常，有利于对系统状态及数据质量进行判断；另一方面当出现故障时，也可辅助运营维护人员对故障进行判断，做好维护前的准备工作。

3.4.2 标样自动核查

标样自动核查是指使用国家认可的标准质控样，定期自动对分析仪器进行标准溶液核查测试，计算准确度和精密度，确保质控样测定的相对误差不大于推荐值的±10%，相对标准偏差不大于5%。经过标样核查可以发现仪器的系统误差，也可以反映仪器、试剂的状态情况。

系统每个分析模块均具有质控核查功能，可以自动进行标样核查判断，保证测试的准确性。当监测任务开始时，系统自动创建监测事件，然后进行整体初始化，利用标样对仪器进行核准操作，系统将根据设定的标样浓度，自动计算标样核查测试结果的相对误差，以判断仪器是否正常。只有核查结果在误差率允许的范围内才开始监测任务，以确保每个监测数据结果的准确性。

3.4.3　平行样品测试

平行样测试是实验室常用的质量控制措施，是通过对同一水样进行多次测试，检验测试的精密度。

平行样测试可反映仪器测试的精密度。系统在运行过程中，根据设定的核查周期，定期进行平行样测试，反映运行过程中仪器测试的精密度。平行样测试应为同一批水样，因此在系统配水设计时，应确保每个周期的采样量足够开展两次以上的水样测试。

3.4.4　加标回收测试

加标回收测试是实验室通用的质量控制手段，该方法在标样核查的基础上，考虑了水体背景的影响，即水体存在干扰时，加标回收率是否正常。该方法可以反映有无污染发生、试剂变质、系统误差及所用的方法是否适用，因此在一定条件下可用加标回收率来表示样品测试的准确度。再者，通过对同一水样的加标样品进行多次测试还可以考察仪器的精密度。

自动监测仪器要实现加标回收测试功能，除需开发相应的功能软件外，还需配备相应的加标回收测试装置，本研究所开发的加标回收装置原理如图3-6所示。加标回收率测试的加标体积、加标测试次数均可通过软件设置，监管部门也可通过监控中心平台远程操作，既可以掌握仪器运行的实时情况，也可以进行有效监管。

3.4.5　故障报警和故障反馈

由于固定监测台站通常处于无人值守状态，如仪器发生故障，或检测结果异常，发现污染警情等，就必须及时发送报警信息，使操作人员尽快了解现场的具体情况，便于及时做出判断并进行故障处理。为实现上述功能，固定监测台站要能够对设备故障进行识别，做出相应的故障报警，使维护人员提前做好准备工作。此外，系统要能够对监测异常值和某项超标参数自动报警，并自动将报警信号发送至控制中心，同时启动留样单元自动留样。当确认数据超标后系统自动进入应急监测模式，同时开展加密测试。当数据波动超过30%时，执行平行样测试和标样测试程序并将测试结果记录和上报。

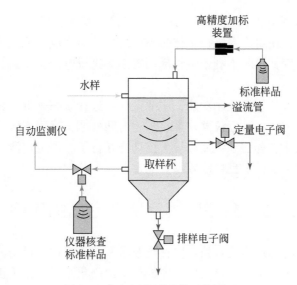

图 3-6　加标回收测试装置的原理

3.4.6　异常数据标识

对监测数据进行相应的数据标识,是为了反映现场系统故障、仪器故障、数据异常、质控与维护状况。通过归一化的数据采集接口,系统控制单元每 30 秒采集一次系统设备运行状态变量,如测试步骤、设备当前状态、故障、报警等信息并形成记录,然后通过网络传送到中心平台,确保仪器的每个动作、状态在平台上有完整记录。同时,系统控制单元要对每个监测数据备注记录,对系统非正常状态下出现的数据进行标识。异常数据标识能更好地反映仪器故障、测试结果异常等情况,便于查找、分析数据异常原因,使数据具备可溯源性,有效保障数据质量,具体流程如图 3-7 所示。

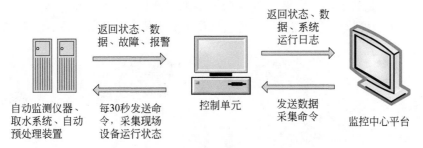

图 3-7　数据标识流程示意图

3.4.7　远程控制

目前,水质固定监测台站一般从现场端向中心平台单向传输数据或信息,不能从中心平台对现场在线分析仪器进行远程控制，如远程状态查询、数据远程采集、远程紧急监测、远程标线等功能，使得很多维护工作必须到现场才能完成。无法进行远程控制加大了运营维护的成本和难度，同时不利于主管部门对系统进行监管，不能充分发挥在线分析仪器的作用。

研究人员为此开发了远程控制功能，主要包括：远程状态查询、数据采集、远程标样核查、远程加标回收测试、远程仪器校准、远程时间校准、远程系统单点控制、远程故障修复、远程系统初始化、远程系统复位等。该功能在台子山固定监测台站及其他固定监测台站上已得到了应用，取得了良好的效果。

3.5 台子山固定监测台站的应用

本研究过程中，将固定监测台站水质在线监测系统集成技术最新的研究成果应用到了固定监测台站的建设中，本节以丹江口水库的台子山固定监测台站为例，介绍其建设和运行情况。

3.5.1 台子山固定监测台站的建设

基于固定监测台站建站技术研究成果，在丹江口水库建立了示范站——台子山固定监测台站。该站是基于物联网技术的智能水质监测站，可实现水质综合毒性的定性判断和45项指标的定量监测分析，并且建立了自动监测数据质量控制与保障体系，确保了监测数据的质量和可溯源性。下面具体介绍台子山固定监测台站的建设和运行情况。

3.5.1.1 取水单元

丹江口水库水位落差最大可达40m，水位波动幅度较大，因此台子山固定监测台站采取缆车+浮船方式进行水样的采集（图3-8），其取水滑道依山体修建，斜度为15°，坡长约80m，缆车的角度依靠传感器监测，可实现位置随水位自动调节，适应水涨水落。

图 3-8　台子山固定监测台站的取水单元

3.5.1.2 配水单元

台子山固定监测台站采用新研制的超声波连续匀化预处理装置。该装置利用超声波清洗技术，起到匀化水样和清洗过滤的作用，其工作原理如下：

在箱体四周分布有 8 个超声波换能器（振动子），中、低频换能器高低交错分布，对水样预处理时开启中频（低能量）换能器，粉碎大颗粒，匀化水样；清洗过滤网时，开启低频（高能量）换能器，剥离过滤网上的黏附物，达到清洗目的。具体过程如下。

（1）匀化水样

当水样充满中心箱体时，超声波换能器短时间内在水样中产生高频机械震荡，使液体流动并生成数以万计的微小气泡，存在于液体中的微小气泡（空化核）在声场的作用下振动。当声压达到一定值时，气泡迅速增长，然后突然闭合，在气泡闭合时产生冲击波，在其周围产生上千个大气压力，从而破坏大颗粒悬浮物并使它们分散于水样中，达到匀化水样的效果。

（2）清洗过滤器

经过匀化的水样，在一定外界压力的作用下，透过中间过滤器形成上升水流，从过滤器中部流出。水样通过过滤器后，杂质被过滤掉，并在过滤器外表面形成覆盖膜，用清水反冲洗过滤器，将附着的杂质清洗干净。利用低频高能的超声波对浸泡于清水中的过滤器进行间歇性清洗，通过超声波的空化作用使过滤器表面附着的杂质掉落，同时在关闭超声波的间歇期间利用压缩空气反冲过滤器，达到清洗目的。

水样经超声波连续匀化预处理体系处理后，更具有代表性，超声匀化预处理装置示意图如图 3-9 所示。

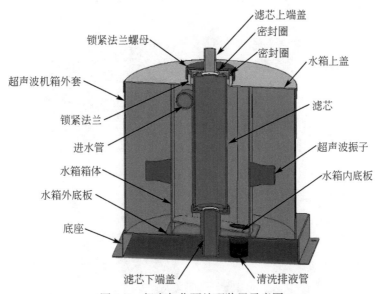

图 3-9　超声匀化预处理装置示意图

配水管路布局要根据检测分析单元的要求优化设计，水样经预处理装置处理后，由各个配水管路输送至各仪器，图 3-10 为部分配水管路实物图。

图 3-10　配水单元的配水管路

3.5.1.3　留样单元

留样单元的主要设备是自动留样器，台子山固定监测台站的自动留样器如图 3-11 所示。

图 3-11　水质自动留样器

3.5.1.4　检测分析单元

台子山固定监测台站的仪器室内安装了氨氮在线分析仪、重金属在线分析仪、总砷在线分析仪、六价铬在线分析仪、高锰酸盐指数在线分析仪、总汞在线分析仪、总磷在线分析仪、总氮在线分析仪、总氰化物在线分析仪、氟化物在线分析仪、常规五参数分析仪、有机物在线监测分析仪等常规化学指标在线监测分析仪，以及基于发光菌、藻类、溞类及鱼类为指示生物的生物综合毒性在线监测分析仪。

台站中所使用的常规在线监测分析仪是由本研究自主研发的模块化在线监测仪，在同一台仪器上可实现多种参数的监测，而且通过更换面板可实现监测参数的切换，最大限度地满足多参数监测的需求，大大地降低了仪器的购置成本，且便于仪器的维护，模块化自动监测仪器和台子山固定监测台站的分析检测单元如图 3-12 所示。

图 3-12　检测分析单元和模块化的自动监测仪器

3.5.1.5　废液处理单元

台子山固定监测台站采用自主创新研发的废液处理单元。废液处理单元主要分为 3 个部分，分别为废液收集部分、废液处理部分及废液检测排放部分（图 3-13）。仪器测试及清洗过程产生的废液，统一收集至废液处理单元中，首先通过加入调节液调节 pH，接着通过 PP 棉将废液中的大颗粒物滤除，然后通过活性炭柱吸附水中的有机物，褪去水中的有色污染物，再通过离子交换树脂柱去除废液中的重金属及盐类物质，最后进行出水检验，检验不合格，返回系统再处理，直到出水达标后方可排放，图 3-13 是废液处理单元的处理流程及集成设备图。

3.5.1.6　数据采集与传输控制单元

台子山固定监测台站的数据采集与传输部分采用嵌入式"CPU+通信模块"。嵌入式 CPU 芯片支持嵌入式操作系统，可以丰富协议接口，便于数据采集与传输，也便于移植和向高端应用系统升级。嵌入式 CPU 芯片是整个数据采集终端的核心。本研究依据其他设

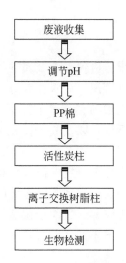

图 3-13　废液处理流程及系统

备厂商提供的通信协议，在原有的数据采集协议基础上进行了升级，兼容其他合作单位开发的藻类综合毒性分析仪和溞类综合毒性分析仪的数据采集与传输。该单元的控制部分是由工业控制计算机、逻辑控制单元、总空气开关、各仪器设备的空气开关、接触器、直流电源、继电器和接线端子等硬件及基站控制软件组成，用来感知在线监测仪器及设备信号的变化，统一协调各设备及仪表的关系，保证系统连续、可靠和安全运行，同时发送相关的控制命令，包括取水管路控制、仪器运行控制、仪器数据采集、视频采集与传输、即时水质分析统计和远程通信等。台子山固定监测台站的数据采集与传输控制单元如图 3-14 所示。

图 3-14　数据采集与传输控制单元

3.5.1.7 辅助单元

（1）清洗单元

台子山固定监测台站的部分清洗设施如图 3-15 所示。

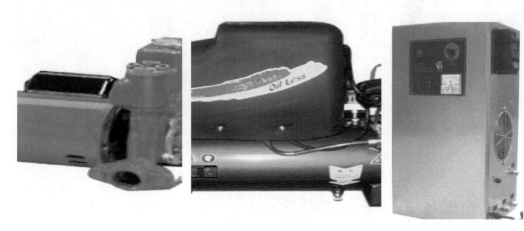

图 3-15 清洗水泵、空气压缩机及除藻设施

（2）稳压电源及 UPS 不间断电源

台子山固定监测台站的稳压电源及 UPS 不间断电源如图 3-16 所示。

图 3-16 稳压电源及 UPS 不间断电源

（3）视频监控

台子山固定监测台站全方位视频监控设备如图 3-17 所示。

图 3-17　全方位视频监控设备

3.5.2　台子山固定监测台站的运行情况

截至 2016 年 8 月，台子山固定监测台站已联网运行 3 年多，目前水质在线监测的各种设备均运行良好，自动监测数据质量控制与保障体系运行良好，在数据质量控制方面发挥了不可替代的作用，取得了良好的效果。整体运行情况见表 3-1。

表 3-1　台子山固定监测台站整体运行情况

序号	运行指标	运行情况
1	设备无故障运行时间	38 个月
2	监测数据有效率	99%
3	自动监测站联网率	100%
4	取水单元	无故障率100%
5	配水单元	无故障率100%
6	留样单元	无故障率100%
7	检测分析单元	无故障率99%
8	废液处理单元	无故障率100%
9	辅助单元	无故障率100%
10	数据采集与传输控制单元	传输有效率98%，无故障率100%

3.5.2.1　固定监测台站各单元模块实时视频

在监控中心平台通过实时视频可观察各单元的现场情况，图 3-18 展示的是 2015 年 5 月 25 日的台子山固定监测台站站内外的现场情况。

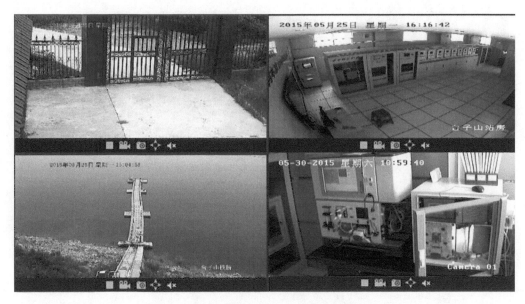

图 3-18　台子山固定监测台站运行视频监控图像

3.5.2.2　常规监测指标运行情况

从监控中心平台可查看各监测指标的数据，包括常规测试数据、标样核查数据、加标回收结果等。通过平台可绘制指定时间段数据的变化趋势。目前，台子山站共有 35 项常规参数和 10 项扩展监测参数（扩展参数非正在运行的参数），从平台上可直接查询正在运行的 35 项参数的监测数据，如图 3-19 所示。

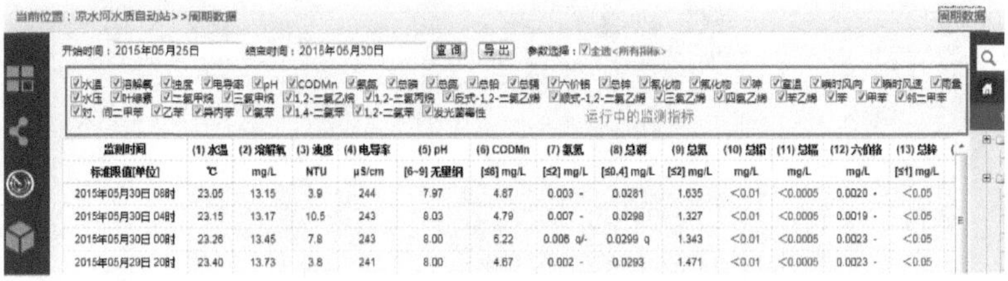

监测时间	(1) 水温	(2) 溶解氧	(3) 浊度	(4) 电导率	(5) pH	(6) CODMn	(7) 氨氮	(8) 总磷	(9) 总氮	(10) 总铅	(11) 总镉	(12) 六价铬	(13) 总锌
标准限值[单位]	℃	mg/L	NTU	μS/cm	[6~9] 无量纲	[≤6] mg/L	[≤2] mg/L	[≤0.4] mg/L	[≤2] mg/L	mg/L	mg/L	mg/L	[≤1] mg/L
2015年05月30日 08时	23.05	13.15	3.9	244	7.97	4.87	0.003 -	0.0281	1.635	<0.01	<0.0005	0.0020 -	<0.05
2015年05月30日 04时	23.15	13.17	10.5	243	8.03	4.79	0.007 -	0.0298	1.327	<0.01	<0.0005	0.0019 -	<0.05
2015年05月30日 00时	23.26	13.45	7.8	243	8.00	5.22	0.006 q/-	0.0299 q	1.343	<0.01	<0.0005	0.0023 -	<0.05
2015年05月29日 20时	23.40	13.73	3.8	241	8.00	4.67	0.002 -	0.0293	1.471	<0.01	<0.0005	0.0023 -	<0.05

图 3-19　台子山固定监测台站的监测指标

以氨氮为例，分析台子山固定监测台站监测仪器的运行情况。图 3-20 为 2014 年氨氮常规测试和标样核查测试数据的趋势图。测试浓度在 0 ~ 0.24mg/L，总变化趋势呈现出 3 个阶段的阶梯变化，总体表现为 2014 年 1 ~ 5 月氨氮浓度较高，11 ~ 12 月浓度次之，6 ~ 10 月浓度最低。

通过监控中心平台给出各参数具体监测报表，并且每个数据都产生一个数据质量控制报告，如图 3-21 和图 3-22 所示。

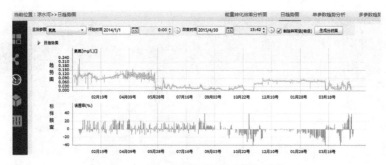

图 3-20　2014 年氨氮监测数据趋势

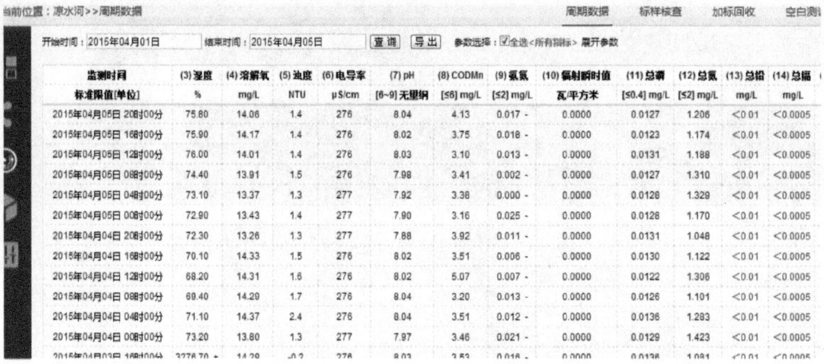

当前位置：凉水河>>周期数据　周期数据　标样核查　加标回收

开始时间：2015年04月01日　结束时间：2015年04月05日　查询　导出　参数选择：全选<所有指标> 展开参数

监测时间	(3) 湿度	(4) 溶解氧	(5) 浊度	(6) 电导率	(7) pH	(8) CODMn	(9) 氨氮	(10) 辐射瞬时值	(11) 总磷	(12) 总氮	(13) 总铅	(14) 总镉
标准限值[单位]	%	mg/L	NTU	μS/cm	[6~9] 无量纲	[≤6] mg/L	[≤2] mg/L	瓦/平方米	[≤0.4] mg/L	[≤2] mg/L	mg/L	mg/L
2015年04月05日 20时00分	75.80	14.06	1.4	276	8.04	4.13	0.017 -	0.0000	0.0127	1.206	<0.01	<0.0005
2015年04月05日 16时00分	75.90	14.17	1.4	276	8.02	3.75	0.018 -	0.0000	0.0123	1.174	<0.01	<0.0005
2015年04月05日 12时00分	76.00	14.01	1.4	276	8.03	3.10	0.013 -	0.0000	0.0131	1.188	<0.01	<0.0005
2015年04月05日 08时00分	74.40	13.91	1.5	276	7.98	3.41	0.002 -	0.0000	0.0127	1.310	<0.01	<0.0005
2015年04月05日 04时00分	73.10	13.37	1.3	277	7.92	3.38	0.000 -	0.0000	0.0128	1.329	<0.01	<0.0005
2015年04月05日 00时00分	72.90	13.43	1.4	277	7.90	3.16	0.025 -	0.0000	0.0128	1.170	<0.01	<0.0005
2015年04月04日 20时00分	72.30	13.26	1.3	277	7.88	3.92	0.011 -	0.0000	0.0131	1.048	<0.01	<0.0005
2015年04月04日 16时00分	70.10	14.33	1.5	276	8.02	3.51	0.006 -	0.0000	0.0130	1.122	<0.01	<0.0005
2015年04月04日 12时00分	68.20	14.31	1.6	276	8.02	5.07	0.007 -	0.0000	0.0122	1.306	<0.01	<0.0005
2015年04月04日 08时00分	69.40	14.29	1.7	276	8.04	3.20	0.013 -	0.0000	0.0126	1.101	<0.01	<0.0005
2015年04月04日 04时00分	71.10	14.37	2.4	276	8.04	3.51	0.012 -	0.0000	0.0136	1.283	<0.01	<0.0005
2015年04月04日 00时00分	73.20	13.80	1.3	277	7.97	3.46	0.021 -	0.0000	0.0129	1.423	<0.01	<0.0005

图 3-21　周期性数据报表

数据质量报告

数据质量控制报告

1、数据基本情况

站点名称	凉水河水质自动站					
当前数据	监测时间	参数	监测值	单位	分析方法	原始数据标记
	2015年05月05日 20时00分00秒	总磷	0.0328	[≤0.4] mg/L	电化学探头法	N 正常

2、判定条件

加标回收：加标回收率（C混和浓度—C水样浓度)*200/C标样浓度*V标样体积 *100%；无加标数据

仪器核查：核查比对数据

监测时间	参数	实测值	标准值	标记	误差率
2015年05月07日 20时56分	总磷	0.1054	0.1	sc	5.40%
2015年05月06日 20时56分	总磷	0.1053	0.1	sc	5.30%
2015年05月05日 20时56分	总磷	0.105	0.1	sc	5.00%
2015年05月04日 20时56分	总磷	0.1056	0.1	sc	5.60%
2015年05月03日 21时30分	总磷	0.1055	0.1	sc	5.50%

平行样：平行样数据；无平行样数据

日志流程

监测时间	日志内容

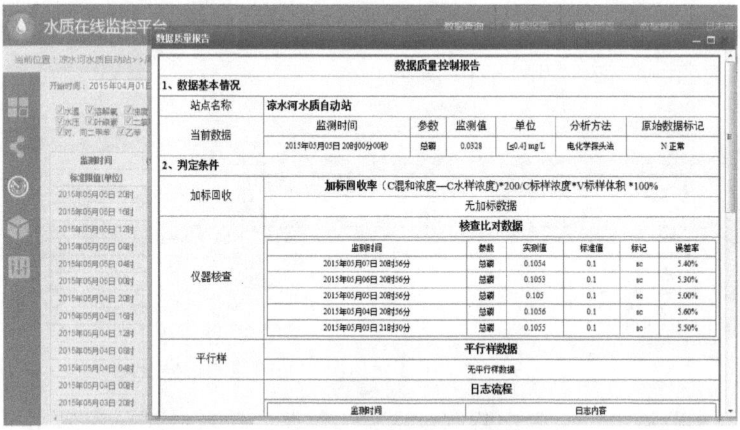

图 3-22　总磷的监测数据质量控制报告

3.5.2.3　关键运行日志记录

通过监控中心平台可展示多种日志记录，包括系统日志、仪器日志、门禁日志、网络日志及事件日志等。系统日志详细记录了系统测试的整个过程，仪器日志详细记录了仪器测试的全过程，可为系统运行维护及数据质量控制提供参考，具体如图 3-23 和图 3-24 所示。

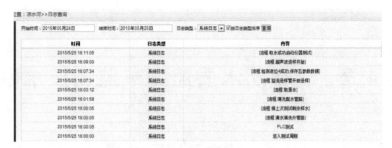

图 3-23　系统运行日志

图 3-24　总锌自动监测仪运行日志

|第 4 章| 智能水质监测车监测技术研究

4.1 国内外研究进展

智能水质监测车（简称智能监测车）是移动式水质监测系统，具有机动性强、灵活性高、保障措施完善、易于转换及扩展等优点，近年来成为环境应急监测中重要的监测设备及保障平台。

水质监测车的研究始于 20 世纪 60 年代。1968 年，西德的"Max Pruss"号监测艇建成，航行于北莱茵威斯特法伦河并进行水质监测，艇上装备有流动实验室，能够分析油、农药和金属等多项参数，而且在艇上的采样桶内配备有浮动测量器，可测定温度、pH、电导率、浊度及溶解氧等。虽然当时监测仪器的自动化程度不高，但已初步形成了移动监测的概念。70 年代，日本柳本公司（Yanaco）、美国海湾（Gulf）研究与发展公司研制出了配备自动监测装置的水质监测车，监测参数包括油、COD、TOC、苯酚、全氰基、铬离子等，还配备了分析实验台、样品培养器、冰箱等辅助设施（傅文彦和李军，1975）。

近年来，随着科技的进步，水质监测车（船）的监测参数更加齐全，仪器更先进，功能更强大。例如，美国安捷伦科技公司推出的车载气相色谱/质谱联用系统，可检测几十种有机物，能满足实验室及野外测试的双重要求，但该系统现场测试过程中需要人工采样，未能实现全自动监测；赛默飞世尔科技公司也推出一款移动监测车，可用于环境监测、食品安全、公共安全、药品监测等方面，但其所配备的设备多以便携式检测设备为主，大部分测试过程需要人工参与，自动化程度较低。

我国的水质监测车研究起步较晚，发展过程曲折，经过近 30 年的发展，我国的水质监测车逐渐发展成为功能较为齐全、仪器设备配置较为完整、能够初步满足应急监测需要的移动式实验室。近年来，随着自动监测技术、通信技术的发展，水质监测车逐步向自动化、智能化方向发展。国内多家仪器制造商推出了智能化水质自动监测车（移动式水质自动监测车）（朱士圣等，2012；金细波等，2013），该类监测车配备了常用的自动检测仪器、车载控制平台、分析实验平台、冰箱等辅助设施，基本能满足野外监测需求，但仍存在一些不足（杨光，2005；陈宁和边归国，2007），主要表现在以下 4 个方面。

1）目前我国水质应急监测车的建造及配置方面缺乏统一的规范，一般是根据不同环境监测站的监测要求自行配置。国内已开发研制的水质应急监测车种类、配置各异。大多数车辆缺乏整体的功能配置和结构设计，有的仅仅是将便携式自动监测设备简单组装在机动车上，在功能上难以适应水质应急监测及现场指挥的要求。

2）由于突发应急监测事件的多样性，应急监测目标参数的种类、浓度多变，现有监测仪器的可扩展性较差，并且稳定性有待提高。

3）现有水质监测车无法满足应急监测过程中数据实时上传及远程控制等需求。

4）现有水质监测车的监测参数仍然停留在五参数、总磷、总氮、COD、高锰酸盐指数等常规参数上，监测指标相对较少，尤其是对突发有机污染物，国内尚未开发出成熟高效的自动检测设备。

本章将主要介绍智能监测车的研发，主要包括以下两个方面：①水中有机物自动监测技术及设备的研发；②水质监测车自动采样单元、水样预处理单元、检测分析单元、系统控制单元、数据传输与处理单元、辅助单元的研发及设计，以及不同模块的集成。

4.2 车载系统设计及制造

智能监测车主要由车载设备、车载控制中心及远程控制中心三大部分组成。车载设备包括自动采样单元、水样预处理单元、检测分析单元、车载控制系统及其他辅助单元，车载控制系统包括系统控制单元、数据传输与处理单元。智能监测车将上述模块科学合理地集成起来，实现自动采样、预处理、分析、数据上传等功能，检测分析过程灵敏快速，能满足突发性水污染事故应急监测的要求。此外，通过系统配置的 GPS 卫星定位系统及视频传输设备，能实时确定智能监测车的位置，并将现场情况实时传输到远程控制中心。智能监测车的设计框架如图 4-1 所示。

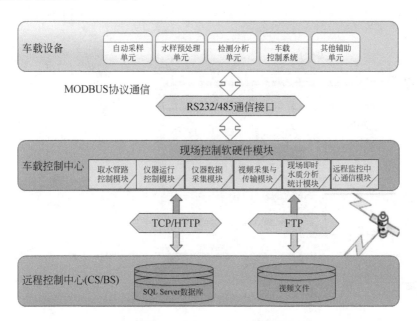

图 4-1　智能监测车的设计框架

为保证智能监测车的整体性及使用方便性，首先需要对智能监测车车体进行设计和改造。车辆设计综合考虑监测目的、监测参数、配套设施等要求，可选择不同的车型。下面以依维柯宝迪 A37 车型为车辆原型，按照 10 个监测指标（包括五参数）的要求，对车辆进行改装设计，如图4-2~图4-5所示。

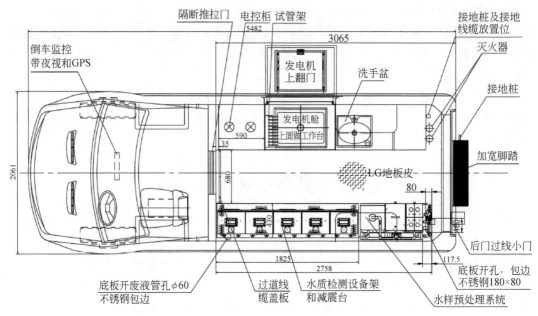

图 4-2　改装车辆的俯视图（mm）

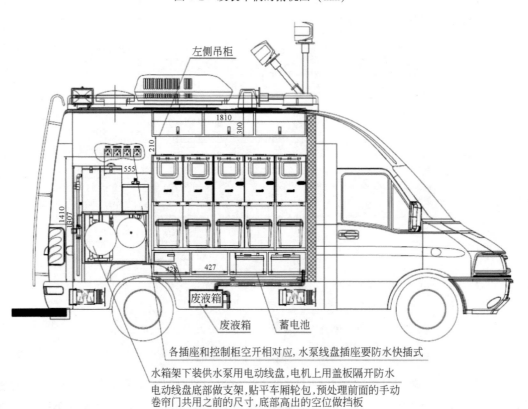

图 4-3　改装车辆的左侧布局（mm）

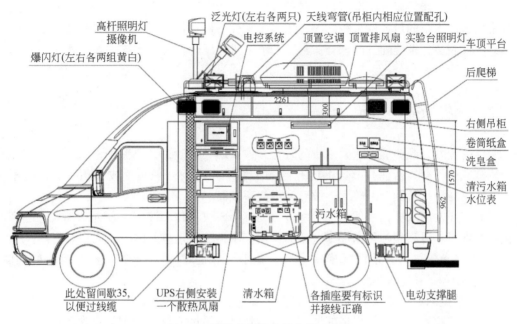

图 4-4　改装车辆的右侧布局（mm）

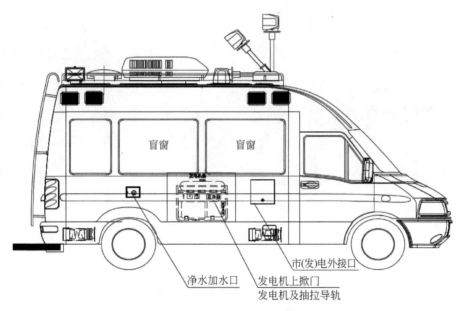

图 4-5　改装车辆的右侧整体视图

4.2.1　自动采样单元

　　智能监测车通过车载控制系统控制水泵自动采集水样，监测人员只需将采样头布设在监测点，便能实现方便快捷采水。自动采样单元采用自吸泵+水带取水，每次测试前，水泵提前 10min 工作，充分润洗管路，避免管路残留物对测试结果产生影响。当取水点与监测车距离超过水泵的最大取水距离时，可人工采样后设置仪器从样品进样管进样。为确保样品具有代表性，系统配置的采样头具备调节采水深度的功能。水样通过取水泵后进入系统原水箱进行五参数分析，经过预处理单元后，通过管道统一配送至仪器。

4.2.2 水样预处理单元

水样的预处理既要能够除去水中的较大颗粒杂质和泥沙，又要保证进入分析仪器的水样中待测成分不变。目前，市场上已有监测车均未配备预处理装置或者预处理设施不合理，导致仪器测试数据偏差较大、故障和损耗率较高。

本研究开发的水样预处理单元，配备自动沉降模块、超声波匀化预处理模块。超声波匀化预处理模块可起到匀化水样和过滤的作用。水样预处理单元的工作流程如下：

1）水样首先进入自动沉降模块（可设置水样静置时间），进行五参数指标的检测，水样静置后进入超声波匀化过滤装置。

2）水样进入超声波匀化预处理模块后，依次进行水样匀化和过滤。可根据水样中悬浮物的种类和数量选择不同规格的滤芯，以达到最佳的过滤效果。图 4-6 为水样预处理单元的实物图。

图 4-6　水样预处理单元

4.2.3 检测分析单元

检测分析单元由不同的自动监测仪器组成，是智能监测车的核心单元。智能监测车设计时根据用户的监测需求集成相应的自动监测设备。目前，市场上的监测车一般只集成常规参数［指《地表水环境质量标准》（GB 3838—2002）中规定的地表水环境质量标准基本项目和集中式生活饮用水地表水源地补充项目］的自动监测仪器，缺乏检测有机物参数［指《地表水环境质量标准》（GB 3838—2002）中规定的集中式生活饮用水地表水源地特定项目］的自动监测仪器。本研究重点开发了有机物自动监测设备，并将其应用到智能监测车中。

4.2.3.1 常规参数的自动监测仪器

常规参数自动监测仪器采用模块化集成方式，可在一台仪器上实现多种参数的测试，能有效减少自动检测仪器的购置成本，满足多种参数的监测需求。仪器主要特点如下：

1）仪器采用模块化、小型化设计，维护方便，占用空间小。

2）仪器采用液位+柱塞泵精确计量技术，克服了蠕动泵泵管老化造成取样误差的问题，仪器线性标定的漂移少，校准周期长，维护量小。

3）仪器采用紫外高温消解装置，消解效率更高。

4）仪器机箱结构采用模块化设计，管路与电路分开，防护等级达到 IP54 以上。

5）仪器具有量程自动切换功能，可自动切换最佳测试量程，提高了监测数据的准确性。

目前，本研究所设计的智能监测车可检测的常规参数及其性能指标见表4-1。在智能监测车的集成设计过程中，可根据实际监测需求选择适合的监测参数进行优化和组合。

表 4-1 智能监测车能实现的常规参数及其性能指标

序号	项目	检测方法	测量范围	准确度	重复性
1	电导率	电极法	$0 \sim 500 ms/cm$	±0.5%	≤1%
2	温度	温度传感器法	$-5 \sim 60℃$	±0.1℃	±0.1℃
3	pH	电极法	$0 \sim 14 pH$	±0.01pH	±0.01pH
4	溶解氧	荧光法	$0 \sim 100 mg/L$	±1%	≤5%
5	浊度	光散射法	$0 \sim 4\,000 NTU$	±1%	≤1%
6	锌		$0 \sim 10 mg/L$	±10%	≤5%
7	镉	阳极溶出伏安法	$0 \sim 10 mg/L$	±10%	≤5%
8	铅		$0 \sim 5 mg/L$	±10%	≤5%
9	铜		$0 \sim 10 mg/L$	±10%	≤5%
10	六价铬	二苯酰胺二肼分光光度法	$0 \sim 20 mg/L$	±10%	≤5%
11	总铬		$0 \sim 20 mg/L$	±10%	≤5%
12	总砷	新银盐分光光度法	$0 \sim 5 mg/L$	±10%	≤5%
13	总镍	丁二酮肟分光光度法	$0 \sim 20 mg/L$	±10%	≤5%
14	总锰	高碘酸钾氧化分光光度法	$0 \sim 100 mg/L$	±10%	≤5%
15	游离锰	甲醛肟分光光度法	$0 \sim 50 mg/L$	±10%	≤5%
16	总铁	邻菲啰啉分光光度法	$0 \sim 100 mg/L$	±10%	≤5%
17	总汞	冷原子吸收分光光度法	$0 \sim 1\,000 \mu g/L$	±10%	≤5%
18	总银	$3,5-Br_2-PADPA$ 分光光度法	$0 \sim 50 mg/L$	±10%	≤5%
19	硫化物	直接比色分光光度法	$0 \sim 50 mg/L$	±10%	≤5%
20	总氰化物	异烟酸-巴比妥酸分光光度法	$0 \sim 5 mg/L$	±10%	≤5%

续表

序号	项目	检测方法	测量范围	准确度	重复性
21	氟化物	离子选择电极法	0～100 mg/L	±10%	≤5%
22	氯化物		0～10 000mg/L	±10%	≤5%
23	余氯	DPD 分光光度法	0～10mg/L	±10%	≤5%
24	COD$_{Cr}$	重铬酸钾氧化分光光度法	0～5 000mg/L	±10%	≤5%
25	COD$_{Mn}$	高锰酸钾分光光度法	0～100mg/L	±10%	≤5%
26	总磷	磷钼蓝分光光度法	0～50mg/L	±10%	≤5%
27	磷酸盐		0～50mg/L	±10%	≤5%
28	总氮	紫外分光光度法	0～50mg/L	±10%	≤5%
29	氨氮	纳氏试剂分光光度法	0～300 mg/L	±10%	≤5%
30	硝酸盐氮	紫外分光光度法	0～50mg/L	±10%	≤5%
31	挥发酚	4-氨基安替比林分光光度法	0～50mg/L	±10%	≤5%

4.2.3.2 有机物自动监测设备

由于目前国内尚未开发出成熟的有机物自动监测仪器，国内固定监测台站所使用的有机物监测设备均由国外引进。但是这些国外设备与现有自动监测系统不能有效匹配，现场使用效果较差。针对以上缺陷，本研究自主设计开发了一款适合我国水环境监测需求的有机物自动监测设备，并将其应用到智能监测车中。

本研究开发的有机物自动监测设备采用吹扫捕集/固相微萃取前处理技术，结合气相色谱检测技术，对水中挥发性/半挥发性的有机物进行定性和定量分析。仪器由进样单元、前处理单元、气路单元、分离检测单元、数据处理和传输单元等组成。根据仪器前处理装置不同，可将仪器分为两类，一类为挥发性有机物自动监测仪，采用吹扫捕集的前处理方式；另一类为半挥发性有机物自动监测仪，采用固相微萃取的前处理方式。仪器整体结构如图 4-7 和图 4-8 所示。

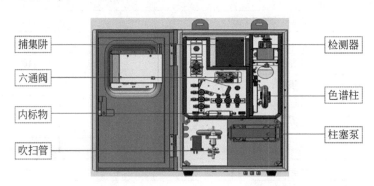

图 4-7　挥发性有机物自动监测仪的结构

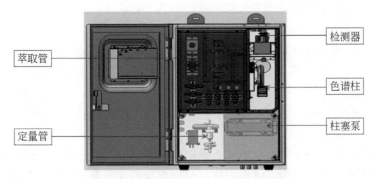

图 4-8 半挥发性有机物自动监测仪的结构

（1）仪器的关键部件

由于挥发性有机物自动监测仪和半挥发性有机物自动监测仪采用的前处理方式不同，因而在一些关键部件的设计上存在一定差异。

a. 进样单元

挥发性有机物自动监测仪的进样单元由柱塞泵、液位计量、吹扫管、温控模块及阀组构成，水样由阀组控制进入和排出吹扫管，通过红外定位对水样精确定量，通过温控模块来控制水样吹扫过程中的加热温度，保证富集条件的一致性。

半挥发性有机物自动监测仪的进样单元是由柱塞泵、液位计量、定量杯、温控模块及阀组构成，水样由阀组控制进入定量杯，通过红外定位对水样精确定量，再从定量杯将样品分次推入到萃取管，多次萃取之后再排出。

b. 气路单元

气路单元由电磁阀、稳压阀、稳流阀和一个六通阀组成。气路单元的主要作用有三个方面，一是为吹扫捕集提供稳定的吹扫气流；二是为色谱分离提供稳定的柱流量和柱前压；三是为检测器提供燃烧气与尾吹气。

为保证各流路气压与流量的稳定性，仪器采用稳压阀与稳流阀组合的方式来进行气路控制，在仪器前端通过稳压阀将各流路的压力调整至设定值，进入仪器后，通过稳流阀来调节与控制气体流量，使其满足检测仪器的测试条件要求，最大限度地保证吹扫气、载气及尾吹气等的稳定性。

c. 富集单元

挥发性有机物自动监测仪采用的前处理方式为吹扫捕集，其捕集单元是由捕集阱（填充吸附性物质为 Tenax TA）与加热模块组成，通过六通阀与气相色谱仪相连。当六通阀打开时，捕集阱处于常温状态，水样中待测组分随吹扫气进入捕集阱，开始富集；当六通阀关闭时，捕集阱在瞬间升温到250℃，被吸附的组分通过热脱附由载气带入到色谱柱进行分离。

半挥发性有机物在线分析仪采用固相微萃取方式，固相微萃取单元由高惰性去活化石英玻璃材质汽化室、涂有吸附性物质（PDMS、PA、DVB）的吸附棒和加热模块3部分组成。常温状态下萃取棒在汽化室内完成样品萃取，萃取完成后汽化室瞬间升温到250℃，被萃取的组分通过热脱附由载气带入到色谱柱进行分离。

d. 分离与检测单元

气相色谱分离单元通常为毛细色谱柱，传统的石英毛细色谱柱外层涂有聚酰亚胺，脆而易折，且在高温状态下固定相容易流失，从而降低色谱柱的效率。本研究中毛细色谱柱采用特制的不锈钢色谱柱，柱身体积比传统的石英柱要小，其内部涂渍聚酰亚胺，不锈钢材质的柱身不易折断，能够耐受400℃以上的高温，使用寿命长。分离单元采用耐高温离心风机辅助降温，整套装置拆装方便。

检测单元采用模块化设计，可以兼容通用的检测器，如氢火焰离子化检测器、电子捕获检测器、火焰光度检测器等，可根据待测组分自身的性质和灵敏度的大小选择不同的检测器进行测试，检测器的数据采集采用对数放大器，能分辨0.1fA的电流变化，能够检测出样品中的痕量组分。

e. 控制单元

仪器的控制单元采用模块化设计，由温控模块、气路控制模块及信号处理模块等组成，模块化设计提高了部件布置的紧凑度，有效节约了仪器的空间，如图4-9所示。仪器可直接在软件操作界面设置气路控制与温度控制参数，简单快捷。温控模块采用两路程序升温，分别控制仪器加热部件，保证色谱柱、箱体、检测器和捕集阱之间温度不会交叉流串，同时还可以节约能耗。气路则由机械阀控制，以稳压阀与稳流阀组合的方式，来稳定载气的压力与流量。

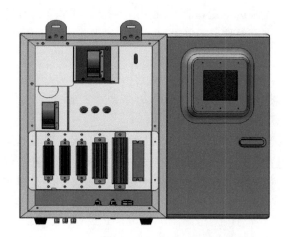

图4-9　有机物自动监测仪的后面板布局

（2）仪器性能指标

通过挥发性和半挥发性有机物自动监测仪可实现《国家生活饮用水卫生标准》（GB 5749—2006）中规定的43种有机物的自动在线监测，监测参数列于表4-2中，各监测参数的检测精度均达到了《国家生活饮用水卫生标准》（GB 5749—2006）的限值要求。

表 4-2　有机物自动监测仪可实现的监测参数

编号	名称	编号	名称	编号	名称
1	三氯甲烷	16	苯乙烯	31	滴滴涕
2	四氯化碳	17	三氯乙醛	32	六六六
3	三溴甲烷	18	苯	33	林丹
4	二氯甲烷	19	甲苯	34	环氧七氯
5	二氯一溴甲烷	20	乙苯	35	溴氰菊酯
6	一氯二溴甲烷	21	二甲苯	36	百菌清
7	1,1,1-三氯乙烷	22	环氧氯丙烷	37	对硫磷
8	氯乙烯	23	氯苯	38	甲基对硫磷
9	1,1-二氯乙烯	24	1,2-二氯苯	39	马拉硫磷
10	1,2-二氯乙烷	25	1,4-二氯苯	40	乐果
11	三氯乙烯	26	三氯苯	41	敌敌畏
12	四氯乙烯	27	六氯苯	42	毒死蜱
13	二氯乙酸	28	2,4,6-三氯苯酚	43	邻苯二甲酸二(2-乙基己基)酯
14	三氯乙酸	29	五氯酚		
15	六氯丁二烯	30	六氯酚		

注：表格中并未给出检出限和性能指标

（3）仪器主要优势

本研究开发的有机物自动监测仪与传统的有机物检测设备相比在功能和性能上有了很大的提升，主要表现在以下 8 个方面：

1）仪器实现了长时间无故障自动运行，将仪器运行模式调整为定点模式后，仪器按照既定的流程进行周期性的水样测试，可实现 60 天无故障运行。

2）仪器分析速度快、监测参数多、重现性好。仪器测试流程时间约为 45min，出峰物质可达 20 余种，各组分目标物的出峰时间稳定，定性重复性 ≤1.0%，配置同一浓度混标连续测试 30 天得到的定量重复性 ≤20%。

3）仪器能够自动进行内标校准。将仪器运行模式调整为定点模式后，仪器按照既定的流程进行周期性的内标测试。当监测数据出现异常时，仪器可根据内标测试结果自动进行曲线校正，自动判别仪器是否正常，无需实验人员再次制定曲线。

4）仪器的灵敏度高，所测参数均能满足标准要求。

5）仪器测试过程除内标物外，不使用其他化学试剂，安全环保。

6）仪器的维护周期长，关键部件基本为自主研发，性价比高，而且经过长期严格的测试，使用寿命长。仪器耗材的使用时间经过严格测试，在无特殊情况下可 3 个月维护一次。

7）仪器具备故障自动报警、异常值自动报警和数据超标报警功能。

8）仪器内部结构采用模块化设计，管路与电路部分分开，防护等级达到 IP54 以上。

4.2.4　车载控制系统

本研究所设计的智能监测车车载控制系统是由控制软件和工业控制计算机组成，包括管路控制模块、仪器运行控制模块、仪器数据采集模块、视频采集与传输模块、即时水质分析统计模块、远程通信模块等。车载控制系统结合硬件和软件设计，用来感知车载仪器设备信号的变化，同时发送相关的控制命令，如传感器校正、标样核查、数据查询、量程切换等功能。

车载控制系统的工业控制计算机在断电后能自动保护历史数据和参数设置，数据至少可存储10年，能与现有的监控中心平台相连接。基于监控中心平台，可以远程浏览智能监测车实时监测数据、仪器校核数据、仪器测试流程日志、控制系统运行日志，同时可即时浏览现场端视频、远程校核仪器，并对单独的分析仪器进行远程控制，车载控制系统如图 4-10 所示。

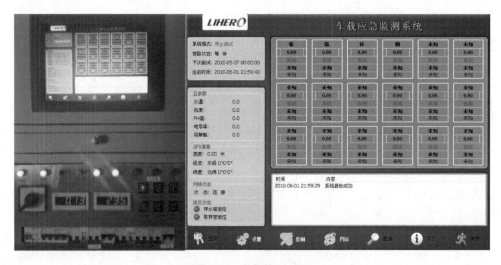

图 4-10　车载控制系统

车载控制软件采用嵌入式 Windows XP 系统，具有强大的网络通信功能，可完成数据采集、数据与视频传输、集成控制等所有功能，与远程的通信方式采用 Internet 方式，同时支持 ADSL/GPRS/CDMA/3G/4G 等多种有线及无线方式。

4.2.5　其他辅助单元

4.2.5.1　供电系统

供电系统是智能监测车正常工作的前提和保障，野外作业对电力单元的稳定性、环境适用性及续航能力有了更高的要求。本研究采用多种供电方式，配备了稳定高效的车载发电机和大容量 UPS 智能逆变系统。智能监测车所需电压为 220V，与市政供电电压一致，提高了智能监测车的适应范围及经济性，供电模式主要有以下 3 种。

1）稳定高效的车载发电机：当野外无法提供外接电源时，可采用发电机供电，保障系统连续工作约 8h（图 4-11）。

图 4-11 供电系统

2）大容量 UPS 智能逆变系统：配备了多节 48Ah 大容量蓄电池，能保证监测设备及配套设施正常工作 2h 以上。配合易事特 SM 系列逆变系统应用，不仅延长了蓄电池的使用寿命，还具备节能降噪、延长续航时间等优点（图 4-11）。

3）外接电源：在具备市政供电条件下，可直接连接市政供电。

4.2.5.2 实验操作平台

为适应野外长期测试过程中试剂配制和保存的需求，本研究在合理规划利用智能监测车内部空间的基础上，设计了实验操作平台，配备了实验台、洗涤池、玻璃仪器挂架、常规试剂储存柜和试剂保存冰箱等，如图 4-12 所示。

4.2.5.3 车载空调、万向抽风装置及视频监控设备

为保障智能监测车内空气流通，保证仪器运行时的环境温度，智能监测车配置了车载空调及万向抽风装置，为监测设备运行提供良好的环境条件。

为了能够实时监控现场测试情况，智能监测车设计了视频监控设备。在智能监测车顶部装配了可旋转升降遥控云台，云台包括摄像头和探照灯，可远程同步控制摄像头的转向。通过监控中心平台采集实时监控视频，可远程查看现场的测试情况。

4.2.5.4 车载集成设备的抗震性设计

仪器设备抗震性能直接影响监测数据的准确性，因此，智能监测车设计时采取了多种抗震措施：①按照仪器的实际规格量身定做仪器柜，机架和柜体底部等主要承重结构装有减震支架和钢丝减震器，以保证车辆在上下左右颠簸时，设备受到尽可能小的干

图 4-12　实验室操作平台

扰，如图 4-13 所示。②精密仪器储物柜和实验台上设计有减震托盘。减震托盘通过车船专用减震装置和胶木螺栓与台面固定，保证良好的减震效果。

图 4-13　智能监测车车内的抗震装置

4.2.5.5　定位系统

在突发性污染事故的应急监测过程中，为了方便调度，本研究在智能监测车的开发过程中，设计了车辆定位系统，在车辆内预装标准 GIS 地图、高感 GPS 接收模组，并结合 HotFix™ 卫星预测功能，可快速完成卫星定位。定位系统采集车辆的经纬度数据储存在 EVMS 数据库中，监控中心平台根据上传的经纬度数据，能在 GIS 地图上回放监测车的行进轨迹，如图 4-14 所示。

图 4-14   通过智能监测车的行进轨迹

4.3   智能监测车性能测试及应用情况

为了验证智能监测车的整体性能,本研究对智能监测车进行了野外应用测试,从系统的抗震性、供电系统、采水、仪器测试、数据传输、视频传输等方面进行应用测试,主要测试流程如图 4-15 所示。

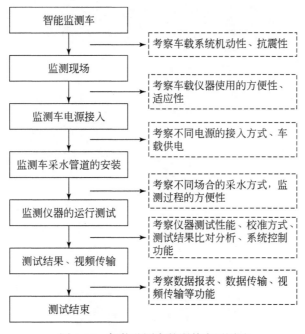

图 4-15   智能监测车的野外应用测试

按照设定的测试工作流程，逐项考察智能监测车的性能，测试结果表明：该车能承受不同复杂路况的颠簸，到达现场后仪器的精密度未受到明显影响，具有较好的机动性能；在不同场合中，车载发电机和大容量 UPS 电源均能够正常供电，系统正常取水，仪器正常运行，各项性能指标并未受到影响；通过无线传输网络，可将仪器测试数据、运行日志、视频信息等上传至监控平台（图 4-16）。

图 4-16　智能监测车野外应用测试现场

第5章 浮标式水质监测技术研究

5.1 国内外研究概况

以浮标为载体的水质监测系统集成化学分析仪器和各种水质传感器,并结合现代化的数据采集处理技术、数据通信及定位技术,是实现水质监测自动化、网络化的有效技术手段。目前,浮标水质监测系统已在海洋污染监测和海洋水产养殖等领域得到了广泛应用(孙朝辉等,2006)。

浮标、潜标技术最早出现于20世纪60年代,由海洋发达国家使用并发展起来,是海洋环境调查的重要技术装备,能够在恶劣环境条件及无人值守的情况下,对海洋水文、气象、水质等要素进行长期、连续、同步、自动地监测,是海洋观测岸站、调查船和调查飞机在空间上和时间上的延伸和扩展,是离岸监测的重要手段,具有其他调查方法无法代替的作用。

我国从20世纪六七十年代开始开展锚泊浮标和潜标的研制工作,初期的浮标系统主要用于海洋水文、气象等参数的监测,后来逐步应用到湖泊、水库水质的在线监测。以浮标为载体的水质监测系统可以搭载多种传感器和原位在线测定仪,对水质五参数、叶绿素、营养盐、重金属等进行长期、连续、实时监测。浮标监测系统具有体积小、功耗低、试剂用量少、维护周期长、维护方便等特点,适用于湖泊、水库、河流等水体的大面积、多参数原位自动监测。再结合现代无线通信技术将数据传输到监控平台,可及时掌握流域、重点水域水体的水质状况,实现水体水质的原位在线监测预警。

浮标监测系统通常由浮标系统、锚泊系统和岸站系统3部分组成,其中浮标系统通常包括浮体、标架、供电设备、防护设备和各类传感器等。按浮体大小可划分为大型浮标、中型浮标和小微浮标。大型浮标直径通常≥10m,造价高、容量大、寿命长、能适应恶劣环境、抗破坏性强。中型浮标直径通常为1~5m,造价较低、运输、布放和维护方便。小微浮标直径通常在1m以下,体积小、质量轻、成本低,便于快速布放和回收,也可用于一次性抛弃式波浪监测。按浮标功能和用途也可划分为水文气象浮标、水质浮标、导航浮标、波浪浮标、海洋光学浮标、海冰浮标、声呐浮标和通信浮标等(赵聪蛟和周燕,2013)。

浮标系统通常采用太阳能和电池组合供电,为保证可靠性,有的浮标采用两个独立的供电系统,每个系统都有蓄电池和太阳能电池板,为整个浮标系统提供稳定的电源。美国伍兹霍尔海洋研究所(Woods Hole Oceanographic Institution, WHOI)等机构研制的海洋浮标配置了先进的传感器和原位监测仪器,运用先进的数据采集和通信系统,通过卫星等手段进行数据传输、存储，并通过计算机通信网络分发给用户，提高了监测效率。

浮标水质监测系统的核心为水质监测传感器。目前，市场上总磷在线分析仪多为柜式，主要生产厂家有日本 DKK、美国 Hach 和澳大利亚 GreenSpan 等。投入式的营养盐在线分析仪只有少数几家生产，如美国 EnviroTech 和 WET Labs、意大利 Systea、德国 SubCtech 等，主要监测参数为磷酸盐、硝酸盐、亚硝酸盐、氨氮、硅酸盐等，其中只有 Systea 有投入式总磷、总氮的监测仪器。奥地利是能公司的紫外－可见光光谱测定传感器在国际上处于领先地位，该传感器通过光谱扫描技术实现水体中营养盐的连续测量。国内原位水质监测传感器的研发重点关注固定式营养盐在线分析仪，其总磷测定采用钼酸铵分光光度法，总氮测定采用紫外分光光度法，这两种方法是测定总磷、总氮较成熟可靠的方法。中国科学院安徽光学精密机械研究所于 2005 年发明了非接触光谱法 COD/DOC 水质在线检测方法及成套装置，代表了我国在光谱法 COD 水质分析上的进步，该装置在光路中依次设有低压汞灯光源、调制盘、紫外滤光片和可见光滤光片、分束片、光电倍增管等，利用可见光束穿过自由落体水流，通过测量其吸光度来测量 COD 值。聚光科技（杭州）有限公司已将光谱法产业化并应用于水质分析，其产品 SWA-2000 系统光源采用高性能氙灯，检测器采用线性光电二极管阵列单元，可连续在线检测水体中的 COD 或者光吸收系数，可靠性高。

目前，浮标监测系统的研究重点主要集中于传感器的研发，即研发高精度的传感器，提高测量精度。由于浮标监测系统所需的传感器与传统的监测台站传感器测试条件不同，适应浮标监测系统的传感器往往体积更小，其测量原理及方法与台站式监测传感器也有差别，因此，如何提高其测试精度成为一个难题。其次是浮标监测系统的续航问题，由于浮标监测系统多安装在交通不便的偏远地区，电力保障、维护保障条件往往较差，这就要求浮标监测系统必须具备低能耗、省耗材、长续航等特点。最后是数据传输问题，如何在网络条件不佳甚至无网络的条件下实现数据的有效传输，也成为浮标监测系统面临的一个难题。本章针对新型浮标监测系统传感器研发、能耗控制、续航能力优化及信息传输问题开展研究，为解决上述难题提供思路。

5.2　营养盐原位分析仪

5.2.1　投入式原位分析仪顺序注射平台研发

国标法分析水样中总磷、总氮采用过硫酸钾作为氧化剂，在高温高压条件下消解，操作繁琐、耗时。本研究开发的实验室顺序注射平台能够实现水样进样、消解、检测过程的完全自动化，其结构如图 5-1 所示。

本研究在顺序注射平台的基础上，设计了投入式原位分析仪顺序注射平台，如图 5-2 所示。在仪器设计过程中，为了避免湿法分析中化学试剂对仪器部件的影响，投入式平台采用双层设计，分为检测仓和试剂仓上下两部分。检测仓内部又可分为电路和流路两部

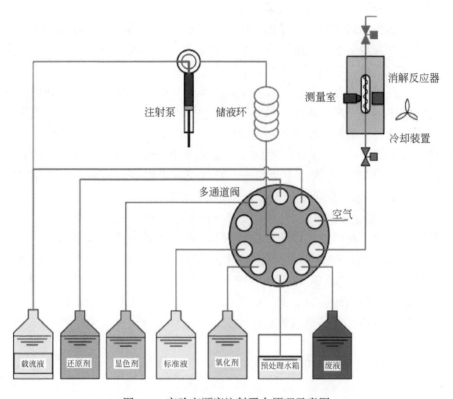

图 5-1　实验室顺序注射平台原理示意图

分，流路部分位于检测仓的上半部分，电路部分位于检测仓的下半部分，中间由隔板隔开，防止流路部分电机干扰、漏液、湿度变化等对电路部分产生干扰。流路部分主要模块包括柱塞泵、储液环、多通道阀、消解模块和检测模块等。

图 5-2　总磷、总氮原位分析仪结构

投入式原位分析仪顺序注射平台采用高精度的注射泵进样，进样误差小于0.6 μl。通过多通道选择阀实现不同试剂和样品的依次顺序进样，阀体多为10通道或12通道，能实现多种试剂的进样，避免了同时配置多个普通阀体占据仪器较大空间的弊端，多通道选择阀可实现无死体积进样，提高了进样精度。

消解模块由消解外壳和消解管两部分组成。消解外壳用于消解管的避光密封，避免外界光源对消解的影响，同时保护靠近消解管的部件不受高温的影响。消解管用于水样高温和高压作用下的消解，消解温度通过热敏电阻进行反馈。为了提高水样消解效率，缩短水样消解时间，采用高温消解与紫外氧化相结合的消解方式。检测模块采用发光二极管（LED）作为光源，与流程仓的流通池相连，对溶液吸光度进行检测。总磷原位分析仪的检测波长为880 nm，总氮原位分析仪的检测波长为525 nm。

采用脉冲紫外–顺序注射法设计的水质营养盐原位分析仪密封性及防水性能较好，可直接放入待测水体中。在解决如何导入试剂的问题时，本研究设计如下方案：将反应所需的试剂灌装在PVC（PE）材质的试剂袋中，试剂袋均匀分布在试剂仓内部，试剂仓的下端是检测仓，试剂仓与检测仓之间用若干根试剂管相连，保证试剂能顺畅地导入检测仓内。试剂仓与检测仓的接触端面使用双道"O"形圈密封，同时增加4个定位销，通过隔板隔离，最后旋紧固定螺钉，保证整机的密封性能。

5.2.2 硬件电路与软件的设计、制作

5.2.2.1 硬件电路部分的设计与制作

浮标平台上的原位检测传感器要求仪器微型化、低能耗，便于安装和实施在线原位监测。在研制总磷、总氮原位分析仪时，针对这一要求，对硬件电路部分进行了如下设计。

（1）小信号放大技术

由于设计的投入式营养盐原位分析仪所用试剂量少，光程小，检测过程中所获得的电信号也比较小，因此需要研究和开发适用于湿法化学法的小型模块化检测单元。通过采用前置放大，信号滤波，锁相放大，高精度模数转换等技术，实现小信号的放大与采集。为了保证检测单元的稳定性和可靠性，在检测单元内部加入了温度、光强等补偿措施。检测单元对外使用标准RS232接口通信，便于检测单元的标准化和通用性，对于不同的目标成分，只需更换滤光片即可形成不同波长的检测单元。

（2）小型化、高精度设计

传统仪器采用柱塞泵、多位阀结构，驱动器体积较大，不适于小型化、低功耗的原位监测平台使用。本研究采用高精度的注射泵（注射泵的进样误差仅为0.6μL）和无死体积的多通道选择阀，减少了进样误差，保证了计量精准度，提高了仪器分析的准确性（图5-3和图5-4）。

图5-3 多位阀驱动器体积对比

图5-4 传统注射泵驱动器

（3）低功耗设计

为满足浮标系统长时间的续航需求，原位分析仪采用低功耗设计，总磷和总氮原位分析仪采用紫外氧化加高温消解的方式，可以在较短的时间内达到预期消解效率，达到节省能耗的目标。此外，该平台推出"休眠状态"设计，即仪器在不运行的情况下，通过芯片控制，一些功能自动处于"休眠"状态，大大降低了仪器的功耗。与国外一些原位分析仪相比，本研究设计生产的原位分析仪功耗大大降低，见表5-1。

表5-1 与国外仪器功耗对比

仪器	功耗对比			
	仪器状态	电流/A	电压/V	功率/W
本研究仪器	待机	0.025	12	0.3
	工作	1.0	12	12
国外仪器	待机	0.4	12	4.8
	工作	1.5	12	18

5.2.2.2 软件部分的设计与实现

营养盐原位分析仪的软件主要包括功能系统设置和仪器管理两大部分，软件界面明晰，并内置简化的程序代码，为操作人员编写程序提供了友好的工作环境，便于上位机控制软件的设计，如图5-5所示。

软件设计人员将每个信息指令转化成直观的用户代码，实验人员可按照反应流程，直接调用现成的指令代码，并设置相关参数（如动作时间）。在实验平台软件基础上，研究人员还开发了用户版软件，除具备实时数据显示、历史数据查询、周期设置的功能外，还具有自动校准、消解温度实时显示、流程进度显示、仪器报警、量程自动选择等功能，能够满足用户的各项需要，如图5-6所示。

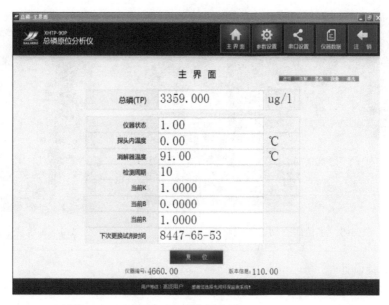

图 5-5　用户板主界面

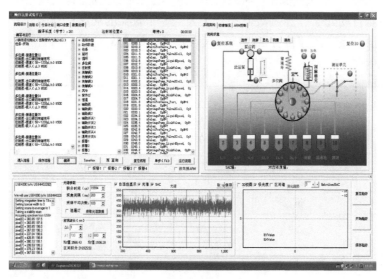

图 5-6　平台软件操作界面

5.2.3　方法研究

利用设计完成的总磷、总氮原位分析仪，研究人员开展了条件探索实验，分别研究消解方式、消解时间、消解温度及检测波长等因素对总磷、总氮测定结果的影响，并确定了最优的实验条件。

5.2.3.1　总磷原位分析仪

(1) 测试原理

总磷原位分析仪基于磷钼蓝比色法（GB 11893—89），水样中各种形态的磷化合物在高温高压下经过硫酸钾氧化成为正磷酸盐，正磷酸盐与钼酸铵在酸性条件下反应，并在锑盐存在下生成磷钼杂多酸，然后被抗坏血酸还原，生成蓝色络合物磷钼蓝。总磷原位分析仪采用顺序注射技术进样，并在 880 nm 处进行检测，吸光度（Abs）和总磷浓度成正比，如图 5-7 所示。

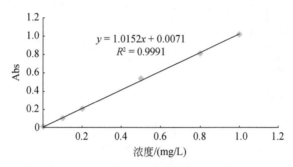

$$y = 1.0152x + 0.0071$$
$$R^2 = 0.9991$$

图 5-7　吸光度与总磷浓度线性关系

(2) 检测波长的选择

GB 11893-89 选择 700 nm 作为总磷的检测波长，但 700 nm 属于可见光区，容易受到水中色度的干扰。通过对反应产物的光谱分析发现，反应产物在 700～900 nm 范围内均有不同程度的吸收，吸收峰出现在 880 nm 附近。此外，在 880 nm 处检测还可避免色度干扰。因此，本研究选择 880 nm 作为检测波长。

(3) 消解温度的影响

在 90～140℃范围内，研究人员观测了消解温度对吡哆醛消解效率的影响（图 5-8）。可以看出，在 90～120℃范围内，吡哆醛的消解效率随温度的增加而快速增加，超过120℃后，温度提升不能提高吡哆醛的消解效率，消解效率维持在 90% 左右。因此，本研究选择消解温度为 120℃。

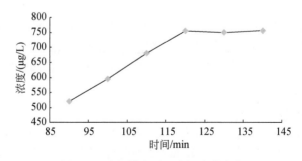

图 5-8　消解效率随反应温度的变化

（4）消解方式与消解时间

GB 11893—89 中过硫酸钾高温消解的时间为 30 min，对于浮标系统来说时间过长。因此，本研究采用高温消解与紫外氧化相结合的消解方式。在 5~40 min 范围内，研究人员分析了消解时间对吡哆醛消解效率的影响（图 5-9），可以看出，在 5~10 min 范围内，总磷的浓度随着消解时间的增加而增加，10 min 时，总磷的消解率达到 90%，超过 10min 后消解时间延长对总磷消解效率的影响很小。综合考虑消解效率和仪器能耗的影响，本研究选择消解时间为 10 min。

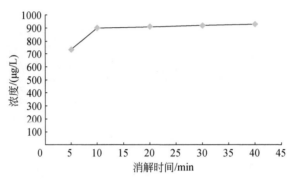

图 5-9　消解时间与正磷酸盐浓度

（5）消解效率

为防止消解效率随时间的延长而衰减，降低系统误差，需要定期测量吡哆醛的浓度以验证消解效率。验证时先校准仪器，然后平行测定吡哆醛标准使用液中总磷的浓度，按式（5-1）计算消解效率 R。R 应大于 90%。

$$R = \frac{C_1}{C_2} \times 100\% \tag{5-1}$$

式中，C_1 为吡哆醛标准使用液的测定结果（mg/L）；C_2 为磷酸二氢钾标准使用液的测定结果（mg/L）。

5.2.3.2　总氮原位分析仪

（1）测试原理

水样中的含氮化合物在高温条件下经过硫酸盐氧化生成硝酸盐，硝酸盐在碱性环境中经联氨还原成亚硝酸盐，亚硝酸盐在酸性环境中与磺胺和 N-(1-萘基)-乙二胺反应生成紫红色化合物。总氮原位分析仪采用顺序注射进样，在 525 nm 处测量其吸光度（Abs），吸光度和总氮浓度成正比，如图 5-10 所示。

（2）检测波长的选择

将亚硝氮与显色剂反应 20 min 后进行图谱扫描，发现亚硝氮显色后吸收峰在 525~555 nm（图 5-11）。分别在 525 nm 和 540 nm 处建立亚硝氮–显色浓度与吸光度之间的关系曲线，两条曲线均具有良好的相关关系，能够满足化学分析中标准曲线的要求（图 5-12）。综合考虑成本因素、便利性因素和稳定性因素，本研究选取 525 nm 作为总氮的检测波长。

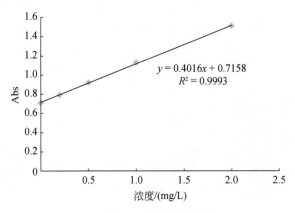

图 5-10　总氮浓度与吸光度

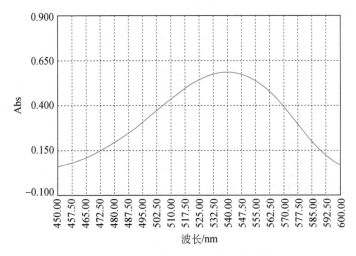

图 5-11　亚硝氮显色产物扫描图谱

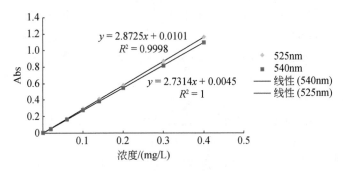

图 5-12　亚硝氮在 540 nm 和 525 nm 吸收标线对比

（3）消解时间的考察

　　与总磷原位分析仪一样，本研究采用高温消解与紫外氧化相结合的消解方法，考察了 5～40 min 范围内消解时间对氨基乙酸消解效率的影响，如图 5-13 所示。可以看出，总氮的浓度随着消解时间的增加而增加，10 min 时，总氮的消解率为91%，其后随着消解时间的延长，总氮浓度没有明显增加。因此，选择消解时间为 10 min。

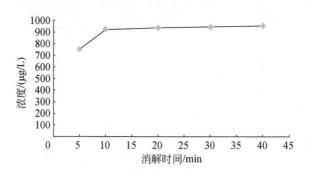

图 5-13　消解时间与硝酸氮浓度关系

（4）还原时间

本研究采用紫外与联氨相结合的还原方式，由于还原效率受紫外灯稳定时间的影响，本研究考察了 5～30 min 范围内还原时间对硝酸钾（1000 μg/L）还原效率的影响，如图 5-14 所示。

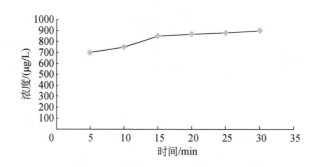

图 5-14　还原时间与亚硝酸根浓度关系

由图 5-14 可以看出，在 5～15 min 范围内，亚硝酸根的浓度随着还原时间的增加而快速增加，15 min 以后随着时间的增加亚硝酸根仅小幅增加。还原时间为 15 min 时，测得亚硝酸根的浓度是 850 μg/L，还原效率达到 85%。综合考虑还原效率和时间的影响，选取 15 min作为还原时间。

（5）显色时间

显色反应需要充足的时间，为获得最佳的显色效果，本研究比较了 0～30 min 范围内显色时间对亚硝氮显色效率的影响，如图 5-15 所示。可以看出，在 0～10 min 范围内，亚硝氮的浓度随着显色时间的增加而快速增加，当显色时间大于 10 min 时，反应产物的量随着显色时间的增加基本保持不变。此外，研究人员对反应 10 min 后的亚硝氮-显色剂混合液进行光谱扫描，如图 5-16 所示。可以看出，显色液的吸光度随着时间的增加基本无变化，说明 10 min 已经显色完全。因此，选择显色时间为 10 min。

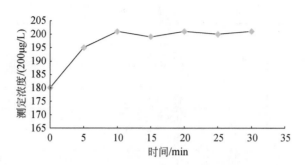

图 5-15 亚硝氮显色时间–测定浓度关系

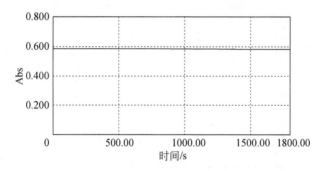

图 5-16 亚硝氮显色后时间–吸光度扫描图

5.2.4 自测试情况

样机研制完成后，研究人员对仪器的检出限、直线性、重复性、零点漂移、量程漂移、记忆效应等指标进行了测试，研究了常见干扰因素如浊度、Cl^-、Fe^{3+}、Cr^{6+} 等对总磷、总氮测定的影响，开展了环境及运输实验、震荡模拟实验对总磷、总氮测定的影响，最后将所研制的仪器和建立的方法用于 3 种实际水样的分析。结果表明，所研制的总磷、总氮原位分析仪能够满足浮标式监测系统的需要，且各项指标都达到了国际先进水平。

（1）检出限

在相同的试验条件下，重复测定零点校正液 11 次，计算 11 次测定值的标准偏差 S，所得标准偏差的 3 倍为该参数的检出限。计算方法见式（5-2）和式（5-3）。总磷、总氮的检出限数据见表 5-2，满足本研究的技术要求。

$$S = \sqrt{\frac{\sum_{i=1}^{i=n} (x_i - \bar{x})^2}{n-1}} \tag{5-2}$$

式中，S 为标准偏差；n 为测定次数；x_i 为第 i 次测量值；$\bar{x}$ 为测量值的算术平均值。

$$\mathrm{DL} = 3S \tag{5-3}$$

式中，DL 为检出限。

表 5-2　总磷、总氮的检出限数据　　　　　　（单位：mg/L）

数据记录	总磷	总氮
	0.016	0.035
	0.015	0.033
	0.014	0.041
	0.015	0.042
	0.014	0.039
	0.013	0.040
	0.015	0.031
	0.014	0.033
	0.015	0.032
	0.014	0.051
	0.013	0.038
S 标准偏差	0.007	0.0055
DL 检出限	0.003	0.017
技术要求	0.01	0.1
结论	合格	合格

（2）直线性

选择 0.1mg/L、0.2mg/L、0.5 mg/L 的总磷标准溶液及 0.4mg/L、1.0mg/L、1.6 mg/L 的总氮标准溶液，连续测量 3 次，计算测量溶液浓度与实际浓度之差与量程值的百分比，如式 (5-4)所示。总磷、总氮直线性数据分别见表 5-3 和表 5-4，直线性数据结果满足技术要求。

$$V = \frac{x_n - x}{M} \times 100\% \tag{5-4}$$

式中，V 为直线性；x_n 为测量浓度值；x 为溶液实际浓度；M 为量程上限值。

表 5-3　总磷直线性数据

总磷浓度/（mg/L）	数据记录/（mg/L）	示值误差/%	技术要求	结论
0.100	0.101	0.1	±8% FS	合格
	0.101	0.1		
	0.101	0.1		
0.200	0.183	−1.7		
	0.195	−0.5		
	0.19	−1.0		
0.500	0.491	−0.9		
	0.493	−0.7		
	0.487	−1.3		

表 5-4　总氮直线性数据

总氮浓度/(mg/L)	数据记录/(mg/L)	示值误差/%	技术要求	结论
0.20	0.22	1.0	±8% FS	合格
	0.23	1.5		
	0.19	−0.7		
0.40	0.43	1.5	±8% FS	合格
	0.41	0.5		
	0.39	−0.5		
1.0	1.12	6.0		
	1.08	4.0		
	1.11	5.5		

(3) 重复性

选择零点校正液和量程校正液，其中量程校正液为满量程的 80%。在相同的试验条件下，测定零点校正液 6 次，测量值的平均值作为零点值；在相同的试验条件下，测定各个量程校正液 6 次，按式 (5-5) 计算标准偏差，按式 (5-6) 计算相对标准偏差。

$$\delta = \sqrt{\frac{\sum_{i=1}^{i=n} (x_i - \bar{x})^2}{n-1}} \tag{5-5}$$

式中，δ 为标准偏差；n 为测定次数；x_i 为第 i 次测量值（扣除零点值）；$\bar{x}$ 为测量值的算术平均值。

$$c = \frac{\delta}{\bar{x}} \times 100\% \tag{5-6}$$

式中，c 为相对标准偏差。

总磷、总氮重复性测试数据见表 5-5 和表 5-6，重复性数据结果满足技术要求。

表 5-5　总磷重复性测试数据

总磷浓度/(mg/L)	数据记录/(mg/L)	零点值/(mg/L)	测量值（扣除零点值）/(mg/L)	均值/(mg/L)	标准偏差/(mg/L)	相对标准偏差/%	技术要求	结论
0	0.016	0.015					±8%	合格
	0.015							
	0.014							
	0.015							
	0.014							
	0.013							
0.800	0.768		0.753	0.756	2.591	0.3		
	0.769		0.754					
	0.774		0.759					
	0.772		0.757					
	0.774		0.759					
	0.769		0.754					

表 5-6　总氮重复性测试数据

总氮浓度 /（mg/L）	数据记录 /（mg/L）	零点值 /（mg/L）	测量值（扣除零点值） /（mg/L）	均值 /（mg/L）	标准偏差 /（mg/L）	相对标准偏差 /%	技术要求	结论
0	0.035	0.0355					±8%	合格
	0.031							
	0.033							
	0.038							
	0.040							
	0.036							
1.6	1.57		1.534	1.55	0.052	3.3		
	1.55		1.514					
	1.62		1.584					
	1.66		1.634					
	1.61		1.574					
	1.54		1.474					

（4）零点漂移

采用零点校正液，连续测定 24 h，每小时测定 1 次。计算初期零值（最初 3 次测定值的平均值），该段时间内测量值与初期零值的最大变化幅度相对于量程值的百分比。测定结果见表 5-7 和表 5-8，总磷、总氮零点漂移数据结果满足技术要求。

表 5-7　总磷零点漂移数据

总磷浓度/ （mg/L）	数据记录/ （mg/L）	初期零值 （前3次均值）/ （mg/L）	测量值与初期零值差值/ （mg/L）	零漂 max 差值/ （mg/L）	零点漂移/%	技术要求	结论
0	0.016	0.015	0.001	0.011	1.1%	±4% FS	合格
	0.015		0.000				
	0.014		−0.001				
	0.015		0.000				
	0.014		−0.001				
	0.013		−0.002				
	0.015		0.000				
	0.014		−0.001				
	0.015		0.000				
	0.014		−0.001				
	0.013		−0.002				
	0.013		−0.002				
	0.013		−0.002				

续表

总磷浓度/ （mg/L）	数据记录/ （mg/L）	初期零值 （前 3 次均值）/ （mg/L）	测量值与初 期零值差值/ （mg/L）	零漂 max 差值/ （mg/L）	零点漂移/%	技术要求	结论
0	0.016	0.015	0.001	0.011	1.1%	±4% FS	合格
	0.013		−0.002				
	0.026		0.011				
	0.014		−0.001				
	0.014		−0.001				
	0.015		0.000				
	0.014		−0.001				
	0.014		−0.001				
	0.015		0.000				
	0.015		0.000				
	0.014		−0.001				

表 5-8　总氮零点漂移数据

总氮浓度/ （mg/L）	数据记录/ （mg/L）	初期零值 （前 3 次均值）/ （mg/L）	测量值与初 期零值差值/ （mg/L）	零漂 max 差值/ （mg/L）	零点漂移/%	技术要求	结论
0	0.039	0.042	−0.003	0.010	0.5%	±4% FS	合格
	0.042		0.000				
	0.045		0.003				
	0.033		−0.009				
	0.035		−0.007				
	0.041		−0.001				
	0.034		−0.008				
	0.035		−0.007				
	0.038		0.004				
	0.034		−0.008				
	0.039		−0.003				
	0.035		−0.007				
	0.041		−0.001				
	0.042		0.000				
	0.043		−0.001				
	0.046		0.004				

续表

总氮浓度/ （mg/L）	数据记录/ （mg/L）	初期零值 （前3次均值）/ （mg/L）	测量值与初 期零值差值/ （mg/L）	零漂 max 差值/ （mg/L）	零点漂移/%	技术要求	结论
	0.044		0.002				
	0.038		−0.004				
	0.033		−0.009				
0	0.052	0.042	0.010	0.010	0.5%	±4% FS	合格
	0.034		−0.008				
	0.035		−0.007				
	0.035		−0.007				
	0.034		−0.008				

（5）量程漂移

在零点漂移试验的前后，采用量程校正液分别测定3次，计算其平均值。用减去零点漂移后的变化幅度，求出相对于量程值的百分比。总磷、总氮量程漂移结果见表5-9，结果满足技术要求。

表5-9 总磷、总氮量程漂移数据

分析物浓度/ （mg/L）	零漂前数据记 录/（mg/L）	零漂前平 均值/ （mg/L）	零漂 max 差值/ （mg/L）	零漂后数据记 录/（mg/L）	零漂后平 均值/ （mg/L）	量漂百分 比/%	技术要求	结论
	0.769			0.784				
总磷0.8	0.773	0.773	0.011	0.789	0.786	−1.48	±8% FS	合格
	0.778			0.787				
	1.63			1.586				
总氮1.6	1.66	1.623	0.010	1.605	1.593	1.50	±8% FS	合格
	1.58			1.588				

（6）记忆效应

保持其他条件不变，连续按照高→低→高顺序在线性范围内进行测试，每个溶液测试3次，计算换液后的第一个测量浓度值 X_i 与已知浓度 ρ 的相对误差值。高浓度、80%量程溶液，低浓度、20%量程溶液交叉测量，取相对误差的最大值为记忆效应 T。记忆效应实验结果见表5-10和表5-11，总磷、总氮的记忆效应分别为8.5%、3.6%。

表5-10 总磷记忆效应数据

总磷浓度/（mg/L）	0.8	0.2	0.8
	0.775	0.217	0.812
数据记录/（mg/L）	0.810	0.211	0.782
	0.797	0.208	0.782
相对误差/%		8.5	1.5
记忆效应/%		8.5	

表 5-11 总氮记忆效应数据

总氮浓度/（mg/L）	1.6	0.4	1.6
数据记录/（mg/L）	1.65	0.49	1.61
	1.66	0.42	1.66
	1.62	0.43	1.62
相对误差/%		3.6	0.6
记忆效应/%		3.6	

（7）干扰实验

1）总磷。考察了浊度、pH、Cl^-、砷离子等对总磷测定的影响。实验结果发现，浊度在 20 NTU 之内对总磷测定没有影响；水样 pH 在 6.0～9.0 范围内对总磷测定没有影响，对于特殊酸碱度的水样，需要加入缓冲液后再进行测定；Cl^-浓度在 500 mg/L 之内对测定没有影响，对于砷浓度大于 2.0 mg/L 的水样，需要加入硫代硫酸钠消除其干扰。

2）总氮。水样中的 Cl^-、Fe^{3+} 和 Cr^{6+} 浓度分别大于 5000 mg/L、180 mg/L、50 mg/L 时对总氮的测定有影响，通过稀释水样可降低其对总氮测定的影响。水体中有机物干扰可以通过过硫酸钾高温消解来消除。浊度的影响可以通过扣除水样的空白来消除。

（8）环境及运输试验

为检验仪器野外工作时受环境温度的影响情况，研究人员开展了高低温运行（4～40℃）和高低温储存（−10～55℃）试验，结果表明，示值误差低于 10%。为检验运输过程对仪器产生的影响，进行了运输试验、震荡模拟试验。结果表明，示值误差在 5%～8%。

将研制的仪器与所建立的方法用于秦皇岛洋河、唐山陡河和重庆朱沱河 3 个实际水样中总磷的分析，并将所得结果与荷兰 Skalar 流动顺序注射分析仪所得结果进行比较（表5-12），两种仪器测定结果一致，测试误差小于 15%。

表 5-12 实际水样测试

序号	水样	TP 仪器/（mg/L）	SK/（mg/L）	示值误差/%
1	秦皇岛洋河	0.047	0.054	−11.9
		0.041	0.045	
		0.039	0.043	
	平均值	0.042	0.047	
2	唐山陡河	0.041	0.041	−4.9
		0.035	0.037	
		0.035	0.039	
	平均值	0.037	0.039	
3	重庆朱沱河	0.121	0.130	−5.4
		0.123	0.132	
		0.125	0.129	
	平均值	0.123	0.130	

　　将研发的投入式营养盐分析仪与国外同类产品比较，见表5-13，可以看出，本研究研发的原位在线分析仪无论是在监测指标还是在功能需求方面，都处于国际先进水平，能够满足浮标式监测系统的需求。

表 5-13　国内外营养盐仪器对比

项目	国外产品	本产品
指标	量程范围：0~0.7（可扩展至3） 重复性：10% FS 直线性：10% FS 零漂：10% FS 量漂：10% FS 检出限：10% FS	量程范围：0~1（可扩展至10） 重复性：8% 直线性：8% FS 零漂：4% FS 量漂：8% FS 检出限：0.01 mg/L
功能	气泡报警功能 漏液报警功能	气泡报警功能温度异常报警
特点	1. 微循环流反应器 2. 试剂的消耗量550 μL/次	1. 顺序注射 2. 试剂的消耗量410 μL/次
包装箱尺寸	640 mm×410 mm×235 mm（长×宽×高）	700 mm×445 mm×255 mm（长×宽×高）
仪器尺寸	140 mm×520 mm（直径×高） 试剂筒：70 mm×200 mm（直径×高）	154 mm×637 mm（直径×高） 试剂筒：90 mm×200 mm（直径×高）
质量	8 kg	12 kg

5.3　紫外（UV）吸收在线分析仪（COD$_{Mn}$原位测量传感器）

　　传统 COD$_{Mn}$ 测定一般采用滴定法，但该方法耗时长、工作强度大，易造成误差及二次污染，难以实现多个样品含量的同时测定。因此，研发基于 UV 原理的 COD$_{Mn}$ 在线传感器具有重要意义。

5.3.1　工作原理

　　研究表明，有机物分子中 π→π* 和 n→π* 跃迁所需要的辐射能量大多处于波长 200~300 nm 的区域，通过对 200~300 nm 范围内吸收光谱进行分析，可实现光谱法 COD$_{Mn}$ 检测。物质对光的吸收遵循朗伯比尔定律［式（5-7）］，若溶液中同时存在两种或者多种互不影响的吸光物质时，总的吸光度是各个物质的吸光度之和，即吸光度具有加和性，如式（5-8）所示。吸光度的加和性使得混合物的吸光度测量成为可能。

$$A = \lg\left(\frac{I}{I_0}\right) = -\lg T = kcL \tag{5-7}$$

式中，I、I_0 分别为透射光和入射光强度；T 为透过率；k 为吸光系数；c 为吸光物质的浓度（mg/L）；L 为光程（cm）。

$$A = \lg \frac{I_0}{I_n} = A_1 + A_2 + \cdots + A_n \tag{5-8}$$

式中，A 为总的吸光度（无单位）；A_n 为各物质的吸光度。

中华人民共和国环境保护行业标准《紫外（UV）吸收水质自动在线监测仪技术要求》（HJ/T 191—2005）中指出，当水质监测中光吸收系数与化学需氧量或高锰酸盐指数具有相关性时，可将 UV 仪的光吸收系数折算成化学需氧量或高锰酸盐指数。因此，通过实验确定水体中有机物吸光度与相应的 COD_{Mn} 的相关性，然后将检测得到的 UV 仪的光吸收系数换算成相应的 COD_{Mn}，即可实现 COD_{Mn} 的分析与测定。

5.3.2 污染物光谱特征研究

研究有机物（溶解有机物、苯系物）、硝酸盐氮、色度等光谱发现，不同物质的光谱吸收既有叠加区也有各自的特征区。分别对其光谱进行研究，对其特征区和叠加区进行分拆和补偿，可以实现不同参数的同时检测。

不同的有机物具有不同的生色团，如 C ══ C、C ══ O、—N ══ N— 等含有不饱和键基团，有机分子中的 n 电子或 π 电子在吸收能量后发生 n →π* 或 π →π* 的跃迁，跃迁所需要的辐射能量大多在 200 ~ 300 nm 范围内；长期存在于水体中的芳香族化合物吸收峰在 250 ~ 280 nm 范围内（表 5-14），通过分析水体中此波段范围内的吸收光谱，找出吸光度与 COD_{Mn} 的相关性，实现水体中 COD_{Mn} 的测定。

表 5-14 苯系物最大吸收波长

化合物	λ_{max}/nm	E_{max}/(mol·cm)
苯	254	200
甲苯	261	300
间二甲苯	263	300
1,3,5-三甲苯	266	305
六甲苯	272	300

5.3.3 仪器组成及关键部位的设计

本研究设计并制造了水下扫描式紫外吸收光谱分析模块，光谱扫描范围为 200 ~ 650 nm，可以任意设定扫描波长，COD_{Mn} 原位监测仪器分为浸入式和插入式两种安装方式，可实现水体中 COD_{Mn} 的原位监测，并形成了系列化产品，如图 5-17 所示。研制的 COD_{Mn} 原位测量传感器主要由光源模块、光源光路模块、检测模块、检测光路模块、清洗模块、供电控制及信号处理模块 7 部分组成，如图 5-18 所示。

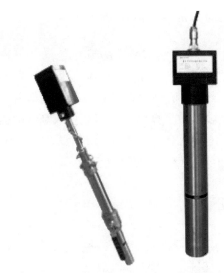

图 5-17　COD_{Mn}原位测量传感器

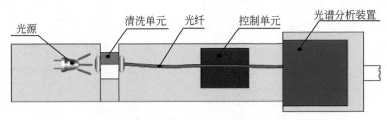

图 5-18　COD_{Mn}原位测量传感器结构组成示意图

在仪器研发过程中，对光源、检测器、光路等进行微型化设计，采用微型小功率紫外光源脉冲调制技术，进行脉冲式测量，延长了光源的使用寿命。微型小功率紫外光源脉冲调制技术的核心部件是脉冲高压氙灯及驱动氙灯工作的高压电源，高压电源可产生 1000 V 的高压，能够输出频率为 100 Hz 的高压方波（图 5-19），稳定性好，可满足高压氙灯的工作需要。

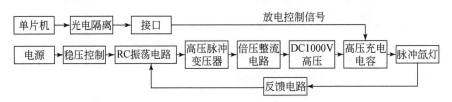

图 5-19　高压脉冲电路原理

为防止饮用水水源地水中藻类、微生物、硬度等 COD_{Mn}测试造成的干扰，本研究研制了气泡清洗与机械刷清洗相结合的光学视窗自动清洗方式，能够去除检测窗表面的污垢和气泡，避免了气泡对监测结果带来的影响，保证了设备的长期稳定运行（图 5-20 和图 5-21）。

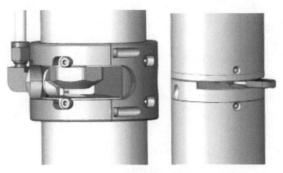

图 5-20 气泡清洗示意图   图 5-21 机械刷清洗示意图

为避免环境温度变化对 COD_{Mn} 测试产生影响,本研究采用温度补偿技术进行校正。在 $5 \sim 35℃$ 范围内,以 $5℃$ 为间隔进行温度补偿校正试验,得出其温度校正系数,并对仪器进行校正。校正试验结果见表 5-15。仪器经过温度补偿后,测量数据的相对误差减小至 $-1.28\% \sim 0.92\%$。本研究研发的 COD_{Mn} 原位测量传感器主要用于河流、湖泊等地表水及水厂和地下水的检测,由于环境温度一般为 $0 \sim 30℃$,通过温度补偿校正后,仪器能够满足上述环境的使用需要。

表 5-15 温度补偿试验数据

温度/℃	标准值/m⁻¹	校正前/m⁻¹	校正后/m⁻¹	校正后相对误差/%
5	200	182.31	198.91	-0.54
10	200	190.53	201.32	0.66
15	200	196.57	201.21	0.61
20	200	202.88	201.13	0.56
25	200	209.75	201.83	0.92
30	200	214.37	200.27	0.13
35	200	219.23	197.44	-1.28

5.3.4 自测试情况

为检验 COD_{Mn} 原位测量传感器的稳定性,研究人员观察了光程、pH、Cl^-、浊度、气泡、阳光等因素对仪器测定造成的影响,并将该仪器用于实际水样的比对分析。

GB/T 11892-1989 和 HJ/T 100—2003 方法中使用的 COD_{Mn} 测定标准溶液为葡萄糖溶液,但对葡萄糖溶液进行光谱研究发现,其紫外光区吸光度很低,10 mg/L 的溶液在 220 nm 以后几乎没有吸收。虽然 COD 或总有机碳(TOC)测定的标准溶液邻苯二甲酸氢钾在紫外区有很强的吸收,但由于采用国标法测定 COD_{Mn} 对邻苯二甲酸氢钾的氧化能力很低,不能满足试验要求。通过对柠檬酸、酒石酸、苹果酸、山梨酸钾、草酸钠等物质的研究发现,山梨酸钾在紫外区有强吸收，并且能够被高锰酸钾氧化，其浓度与 COD_{Mn} 呈良好的线性关系（图 5-22）。因此，选择山梨酸钾作为标准溶液进行研究。

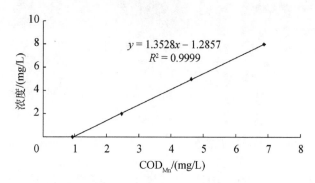

图 5-22 山梨酸钾与 COD_{Mn} 线性关系

（1）测量光程的选择

试验以山梨酸钾为标准溶液，分别采用 2 mm、5 mm、40 mm 三种光程进行试验，检测不同光程对山梨酸钾浓度测定的影响，分析 COD_{Mn} 与吸光度的相关关系，绘制不同光程条件下 COD_{Mn} 的变化与吸光度的关系图（图 5-23）。

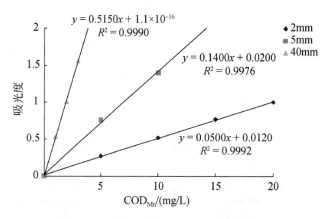

图 5-23 不同光程下 COD_{Mn} 与吸光度关系

以吸光度变化 0.01 为仪器检测的确信响应信号。当仪器光程为 5 mm，COD_{Mn} 变化 0.1 mg/L 时，吸光度变化 0.0134，适合于地表水在线监测。当仪器光程为 40 mm，COD_{Mn} 变化 0.01 mg/L 时，吸光度变化 0.0100，适合于污染物浓度及波动都很小的饮用水分析。

（2）pH 的影响

配制 COD_{Mn} 为 10.0 mg/L，pH 范围在 2.0～10.0 的标准溶液，考察 pH 对 COD_{Mn} 测定的影响（图 5-24）。试验表明，溶液 pH 在 4.0～9.0 范围内，COD_{Mn} 测量误差满足要求。《生活饮用水卫生标准》（GB 5749—2006）规定饮用水 pH 范围为 6.5～8.5，此范围内的 pH 变化不影响仪器测量。

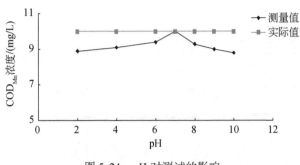

图 5-24　pH 对测试的影响

（3）Cl⁻的影响

配制 COD_{Mn} 为 10.0 mg/L 的标准溶液，选择 Cl⁻浓度为 0～1000 mg/L 的溶液进行干扰试验，试验表明（表 5-16），Cl⁻浓度在 100～1000 mg/L 范围内对 COD_{Mn} 吸光度测量的影响小于 1.0%（200 nm 处），因此当 Cl⁻浓度小于 1000 mg/L 时，测量误差可满足实验要求。

表 5-16　Cl⁻对测试的影响　　　　　　　　　　　　　（单位：mg/L）

Cl⁻浓度	COD_{Mn}测量浓度	COD_{Mn}实际浓度
0	10.0	10.0
100	10.2	10.0
200	10.5	10.0
500	10.1	10.0
1000	10.9	10.0

（4）浊度干扰试验

水体浊度较大会对紫外区段的吸光度产生影响，干扰 COD_{Mn} 的测量。通过测量 254 nm 和 546 nm 两个波长处的浊度和吸光度值，发现浊度在 254 nm 和 546 nm 处的吸光度呈现良好的线性相关性，而 COD_{Mn} 在 546 nm 处基本没有吸收。根据吸光度的加和性，水样在 254 nm 的总吸光度减去浊度吸光度就可以得到 COD_{Mn} 的真实吸光度，从而消除了浊度对 COD_{Mn} 测定的影响。

（5）气泡及阳光干扰试验

试验表明，气泡对 COD_{Mn} 原位测量传感器的测量结果影响较大，通过设计清洗刷定时清洗检测窗表面，去除上面的污垢和气泡，避免了气泡带来的影响。阳光直射对 COD_{Mn} 原位测量传感器的测量影响也较大，将仪器置于水下 0.5～1.0 m 测量，可有效避免阳光直射，保证数据的准确度。

（6）稳定性

采用山梨酸钾标准溶液对不同光程的 COD_{Mn} 原位测量传感器进行稳定性测试，测试时间为 1 周，测量周期为 1h。试验表明，COD_{Mn} 原位测量传感器运行稳定，数据准确性好，相关测试结果如图 5-25 所示。

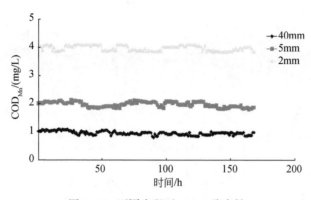

图 5-25 不同光程下 COD_{Mn} 稳定性

(7) 实际水样比对测试

采集济南、合肥（肥东）、石家庄水源地和水厂水样，使用扫描式多参数在线分析仪分析其 COD_{Mn} 含量，并与实验室国标法的分析结果进行对比（图 5-26）。可以看出，两种方法所得结果吻合较好，无显著性差异。

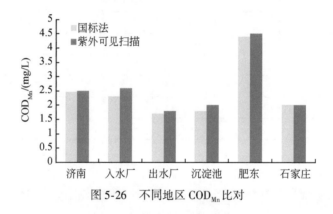

图 5-26 不同地区 COD_{Mn} 比对

对所研制的 COD_{Mn} 原位测量仪进行技术指标检定，结果见表 5-17。

表 5-17　COD_{Mn} 测试项目达到的技术指标

项目	2 mm	5 mm
测量范围/（mg/L）	20	10
示值误差/（mg/L）	±3% ±0.5	±3% ±0.5
重复性/%	2	2
检出限/（mg/L）	0.2	0.1

5.4　浮标式水质自动监测系统

以浮标为载体，集成所需的水质监测传感器，利用现代无线通信技术将监测结果传输到后方监控平台，研制完成适用于湖泊、水库、河流等水体的浮标式自动监测系统，实现水体水质的在线监测预警。

浮标式水质自动监测系统组成如图 5-27 所示，系统主要由条件保证单元（浮标浮体、锚泊系统、太阳能供电系统）、防护单元、远程数据采集及传输单元、水质监测传感器和中心监控平台等部分组成。

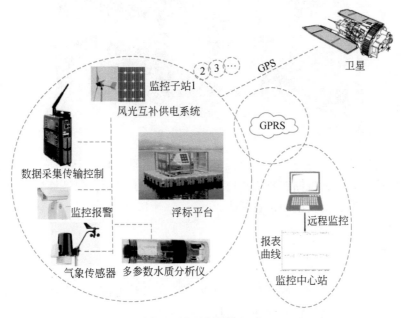

图 5-27　浮标系统组成

5.4.1　条件保证单元

条件保证单元由浮标平台及浮体、太阳能供电系统和锚泊系统组成，为监测仪器提供安装载体、电源及运行平台。

浮标平台及浮体是安装载体，可采用塑料浮筒搭建，平台大小可扩展。浮标浮体采用聚乙烯或钢质外壳，具有抗腐蚀、抗生物黏附及良好的防撞击性，能够耐受恶劣气候环境。浮体外侧采用侧开口式结构，方便对腔内部件进行维护。浮体内侧采用全密封设计，防护等级达 IP68。浮体内腔中心装有蓄电池及数据采集系统。浮标平台上设有仪器安装孔，传感器通过仪器安装孔悬挂于水中（图 5-28）。

太阳能供电系统包括太阳能电池板、铅蓄电池组及太阳能控制器。太阳能电池板安装于浮体外侧，共有 4 块，分别位于 4 个方向上，每块功率 20W，能适应严酷的野外环境，全方位吸收太阳能；电池板将太阳能转换为电能，送往铅蓄电池中存储起来，铅蓄电池采用全封闭设计，免维护，无充电的状态下能够维持仪器正常运行 14 天；太阳能控制器采用坚固耐用的 MOS 管，用来控制供电系统的工作，对蓄电池起到过充电及过放电保护作用，可有效延长蓄电池的使用寿命。

图 5-28　浮标平台实景

锚泊系统由浮子、水平缆绳、垂直锚链和锚组成。浮体漂浮于水面上，浮子通过水平缆绳与浮体连接，通过垂直锚链与锚相连，将浮标固定于水面，保证浮标在风浪下的正常姿态，浮子还可作为多次投放的位置标志。

5.4.2　防护单元

防护单元内置 GPS 卫星定位系统，维护方便，定位精度高，设备投资少，可实现浮标的定位管理，能提供监测位置的地理、海拔信息。

浮标浮体顶部设有警示灯，可自由设置闪烁周期，能见度为 5km。

5.4.3　远程数据采集及传输单元

数据采集模块采用 MODBUS 协议与水质监测传感器及 GPS 接收模块进行通信，按照协议读取水质参数数据和浮标定位信息，把数据按应用层协议打包，通过串口传给远程传输模块。控制器支持 RS232、RS485、GPRS/GSM、Ethernet、DI、DO、AI 等多种通信接口，兼容性高，支持扩展测量参数。数据采集模块具有大容量快闪数据存储单元，且存储容量可扩展。例如，数据传输过程中出错，可重新读取采集仪中的数据，确保数据不丢失。

GPRS 通信技术具有网络覆盖面广、实时性高、传输数据量大、运行费用低、安全可靠等优点，用户可随意分布和移动网点，不受地理环境、气候等因素限制，非常适合复杂水域水质信息的采集。本系统采用 GPRS 无线通信方式，远程传输模块按照协议将实时监测数据和浮标定位信息发送到中心站，中心站通过 GPRS 向浮标监测系统发送命令，实现对系统的控制。GPRS 还可采用间隙收发、永久在线的工作方式，根据数据传输量进行计费（图 5-29）。

图 5-29　GPS 定位示意图

5.4.4　水质监测传感器

水质监测传感器是浮标监测系统的核心，本系统采用适合于长期运行的投入式、免试剂传感器。传感器采用防水设计，并配置自动清洗单元定期清洗传感器表面，运行周期长，维护量小，不消耗任何化学试剂，无二次污染，可以直接投入水体中实施原位测量。浮标系统可根据需要安装相应的监测传感器，如营养盐原位分析仪、COD_{Mn}原位测量传感器、水质五参数原位测定仪、叶绿素 a 原位测定仪、硝酸盐氮原位测定仪等，能够自动连续监测总磷、总氮、COD_{Mn}、水温、溶解氧、电导率、pH、浊度、叶绿素 a、硝酸盐氮等参数。同时，还可以选测风速、风向、气压、气温、湿度等气相参数，以及流速、流向等水文动力学参数。所有传感器均采用模块化设计，可根据监测需求灵活搭载相应的监测传感器。

5.4.5　中心监控平台

中心监控平台集监控、预警于一体，具有远程控制、数据采集、数据分析、数据管理、水质预警等功能。通过监控平台可对多个浮标系统进行控制，设置浮标系统运行模式和监控参数，并监控浮标系统运行情况。监控平台自动采集监测数据，记录采集日志，对采集的原始数据进行统计分析，将数据按日、周、月、季、年等进行整理，还能获得同一时间段不同监测点的数据、同一监测点不同时间段的数据对比表格和曲线。此外，中心监控平台还可根据需要进行不同方式的数据查询和打印。

监控平台接受水质数据并进行综合分析，并与设定的水质标准进行对比判断。当监测参数在正常范围内变化时，系统软件实时记录并保存数据；当某一参数测定值超过正常范围时，监控平台及时做出判断，并发出水质污染报警，提供声音、警灯、手机短信等报警模式，给出超标数值、时间、位置等详细超标事件信息。监控平台还具有先进的地理信息管理和视频监控功能，采用 GIS 技术，将接收的浮标系统地理信息及视频显示在中心站平台软件上，实时监控浮标经度、纬度，并与设定的浮标测试区域比较，一旦浮标超出预定的区域范围，平台自动发出报警，以便及时采取措施，确保浮标系统的安全。

5.5　安装与运行结果

将研发的营养盐原位分析仪、COD_{Mn} 原位测量传感器等集成到浮标自动监测系统，并在丹江口水源区进行安装和示范运行。监测点位考虑选在水体分布均匀、流速稳定、上下游 1km 无排污口，能避开死水区及回流区处；同时，还应考虑监测点位附近是否有可用的资源、洁净的水源及良好的数据通信，是否便于系统建设期材料运输；后期的运行安全和设备安全能否得到保障；系统采样的方便和采样设备的安全；此外，应参考当地整体水系监测的建设规划，合理布设，以免造成资源浪费。综合以上要求，我们在丹江口水源区选择 4 个点位进行工程示范，分别是丹江口大坝示范点、老灌河示范点、丹江史家湾示范点和神定河示范点。

下面以丹江口大坝示范点为例，介绍安装及运行情况。丹江口大坝位于湖北省丹江口市城郊，在汉江与丹江汇合口下游 800 m 处。浮标安装于丹江口大坝前 100 m 处，此处水面相对平静、流速稳定，能够代表丹江口水库的水质状况（图 5-30 和图 5-31）。

图 5-30　丹江口大坝上浮标站　　　　　　　　图 5-31　GPS 定位

丹江口大坝原位监测示范点采用直径为 3 m 的圆形聚脲脂专用浮标，搭载设备有水质多参数原位分析仪、硝酸盐氮原位分析仪、COD_{Mn} 原位测量传感器、总磷、总氮原位分析仪、叶绿素 a 原位分析仪、数采仪等，实现了对水体 pH、溶解氧、电导率、浊度、水温、蓝绿藻、硝酸盐氮、COD_{Mn}、总磷、总氮等参数的实时监测。各监测参数的运行数据如图 5-32 ~ 图 5-39 所示。

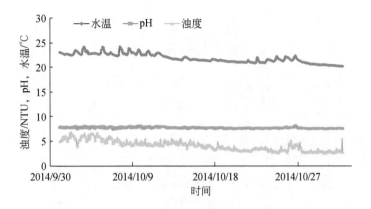

图 5-32　坝上水温、pH、浊度运行数据

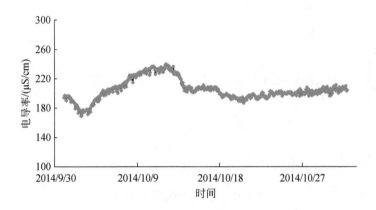

图 5-33　坝上电导率运行数据

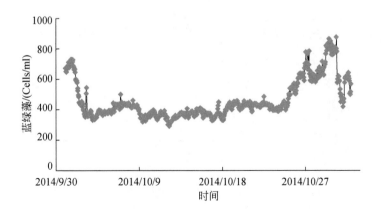

图 5-34　坝上蓝绿藻运行数据

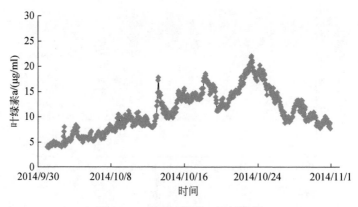

图 5-35 坝上叶绿素 a 运行数据

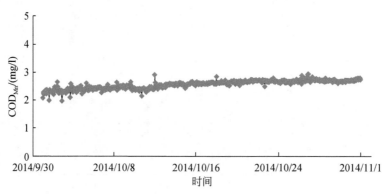

图 5-36 坝上 COD_{Mn} 运行数据

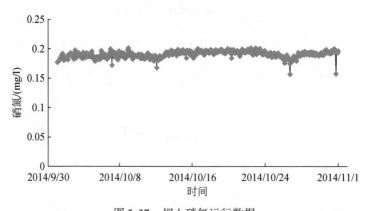

图 5-37 坝上硝氮运行数据

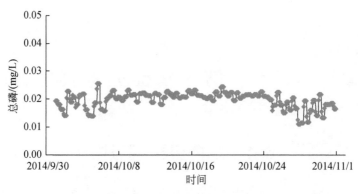

图 5-38　坝上总磷运行数据

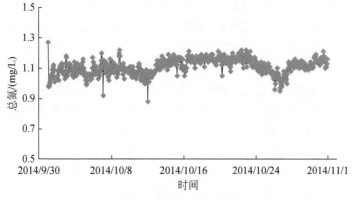

图 5-39　坝上总氮运行数据

　　长期的运行结果表明,浮标监测系统不会对现场水质产生二次污染;1 个月只需要维护 1 次,显著降低了运行维护人员的工作量,提升了工作效率。与固定式水质监测站相比,浮标系统还具有如下优点:①建站简单,不涉及征地、建房等工作;②安装简便,1 周即完成了系统的安装和调试工作;③浮标系统布点更为灵活,能够满足丹江口水库复杂环境下的水质自动监测需求;④系统采用太阳能供电方式和蓄电池相结合的供电方式,在连续两周阴天的情况下,能保证系统的正常工作。

　　试运行期间浮标式监测系统运行平稳,测试结果与国标法及固定式水质监测站测试结果一致性较好。

第6章 水下仿生机器人监测技术研究

6.1 国内外研究进展

水下机器人是一类重要的海洋监测、探测和操作平台，能在水下自由移动，携带感知、信息处理及通信系统，以远程遥控、自主或半自主操作方式操作机械手或其他工具，来进行特殊水下作业或信息收集的专用装置（蒋新松等，2000）。滑翔类水下仿生机器人是21世纪初在美国、英国等海洋强国逐渐发展和应用起来的一种新型海洋监测装备，其通过浮力变化驱动系统升沉运动，通过改变机器人内部重心分布调整姿态，并借助固定的水平机翼产生水动力，实现锯齿状的滑翔运动。滑翔类水下仿生机器人在运动过程中携带任务观测传感器收集海洋情报信息，并通过卫星将数据发回岸基的控制中心，具有续航时间长、体积小、质量轻、易操作、高自治性和隐蔽性的特点，能够高效完成多项海洋环境监测和信息收集任务。1989年，美国海洋学家 Henry Stommel 提出了滑翔类水下仿生机器人原创性概念，并由美国 WHOI 工程师 Douglas C. Webb 等在美国海军研究办公室（Office of Naval Technology，ONR）的支持下研制出样机，命名为 SLOCUM（Henry，1989；Simonetti，1998）。1991年1月和11月，首台滑翔类水下仿生机器人分别在佛罗里达州的 Wakulla Springs 和纽约州的 Seneac Lake 进行了功能验证试验（Eriksen et al.，2001）。试验结果证明了原理的可行性。目前，市场上成熟的滑翔类水下仿生机器人产品主要有：美国 Teledyne Webb 公司的电能 SLOCUM Glider、美国 Bluefin Robotics 公司的 Seaglider、美国 iRobot 公司的 Spray Glider 及法国 ACSA 公司的 SeaExplorer Glider（Webb et al.，2001；Eriksen et al.，2001；Sherman et al.，2001；Herve et al.，2014）。

国内对滑翔类水下仿生机器人的相关理论研究和技术研发起步于21世纪初期，经过十余年的理论突破和技术攻关，目前我国滑翔类水下仿生机器人的技术水平已经进入工程样机应用示范与产品定型阶段，并且研制出多款可实用化的滑翔类水下仿生机器人工程样机。其中，天津大学、中国科学院沈阳自动化研究所等单位都研制出了各具特色的滑翔类水下仿生机器人工程样机，并且进行了相关水域试验（武建国，2010；Yu et al.，2011）。

滑翔类水下仿生机器人应用领域主要集中在科学研究和军事两大方面。在科学研究方面，滑翔类水下仿生机器人可携带传感器获取水温、营养盐、溶解氧和叶绿素等常规水质参数，可辅助科学家进行生物学与生态研究，还可收集水下生物、火山、地震及海啸等声音信息，也可为气候与气象分析预报提供数据支撑。在军事方面，滑翔类水下仿生机器人可参与到水下环境情报收集、水下侦听、反潜等任务中。鉴于其运动特点及人类海洋活动的不断深入，滑翔类水下仿生机器人必将受到科学家和工程人员的关注和青睐，应用领域也将不断扩展。

6.2 水下仿生机器人总体设计和分单元设计

本节阐述水下仿生机器人的总体设计与分单元设计方案。

6.2.1 水下仿生机器人总体设计

6.2.1.1 水下仿生机器人工作方式

天津大学研究的水下仿生机器人主要有两种工作方式：锯齿形滑翔工作方式和定深、定高跑航工作方式。

（1）锯齿形滑翔工作方式

水下仿生机器人开始航行时，在预设程序控制下，通过浮力驱动单元，使水下仿生机器人的浮力小于重力而开始下沉；同时通过调整重心位置，使其头部向下倾斜。借助水在水平翼和垂直尾翼产生的作用力，实现向前下滑翔运动。到达预定深度后，通过浮力驱动单元，使系统所受浮力大于重力，实现系统运动由下降到上升的转变；同时改变滑翔姿态，使其头部向上倾斜，实现向前上滑翔运动。其工作剖面为锯齿形。水下仿生机器人在滑翔过程中，利用重心位置调整，改变仰俯角和滚转角，使滑翔测量系统按照预定滑翔角和航向，保持稳定滑翔运动，并测量水域环境参数。水下仿生机器人位于水面时，通过GPS定位系统确定自身位置，并通过卫星通信发送数据和接受指令。水下仿生机器人的观测作业过程如图6-1所示。

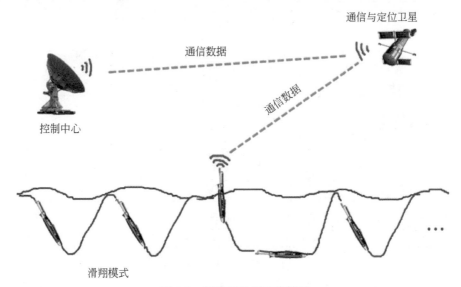

图6-1　锯齿形滑翔工作剖面

（2）定深、定高跑航工作方式

定深跑航时，水下仿生机器人的压力传感器将当前的深度值反馈给主控计算机，主控计算机通过相应的算法得到机器人俯仰姿态角的补偿值，并输出给俯仰机构，同时俯仰机构上的位移传感器，以及机器人内的电子罗盘不断将当前俯仰舵量和俯仰姿态角反馈给主控计算机，控制俯仰机构准确达到预定值，形成深度反馈嵌套姿态反馈的双层闭环控制系统，从而精确控制跑航深度。定高跑航模式与定深跑航模式类似，只是将高度计测量到的机器人距离环境底面的高度反馈给主控计算机，形成高度反馈嵌套姿态反馈的双层闭环控制系统，从而精确控制跑航高度。前者是控制仿生机器人相对水面的距离，后者是控制机器人相对环境底面的距离。

6.2.1.2　水下仿生测量系统组成部分

水下仿生测量系统主要由以下单元组成：载体结构（耐压壳体、水平机翼、垂直尾翼、整流罩）、浮力驱动单元、滑翔运动与姿态控制单元、导航定位与卫星通信单元、环境参数测量单元、辅助推进单元、电源模块与辅助单元等。图6-2为系统构成示意图。

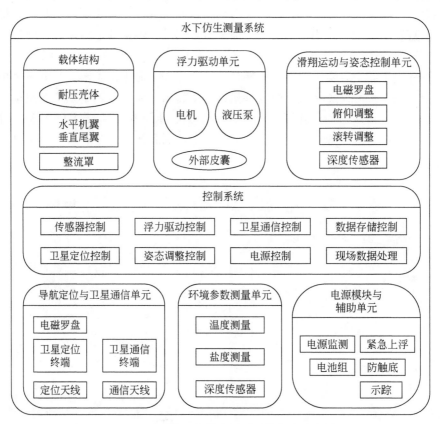

图6-2　水下仿生机器人测量系统构成示意图

水下仿生机器人总体布局采用分段模块化设计。其中，耐压壳体分为四段。首段主要用于安装浮力驱动单元，中前段安装俯仰调节机构和配重电池组，中段和中后段主要安装滚转调节机构、控制电路及测量传感器，末段安装尾部推进单元。耐压壳体四段间采用中心拉杆贯穿拉紧。尾部为浸水舱段安装深度传感器、卫星定位、通信天线和应急处理模块。总体布局如图 6-3 所示。

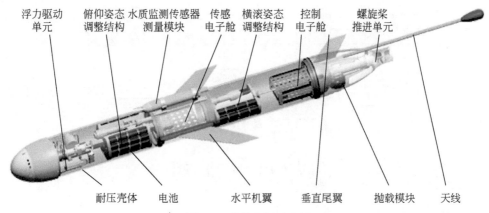

图 6-3　总体布局示意图

水下仿生机器人载体结构：主要包括耐压壳体、滑翔翼（固定水平翼）、尾翼和内部支撑结构等，水下仿生机器人外形应符合低水阻等水动力学特性要求。

浮力驱动单元：主要包括液压泵、伺服电机、减速器、皮囊等。改变系统浮力时，电机通过减速器驱动液压泵工作，调节皮囊内的工作液体积，实现浮力调节。

滑翔运动与姿态控制单元：以微处理器为控制核心，配合姿态监测传感器，利用电机驱动滚珠机构，轴向移动电池组位置改变系统重心，实现俯仰姿态或滚转姿态控制；利用电机驱动齿轮组，轴向移动电池组位置，实现滚转姿态控制。

导航定位与通信单元：包括天线、卫星终端和以微处理器为核心的数据传输处理模块等。当航行器浮于水面时，利用 GPS 进行水面定位，由通信卫星实现数据传输、指令接收等功能。通过软件算法实现水下仿生测量系统的航迹规划和自主导航。

环境参数测量单元：主要由温盐深测量传感器、数据采集处理器和大容量数据存储单元等构成，用以测量和存储环境参数。

电源单元：由锂电池组与电源管理和工作状态监测模块构成。

辅助单元：主要包括防触底模块、紧急上浮控制与实现模块、回收示踪模块与回收机械结构组件等。

尾部推进单元：主要包括外罩、螺旋桨、潜油电机、压力补偿模块、传动轴系等。

6.2.2　水下仿生机器人分单元设计

6.2.2.1　水下仿生机器人水动力学特性研究与外形优化

水下仿生机器人的外形直接影响系统航行水阻特性。以最小水阻和最大升阻比为优化目标，以环境与测量要求为约束条件，以系统水动力学模型为基础，利用水下航行器优化设计经验，完成水下仿生机器人的外形优化。其设计基本流程和外形优化设计流程分别如图 6-4 和图 6-5 所示。

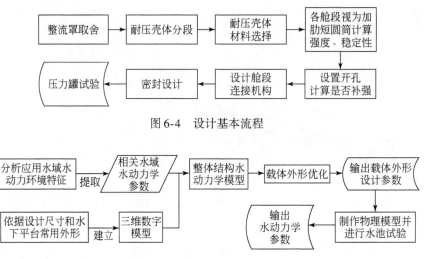

图 6-4　设计基本流程

图 6-5　外形优化设计流程

6.2.2.2　高效浮力驱动单元

高效浮力驱动技术研究与设计的基本思路是：建立浮力驱动单元模型，进行相关分析，依据相关分析结果，以液压泵为重点设计浮力驱动单元，具体设计流程如图 6-6 所示。

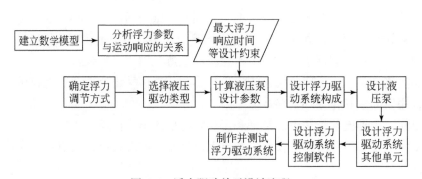

图 6-6　浮力驱动单元设计流程

（1）浮力驱动单元模型

首先，在水下仿生测量系统外形设计和结构设计的基础上，依据水下仿生机器人的运动方式和设计指标，应用水动力学分析，建立包含系统运动参数的浮力驱动单元数学模型。然后，给定不同浮力参数（包括净浮力大小、浮力变化速度等），依据该模型分析水下仿生测量系统的相应运动参数，研究在不同水域环境下，浮力参数变化与水下仿生测量系统的运动性能之间的关系。最后，根据以上关系，结合设计指标，对浮力驱动模块的最大浮力、浮力调节响应时间等设计参数进行优化。

（2）浮力驱动单元

1）浮力调节方式。参考浮力驱动单元数学模型分析结果，对常用浮力调节方式进行比较，包括耐蚀性、可行性、机构可靠性等，选择浮力调节方式。

现有水下仿生机器人采用的浮力调节方式主要有三种：第一种是将液压油吸入/排出外部皮囊；第二种是将水吸入/排出舱室；第三种是将固体机构（如杆）移入/移出舱室。其中，第二种方式需要考虑水的腐蚀影响，第三种方式已被证明其可靠性差。同时，考虑现有的工作基础，本方案选用第一种方式。

2）液压驱动单元。确定浮力调节方式后，根据浮力驱动模块的最大浮力、浮力调节响应时间等设计参数，考虑单元稳定性、鲁棒性、技术成熟度等，比较常用的是液压泵。

现有自持式剖面循环漂流浮标和水下仿生机器人通常采用两种液压泵：循环泵（又名斜盘式轴向柱塞泵）和单冲程柱塞泵。前者体积和质量都更小，可靠性高，能够提供很高的出口压力，但目前只能进口，在使用时需采取措施防止气穴；后者结构简单，质量和体积都很大。结合现有工作基础，本方案选择使用循环泵。

3）浮力驱动单元的设计参数。根据浮力驱动单元的最大浮力、浮力响应时间，结合水下仿生测量系统的工作深度、尺寸、质量、内部空间布置等，确定循环泵整体尺寸、质量、输出压强等设计约束。

4）浮力驱动单元整体布局。浮力驱动单元包括循环泵、驱动电机、外部皮囊、电磁阀、单向阀、过滤器和油管接头等。设定通过控制驱动电机启停来实现对浮力驱动单元的控制。

6.2.2.3 控制单元总体方案

水下仿生测量系统的控制方案设计包含滑翔运动与姿态控制、导航、通信与数据存储等模块的硬件与软件总体设计。控制单元的方案设计采用如下技术路线。

（1）选择控制单元硬件结构和相应的网络拓扑结构

因为水下仿生测量系统在功能上需要具有较强的扩展性，同时应该具有可维护性及较快的控制速度，因此本研究选择分布式控制单元结构、总线型拓扑结构以满足设计要求。

（2）确定控制单元硬件具体结构

结合分布式控制单元结构，将控制单元自上而下分为3层。

组织层，用于接收指令，传输传感器数据，实现控制中心与水下仿生测量系统的接口功能；协调层，确保组织层给出的目标能够实现，同时产生能为下一级接受的指令；执行层，用来直接控制底层的姿态调节和传感器等执行机构。系统控制体系结构示意图如图6-7所示，主要由主控制节点、传感器节点、航行传感器节点、姿态控制节点和通信及意外保护节点等构成。在具体实施过程中，主控制节点、姿态控制节点和航行传感器节点将使用同一微处理器处理，其余节点分配给另外的一块处理器处理。

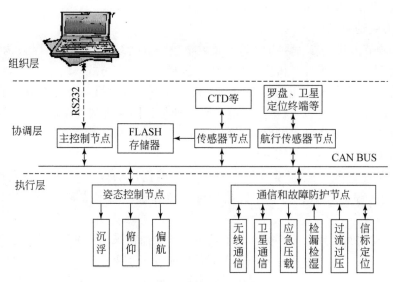

图 6-7　控制单元结构示意图

（3）设计软件体系结构

根据选定的控制单元结构，采用模块化的程序设计理念进行软件体系结构设计，拟采用的设计方案如图 6-8 所示。

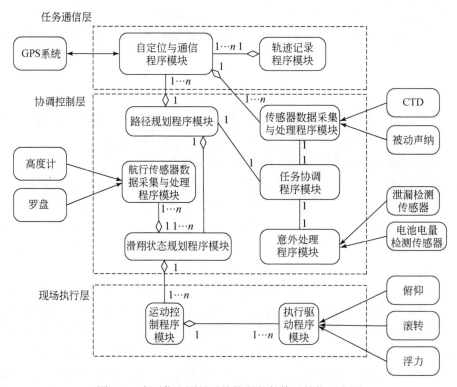

图 6-8　水下仿生测量系统控制软件体系结构示意图

软件单元包括任务通信层、协调控制层和现场执行层。

任务通信层的软件功能模块包括：自定位与通信程序模块，用于接收指令，获得自身位置数据，传输相关数据；轨迹记录程序模块，用于记录水下仿生机器人的历史轨迹。

协调控制层的软件功能模块包括：任务协调程序模块，完成预编程任务的载入、监测及管理协调；路径规划程序模块，用于进行水下仿生机器人的导航控制；传感器数据采集与处理程序模块，完成携带功能传感器的数据采集、预处理、存储等；航行传感器数据采集与处理程序模块，用于水下仿生机器人罗盘、高度计及深度计的数据采集和处理；滑翔状态规划程序模块，用于水下仿生机器人的运动状态规划和监测；意外处理程序模块，负责故障的监测和处理。

现场执行层的软件功能模块包括：运动控制程序模块，用于运行相应的控制算法，对执行机构下达控制命令，实现水下仿生机器人的滑翔控制；执行驱动程序模块，驱动各执行电机，实现控制部分的运动。在以上系统结构中，CAN 通信程序模块没有标出，但在每个节点都将使用通信模块完成接口功能。

6.2.2.4　滑翔运动与姿态控制单元

滑翔运动与姿态控制单元是水下仿生机器人的重要组成部分，其设计的优劣直接影响水下仿生测量系统的性能。具体技术方案和设计流程如图 6-9 所示。

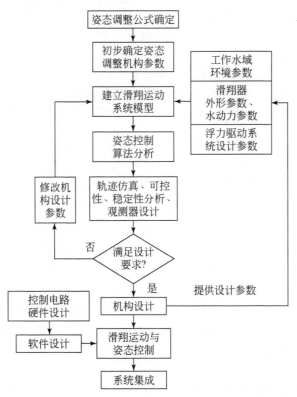

图 6-9　滑翔运动与姿态控制单元工作流程

（1）滑翔运动模型与姿态控制策略

在滑翔运动与姿态控制单元实体设计之前，首先需要对其设计参数进行评估，在动力学与控制仿真的基础上，研究仿生机器人整体系统的可控性与稳定性，并将满足要求的设计参数提供给水下仿生测量系统的外形设计和浮力驱动单元设计，以协助这两部分设计方案的确定。

1）姿态调整方案。姿态调整方法主要有：螺旋桨动力调整法、水动翼及舵调整法、重心调整法及它们的组合方式。而重心调整方式又可分为移动内部质量块、吸排水等。根据本研究工作深度 100m 的任务指标，水动翼等需要动密封的设计方案可靠性较差，而同时由于下沉与上浮的运动状态改变时间间隔较长，在航向改变时不需要频繁改变滚转角度，所以综合比较，选用平移和旋转质量块调整水下仿生测量系统的俯仰和滚转姿态，其姿态调整示意图如图 6-10 所示。

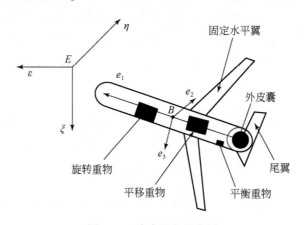

图 6-10　姿态调整示意图

E 为大地坐标系坐标原点，ε 为大地坐标系横坐标轴，η 为大地坐标系纵坐标轴，ξ 为大地坐标系竖坐标轴，B 为机器人浮心，e_1 为随体坐标系横坐标轴，e_2 为随体坐标系竖坐标轴，e_3 为随体坐标系纵坐标轴

2）滑翔运动模型。确定姿态调整方案后，初步选择机构的设计参数，并考虑水下仿生机器人外形设计参数、水动力参数、浮力驱动单元设计参数及工作水域环境参数等，采用多体系统动力学与 CFD 融合模式，建立系统动力学模型。

3）姿态控制算法。由于水下仿生测量系统工作在复杂的水域环境中，其控制算法要求对参数变化和干扰等因素具有较高的鲁棒性，同时为了便于整机系统的水域调试，要求其待定参数应简单明确。根据以上要求，选定以水下无人潜器较常使用的 PID 控制器为主，结合死区控制（dead band）和饱和控制（saturation），对水下仿生机器人的航向和俯仰姿态进行控制。

4）仿真与性能分析。把水下仿生测量系统的动力学模型与设计的控制算法结合，进行整体的仿真研究和性能分析，并设计速度、攻角、偏航角等参数的观测器，为导航控制提供设计参数。根据仿真结果，分析能否达到运动精确性、灵活性与稳定性的要求，并修改设计参数，优化姿态调节参数。

（2）滑翔运动与姿态控制机构

平移调整机构采用滚珠丝杠传动机构，由直流电机驱动滚珠丝杠，通过直流电机尾部的绝对位置反馈系统调整质量块（电池组）的位置，以控制水下仿生机器人的俯仰姿态。旋转机构拟采用行星轮机构，由电机驱动小齿轮转动，在大齿轮上实现闭环的转动，以控制水下仿生机器人的滚转姿态。姿态调整机构设计示意图如图 6-11 所示。

图 6-11　姿态调整单元示意图

6.2.2.5　通信模块

通信模块的设计内容与工作流程如图 6-12 所示。

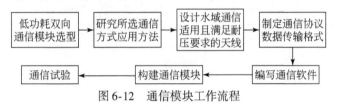

图 6-12　通信模块工作流程

如何把天线保持在水面上一定距离是通信问题面临的主要挑战。本方案中，当水下仿生机器人位于水面时，俯仰 90°以翘起水下仿生机器人尾部，从而使通信天线出水高度达到要求。

常用无线通信方式有以下 3 种：卫星通信、超高频（UHF）无线电通信和蜂窝网络。后两种通信方式作用距离短，故水下仿生机器人选择卫星通信方式。

卫星通信系统主要有以下几种：Argos、Inmarsat（原国际海事卫星，现称国际移动卫星）、Orbcomm（轨道通信卫星）、Iridium（铱星）、Globalstar（全球星）和北斗卫星等。其中，Seimac Smart Cat 为 Argos 卫星终端，TT3026 为 Inmarsat Mini C 终端。至于 Orbcomm，目前应用已非常少，而全球星则没有海上终端。由表 6-1 可知，Argos 卫星的延时过长，而 Inmarsat 终端功率太大，且传输速度低。因此本方案选择使用铱卫星终端，其传输速率在经过数据压缩后可提升至每秒 9600 位。

表 6-1　三种常用卫星终端比较

参数	Seimac Smart Cat	TT3026	Iridium 9601
长×宽×高	125mm×50mm×32mm	163mm（底直径）×146mm	106mm×56mm×13mm
质量/g	250	1100	117
传输速率/(位/s)	300～4800	600	2400～9600
数据延时	14～26h	—	少于 1min
功耗（发送/接收）/W	4/0.09	23/1.8	1.75（发送）

对于我国的北斗导航星系统，既有定位也有通信功能，但由于使用同步卫星，因此终端体积和质量都比较大，目前不适于水下仿生机器人使用。

此外，还将对铱星通信的应用进行研究。目前，铱卫星系统的使用方式有两种，如图6-13所示，两种方式的主要区别在于相应资费、系统成本、响应时间、是否依赖因特网等。考虑到作业灵活性，本研究选择b模式，但使用a模式，可以有效地削减通信成本。为满足通信终端要求及耐压、出水高度等要求，还需进一步改进设计通信天线。

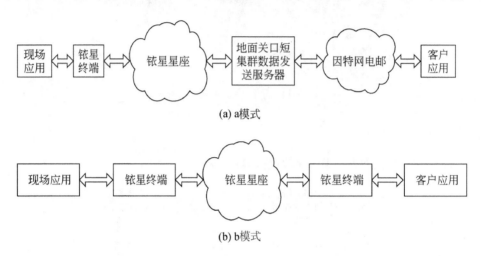

(a) a模式

(b) b模式

图6-13 铱星通信两种方式

本方案选用铱星SBD9523终端，制定通信协议和数据传输格式，编写通信软件，采用将欲发送数据包适当分割的方法，降低通信失败后重复发送的数据量。而后制作通信模块并进行相应测试，验证其功能性和稳定性。

6.2.2.6 紧急上浮模块

以固体压载为基础，设计紧急上浮模块的机械结构和硬件。在接收到控制软件发来的动作指令时，可弹出固体压载，增大系统浮力。

常用紧急上浮装置主要有电解丝装置和机械式抛弃装置两种。机械式抛弃装置的体积和质量更大，并且需用到专门的电机，因此本方案选择使用电解丝装置。电解丝装置借助水的导电性构成一个回路，可熔断电解丝。这一过程在水中约需时15min，根据估算，可满足需要。

6.2.2.7 避障模块

机器人避障主要是防触底，设计防触底模块软、硬件，以功耗、体积和质量为主要约束条件进行高度计选型。主控系统定期开启高度计进行高度检测，若发现机器人与环境底部距离小于设定值，主控系统启动爬升保护，使机器人上浮防止触底。本方案选用Tritech PA200-20高度计，如图6-14所示。其作用距离为1～100m，功耗、尺寸和质量等参数均可满足设计要求。

图 6-14　PA200-20 高度计示意图

6.2.3　水下仿生机器人零部件的选型、加工与装配

6.2.3.1　水下仿生机器人元器件及材料选型、采购和性能测试

根据水下仿生机器人总体设计方案和各分单元的设计方案，结合水下仿生机器人各功能单元的性能参数和技术要求，本研究完成了水下仿生机器人主要元器件和材料的选型、合同洽谈、采购和测试工作。本研究对外购的元器件和关键材料进行了标准规范的性能测试和可靠性试验，保证采购的元器件和材料满足使用要求。同时，根据水下仿生机器人的某些特殊技术需求，本研究对相应的外购元器件进行了技术改进，通过相应的性能验证试验，保证满足特殊技术需求。

6.2.3.2　水下仿生机器人零部件加工与装配

水下仿生机器人主要由耐压主体、浮力驱动单元、姿态调节单元、推进单元机翼及附件、能源单元、控制单元和传感测量单元等部分组成。水下仿生机器人在设计时采用了模块化设计，将各个功能模块作为独立的单元进行设计，且留有方便安装的接口。水下仿生机器人的部分单元如图 6-15 ～图 6-17 所示。

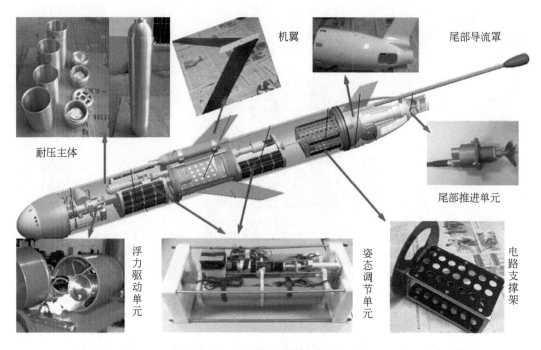

机翼

尾部导流罩

耐压主体

尾部推进单元

浮力驱动单元

姿态调节单元

电路支撑架

图 6-15　水下仿生机器人主要加工零部件

图 6-16　水下仿生机器人电气控制单元

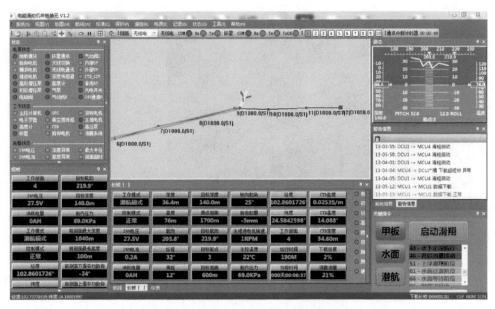

图 6-17　水下仿生机器人甲板操作界面

6.2.4　水下仿生机器人单元性能试验

　　根据水下仿生机器人各组成单元的技术性能要求，本研究中的水下仿生机器人针对各单元模块进行了性能试验，主要包括：耐压壳体水静压力测试、浮力驱动单元性能测试、姿态调节单元测试、通信模块测试、传感器性能测试、主控单元集成测试和甲板操作单元界面测试等。试验验证了各单元的性能指标，得到了一些关键控制参数和信息，为水下仿生机器人整机系统的集成打下了坚实的基础。单元性能测试图片如图 6-18 和图 6-19 所示。经过测试，水下仿生机器人大部分功能单元的性能满足要求，同时，对试验过程中出现的问题做了详细的记录，并分析相应的原因，提出改进方案。

图 6-18　水下仿生机器人浮力驱动单元测试

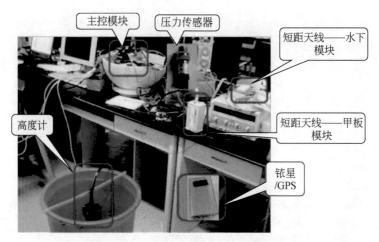

图 6-19　水下仿生机器人主控单元集成测试

所有单元试验均配有详细的试验方案和报告，试验过程都严格按照相关标准和试验报告执行。

6.2.5　水下仿生机器人总装及联调

在水下仿生机器人各功能模块单元试验完成后，本研究进行了整机集成。在前期设计时，每个模块之间都有简单可靠的连接机构，方便装配与拆卸。水下仿生机器人的装配将按照"先组件，再部件，后模块，成整机"的步骤进行，各分系统作为独立的模块进行组装，而后进行整机集成。在分系统集成时，按照事先编制好的装配顺序表进行。在整机集成时，按照"由前至后"的顺序进行。本研究水下仿生机器人分 5 个模块单元安装：浮力驱动模块单元、组合姿态调节模块单元、尾部通信单元与应急模块、控制单元及任务传感模块。

整机集成完成后，进行整机性能联调。整机联调的目的是验证水下仿生机器人的整机性能，发现存在的问题并加以解决。整机性能测试试验作为系统质量控制和可靠性保证的最后一个环节，整机性能测试先在室内进行，验证系统功能完备性，而后进行湖试，部分验证系统的运动性能。

6.2.6　水下仿生机器人样机联调和水池试验

在完成水下仿生机器人的集成后，本研究在国家海洋技术中心的 10m 水池进行了整机的联调，如图 6-20 所示。测试和研究内容主要包括：整机配重和浮力平衡调整、姿态调节能力测试、电磁兼容性试验、应急抛载能力测试、主控单元集成测试、甲板操作单元界面测试及初步的运动性能测试。

浮力平衡测试主要进行了净浮力称重、初始俯仰角和初始滚转角测量与调节、机体稳

图 6-20　水下仿生机器人水槽和水池试验

心调节等内容；在此基础上，在 10m 水池内进行了水下仿生机器人姿态调节能力测试，包括下潜最大俯仰角和上浮最大俯仰角检测，最大左右滚转角检测。试验结果表明，水下仿生机器人的俯仰角范围为 $-65° \sim 35°$，滚转角范围为 $-35° \sim 35°$。此后，在天津大学青年湖，水下仿生机器人进行了多次浅水湖试，主要进行了基本的甲板单元测试、水面通信测试、姿态调节能力测试和跑航功能测试等。试验结果表明，水下仿生机器人能够实现基本的滑翔运动，操控软件运行正常，水下仿生机器人可以进行水面的螺旋桨推进直航，功能情况实现正常。

6.2.7　多参数水质监测传感器设计制造及集成方案

针对研究要求，用于水下仿生机器人的多参数水质监测传感器共集成了温度、浊度、电导率、叶绿素 a、溶解氧和 pH 共 6 项指标，具体实物如图 6-21 所示。水下仿生机器人自

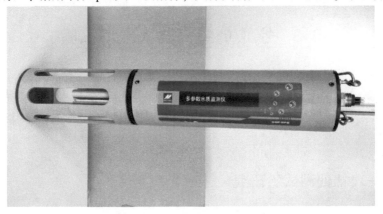

图 6-21　多参数水质监测传感器

身集成的深度传感器，可以满足合同规定的全部测量功能。水质监测软件界面如图 6-22 所示。本书采用如图 6-23 所示的方案完成了多参数水质监测传感器与水下仿生机器人的集成与调试，并于 2014 年 7 月顺利完成了丹江口库区湖试，工作性能良好，能够满足研究要求。

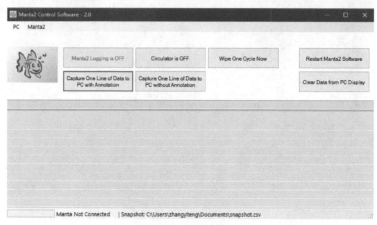

图 6-22 多参数水质监测传感器调试界面

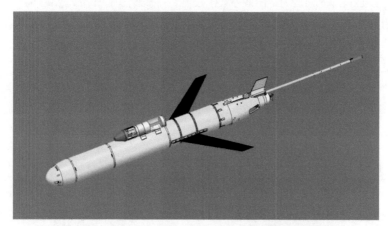

图 6-23 水下仿生机器人与水质传感器搭载集成方案

6.3 水下仿生机器人水域试验

水下仿生机器人是针对海洋资源探测和海洋环境观测任务特点而开发的。它可以通过切换工作模式来适应工作环境和满足任务需求。为检验水下仿生机器人系统的驱动能力、航行轨迹、潜深、姿态、测量、通信、远程控制等方面的性能，进行水下仿生机器人测量系统湖试试验。

6.3.1 第一次抚仙湖试验研究

本研究于 2012 年 12 月 20 日至 2013 年 1 月 5 日在云南抚仙湖进行了为期 17 天的水下

仿生机器人湖试试验。试验的主要目的是对水下仿生机器人各功能模块的可靠性、滑翔运动性能及航行运动性能进行验证。

　　具体内容主要包括：①水下仿生机器人各设备供电和工作状态检测；②水下仿生机器人部分设备校准：油囊油量、姿态调节系统位置传感器、电子罗盘、气压传感器、电压电流传感器；③水下仿生机器人水面性能测试：水面姿态调节能力测试、水面定位及通信能力测试、水面推进性能测试及传感器性能检测；④水下仿生机器人滑翔运动性能测试；⑤水下仿生机器人水面推进运动性能测试；⑥定深航行性能测试。

　　通过对水下仿生机器人试验数据的处理和分析，本研究得到了水下仿生机器人水面航行的实际运行轨迹与目标轨迹的对比，以及水下仿生机器人各运动参数及搭载 CTD 传感器测量数据的关系曲线。具体如图 6-24 ~ 图 6-27 所示。

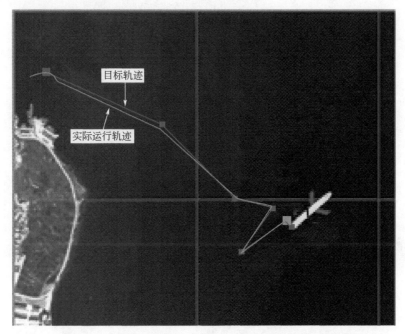

图 6-24　水下仿生机器人实际运行轨迹与目标轨迹显示图

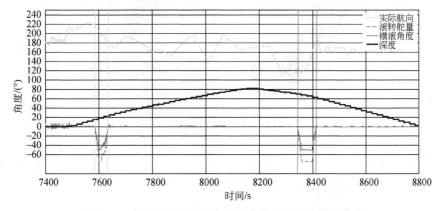

图 6-25　水下仿生机器人各运动参数与时间的关系曲线

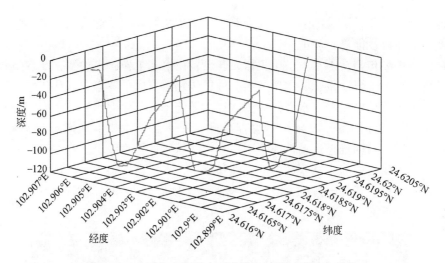

图6-26　水下仿生机器人下潜滑翔三维运动轨迹曲线

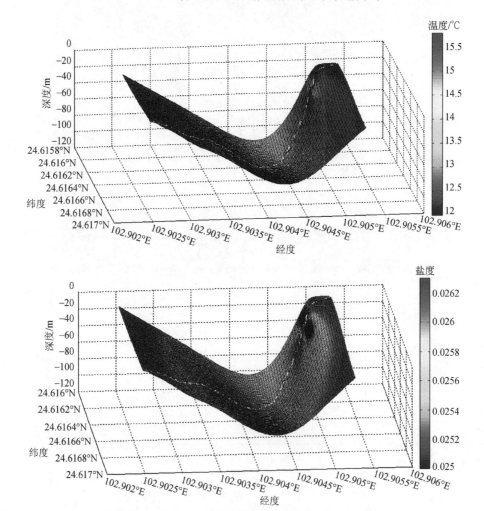

图6-27　搭载CTD测量的温度剖面和盐度剖面数据

由图 6-24 可知水下仿生机器人的目标轨迹和实际运行轨迹,前半部分表示水下仿生机器人水面航行轨迹,后半部分表示水下仿生机器人下潜滑翔运动轨迹。

本次湖试,水下仿生机器人共完成 53 个滑翔剖面、水下仿生机器人水面螺旋桨推进航行总时间 10h、水下仿生机器人水下定深航行 5 次。通过对水下仿生机器人采集数据的处理分析,获得水下仿生机器人的各性能参数。

6.3.2 丹江口库区湖试试验

本研究在 2014 年 6 月将水质监测传感器集成在水下仿生机器人上,并在综合前两次湖试试验的基础上,为验证搭载水质监测传感器后水下仿生机器人的航行运动性能和水质监测性能,于 2014 年 7 月 15 日至 2014 年 7 月 31 日在南水北调水源地湖北省十堰市丹江口库区进行了为期 16 天的水下仿生机器人性能测试研究。

本次试验的具体内容包括:①水下仿生机器人水质监测传感器供电,工作状态检测及水质数据存储功能。②搭载水质监测传感器的水下仿生机器人水面推进性能测试。③搭载水质监测传感器的水下仿生机器人转向性能测试。④搭载水质监测传感器的水下仿生机器人水下定深航行性能测试。

试验过程图片如图 6-28 所示。仿生机器人水下定深航行运动性能参数,具体见表 6-2。

图 6-28　水下仿生机器人

表 6-2　水下仿生机器人水面航行性能参数

航行性能参数	数值
螺旋桨最大转速/(r/min)	1700
水下仿生机器人水平航速/(m/s)	0.8 左右
左转弯半径/m	50 左右
右转弯半径/m	75 左右
航行航向偏差/(°)	±10 左右

本次库区试验，水下仿生机器人共完成了 25 次水面推进航行测试，4 次水下 5m 定深推进测试，9 次水下 10m 定深推进测试。实际运行航线与设定航线如图 6-29 所示。

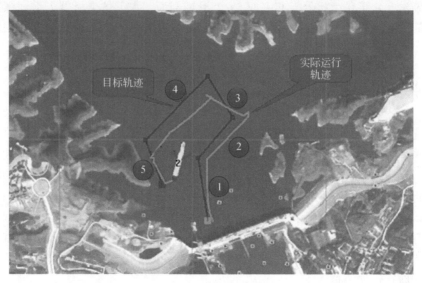

图 6-29 水下仿生机器人实际运行轨迹与目标轨迹显示

①②④表示水下仿生机器人水面航行轨迹，③⑤表示水下仿生机器人水下 10m 定深运行轨迹

通过对水下仿生机器人试验数据的处理和分析，得出水下仿生机器人各运动参数及搭载水质监测传感器测量数据关系曲线，如图 6-30 ~ 图 6-35 所示。试验结果表明，水质监测传感器与水下仿生机器人集成性能良好，能够实现水质数据传输、存储等预期目标。

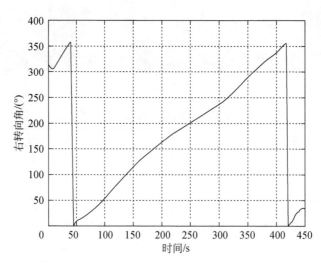

图 6-30 右转向角与时间关系

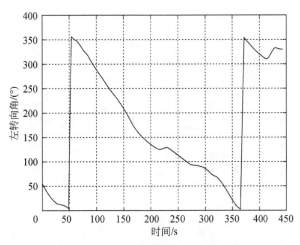

图 6-31　左转向角与时间关系

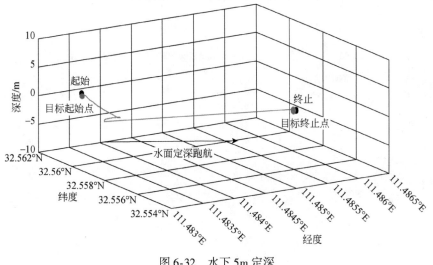

图 6-32　水下 5m 定深

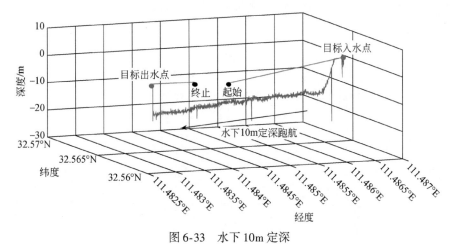

图 6-33　水下 10m 定深

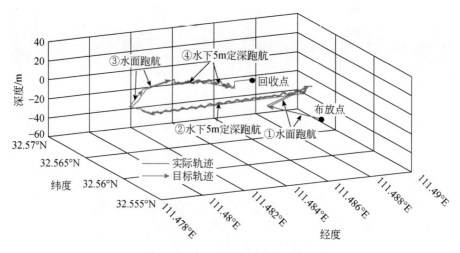

图 6-34　水面跑航和水下 5m 定深

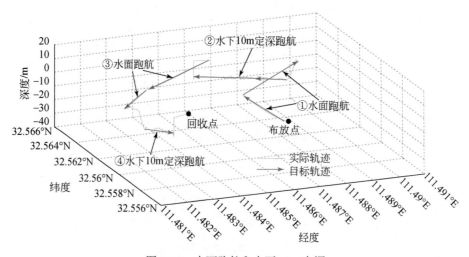

图 6-35　水面跑航和水下 10m 定深

第7章 基于发光菌为指示生物的毒性测试研究

7.1 国内外研究进展

发光菌是一类在正常生理条件下能发出荧光的微生物,一般宽 $0.4 \sim 1.0 \mu m$、长 $1.0 \sim 2.5 \mu m$。发光菌属于革兰氏阴性兼性厌氧菌,无孢子和荚膜,有端生鞭毛,最适宜的生长温度范围在 $20 \sim 30^{\circ}C$,具体菌种分类见表7-1(黄正和王家玲,1994)。目前国内常用的发光菌有费氏弧菌、青海弧菌 Q67 和明亮发光杆菌 T3 菌株,而国外较多使用的是费氏弧菌。

表7-1 常见发光菌及分类

属	栖息地	名称
弧菌属	海洋	哈氏弧菌 Vibrio harveyi
弧菌属	海洋	美丽弧菌 I 型 Vibrio splendidus I
弧菌属	海洋	费氏弧菌 Vibrio fischeri
弧菌属	海洋	火神弧菌 Vibrio logei
弧菌属	非海洋	霍氏弧菌易北变种 Vibrio cholerae var albenis
弧菌属	非海洋	青海弧菌 Vibrio qinghaiensis
发光杆菌属	海洋	明亮发光杆菌 Potobacterium phosphoreum
发光杆菌属	海洋	鳆鱼发光杆菌 Potobacterium leiognathi
发光杆菌属	海洋	曼达帕姆发光杆菌 Potobacterium mandapamensis
异短杆菌属	非海洋	发光异短杆菌 Xenorhabdus luminescens

发光菌的生物毒性测试是利用其在污染物胁迫下发光度的抑制程度来反映毒性大小,虽不能给出污染物种类及浓度大小,但能给出污染物综合毒性的大小。发光菌发光过程中释放出波长为 $450 \sim 490 nm$ 的荧光,这种强度的荧光可以用相应的毒性测试仪检出,发光菌的发光原理如下(Ren and Frymier, 2003):

$$FMNH_2 + RCHO + O_2 \xrightarrow{\text{细菌荧光素酶}} FMN + RCOOH + H_2 + h\gamma \text{(光)}$$

式中,$FMNH_2$ 为细菌体内还原态的黄素单核苷酸;FMN 为细菌体内的黄素单核苷酸;RCHO 为细菌体内长链脂肪醛;RCOOH 为细菌体内的长链脂肪酸。Thomulk 等(1993)研究发现毒性物质主要通过两个途径来影响发光菌的发光过程,一是直接抑制发光反应过程中酶的活性;二是抑制与发光反应相关联的生理代谢过程。

20 世纪 70 年代末，国外科学家从海鱼体表分离出了发光细菌，用于检测水体的生物毒性，现已发展成为一种简单、快速的生物毒性检测手段（吴泳标等，2010）。随着发光菌的研究日益增多，发光菌在生物综合毒性测试中的应用也日益广泛，已可用于纯化合物、工业废水、矿山废水、土壤等样品的毒性测试。国外学者自 20 世纪 90 年代开始就利用基因重组将发光菌应用于毒性物质的特异性检测。例如，Durand（2003）利用发光基因对大肠杆菌 DH1 进行修饰后用于检测杀虫剂，发现其检出限在 0.03μg/L 左右；Gu 和 Gil（2001）研制了多重特异发光微生物传感器用于毒性物质的鉴别。国内在发光菌的毒性测试方面也做了大量工作。例如，利用发光菌测定酚类、有机溶剂、除草剂、重金属等毒性物质的毒性，比较不同物质毒性的大小，并对其进行评价，或者探讨毒性和剂量之间的关系等。王丽莎等（2004）通过一系列实验优化了发光细菌生物毒性测试的条件，认为适宜 pH 条件为 5.0~9.0，最佳暴露时间为 20 min，同时筛选出了 Zn^{2+} 作为毒性参照物代替传统方法中的剧毒物质 $HgCl_2$；于瑞莲和胡恭任（2005）在不同 pH 下测定了 11 种苯酚类化合物对发光菌的急性毒性效应，初步探讨了苯酚类化合物的毒性机制，结果表明，苯酚类化合物对发光菌的毒性随 pH 的升高而降低。

虽然国内外研究者对发光菌开展了大量研究，但有关发光菌毒性测试条件的研究还不够系统全面，本研究拟利用两种常用发光菌费氏弧菌及鳗鱼发光杆菌作为实验材料，测试其不同培养时间、pH、温度及营养盐水平对重金属及有机物毒性测试的响应，以探讨重金属和有机物的最佳测试条件，为改进发光菌的毒性测试提供理论依据。此外，考虑到国内普遍选用发光菌冻干粉进行实验，价格昂贵，本研究拟在实验室自行培养并保存菌种，以降低测试成本；同时我们选择丹江口水源区常见的典型污染物开展毒性测试研究，探讨所选发光菌种对典型污染物的响应规律及响应阈值。

7.2　发光菌在不同阶段的发光特征研究

7.2.1　实验材料及方法

（1）主要实验仪器

实验使用以色列 CheckLight 公司生产的 ToxScreen Ⅲ 毒性测试仪进行毒性测试。

（2）受试菌种

实验选用费氏弧菌和鳗鱼发光杆菌两种细菌，分别由美国 Microtox 公司和以色列 CheckLight 公司提供。

（3）实验方法

实验所用菌种均为海洋发光菌种，其生长介质中分别含有 3% 和 0.3% 的甘油。由于不同菌种生长环境不同，培养基配制方法也不同，因此，需要根据两种细菌的生长需求来配制其培养基。

实验所用费氏弧菌培养基见表 7-2。

表 7-2　费氏弧菌培养基

成分	含量
酵母浸膏	0.5g
胰蛋白胨	5.0g
NaCl	30.0g
NaH_2PO_4	6.0g
KH_2PO_4	2.08g
甘油	3ml
$MgSO_4 \cdot 7H_2O$	0.2g
NH_4Cl	0.3g
蒸馏水	1000ml

将培养基溶液的 pH 调至 7.0±0.5，在电炉上加热溶解后，趁热分装于 150ml 的锥形瓶中，每瓶约为 50ml，塞上瓶塞，经 115℃、20min 高压蒸汽灭菌后，置于 4℃ 左右的冰箱中保存备用。

配制鳗鱼发光杆菌培养基所需的成分如表 7-3 和表 7-4 所示。

表 7-3　人工海水的配制

成分	含量
KCl	0.08g
$CaCl_2 \cdot 2H_2O$	1.6g
NaCl	28.0g
$MgCl_2 \cdot 6H_2O$	4.8g
$NaHCO_3$	0.02g
$MgSO_4 \cdot 7H_2O$	3.5g
蒸馏水	1000ml

表 7-4　鳗鱼发光杆菌培养基

成分	含量
酵母浸膏	2.0g
甘油	1.9g
胰蛋白胨	2.0g
人工海水	75ml
蒸馏水	25ml

将培养基溶液的 pH 调至 7.0±0.5，在电炉上加热溶解后，趁热分装于 150ml 的锥形瓶中，每瓶约为 50ml，塞上瓶塞，经 115℃、20min 高压蒸汽灭菌后取出，置于 4℃左右的冰箱中保存备用。

a. 固体培养基的制备

分别按照表 7-2 和表 7-4 配制培养液，取配制好的溶液 100ml 加入烧杯中，向其中加入 2.0g 的琼脂粉，加热至完全溶解，然后调节 pH 至 7.0 左右。另取 10 只试管，每个试管中加培养液约 10ml，塞上胶塞，然后在 115℃的条件下灭菌 25min，当温度降至 40℃左右时拿出试管放置于玻棒之上，待其凝固后制成斜面（斜面长度不宜过长，需刚好适合接种环接种），然后将制好的固体培养基在 4℃条件下保存备用。

b. 细菌的接种和培养

在实验进行前配制细菌复苏液，即向 100ml 的蒸馏水中加入 3g NaCl，加热搅拌溶解，然后高温灭菌，低温 4℃保存备用。

在无菌条件下，取 1ml 3% 的 NaCl 溶液加入装有发光菌冻干粉的小试管，复苏冻干粉，然后将复苏后的菌液接种到制备好的斜面上，塞上胶塞，放入恒温培养箱中，在 25℃下培养 24h 后转接第二代。

参照上面的方法，每 24h 转接 1 次，转接 3 次后将第三代的菌种放入低温 4℃下保存备用，之后每月转接 1 次。每次培养应设置 3 个平行，所有操作应在无菌操作室中进行，避免发光菌受到污染。

7.2.2 实验结果

在利用发光菌的发光强度抑制率进行毒性测试时，测试准确度受发光强度及其稳定性的影响较大，由于发光菌在不同生长阶段发光强度差异很大，因此应选择发光度大且发光度稳定的阶段进行毒性测试。实验表明，影响发光菌发光强度及稳定性的主要因素是环境温度及培养时间，因此通过绘制发光菌生长过程中的发光曲线，比较不同环境温度下的生长差异，可确定发光菌合适的测试条件。

由图 7-1 可知，费氏弧菌在 0 ~ 12h 发光率增长缓慢，而且不稳定，上下波动较大，在 15h 左右发光强度达到最大，随后迅速降低，约在 18h 发光强度降到初始水平，可见其维持稳定高强度发光的时间段较短，因此，20℃条件下费氏弧菌不适合做毒性测试材料。鳆鱼发光杆菌在 0 ~ 25h 发光强度一直在增加，没有达到稳定发光状态，此阶段也不适合做毒性测试材料。

由以上分析可见，20℃下两种细菌生长缓慢，发光度较低且不稳定，不适宜进行毒性实验。

25℃时，两种细菌生长较好。其中费氏弧菌在 8 ~ 16h 发光度迅速增长，在 16 ~ 22h 发光度趋于稳定，该阶段适合做毒性测试材料，在 22h 之后发光度开始衰弱；鳆鱼发光杆菌在 8 ~ 16h 迅速生长，在 16 ~ 22h 发光度相对稳定，其后进入衰退期（图 7-2）。

30℃时，两种细菌前期生长较为缓慢，发光强度比较低。费氏弧菌发光度在 10 ~ 22h

迅速增加，22~26h 相对稳定，该阶段适合做毒性测试材料，其后发光度开始减弱；鳆鱼发光杆菌生长相对滞后，发光度在 20~26h 内迅速增长，26~32h 相对稳定，该阶段适合做毒性测试材料，其后开始减弱（图 7-3）。

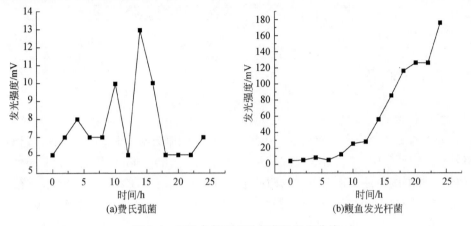

图 7-1　20℃条件下两种细菌的发光曲线

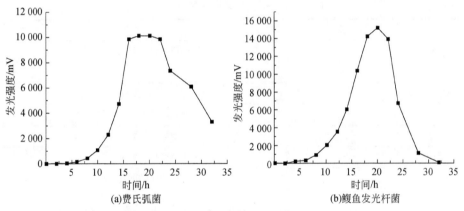

图 7-2　25℃条件下两种细菌的发光曲线

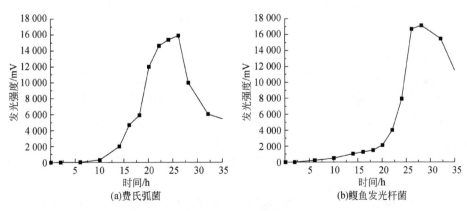

图 7-3　30℃条件下两种细菌的发光曲线

可见，就生长速度及发光度稳定性而言，费氏弧菌比鳆鱼发光杆菌更快达到稳定状态，且稳定期时间较长。就温度而言，25℃比20℃及30℃更适合进行毒性测试。

7.3 发光菌对不同毒物的胁迫响应研究

7.3.1 实验材料及方法

(1) 实验材料

实验所用的发光菌为实验室培养的第三代菌种，配制方法是将第三代菌种接种入装有液体培养基的锥形瓶中，放入恒温振荡器中，在转速为180r/min、温度为25℃条件下培养18h，达到最佳测试条件。在培养好的菌液中加入质量浓度为3%的NaCl溶液进行稀释摇匀，测试菌液的发光强度，待其基本稳定时进行下一步实验。细菌菌液需在实验前培养，制备的发光菌液在1h内使用，以保证发光菌菌液的活性。实验所用毒性物质见表7-5。

表7-5 测试毒性物质

毒性物质	纯度	生产厂家
$K_2Cr_2O_7$	A. R.	天津市化学试剂三厂
$HgCl_2$	A. R.	贵州云场平化工厂
$CdCl_2$	A. R.	上海诚心化工有限公司
$PbCl_2$	A. R.	上海试四赫维化工有限公司
$MnSO_4$	A. R.	天津博迪化工股份有限公司
$CuSO_4 \cdot 5H_2O$	A. R.	天津博迪化工股份有限公司
$ZnSO_4 \cdot 7H_2O$	A. R.	国药集团化学试剂有限公司
4-氯苯酚	A. R.	国药集团化学试剂有限公司
2,4-二氯苯酚	A. R.	国药集团化学试剂有限公司
苯酚	A. R.	汕头市光华化学厂有限公司

(2) 实验方法

首先配制毒物储备液，放入2~5℃的冰箱中储存备用，测试时使用3%的NaCl溶液进行稀释。然后进行预实验，预实验设置一个空白对照及6个浓度梯度，其中空白对照为3%的NaCl溶液，其他测试管中依次加入1000μl不同浓度的测试毒物。实验开始时，精确吸取并依次向每个测试管中加入100μl的工作菌液，混合均匀。每管加入菌液的间隔时间不少于30s，急性毒性实验的反应时间为15min。每管在加菌液的同时必须精确计时到秒。

根据预实验结果，初步估算不同梯度下发光菌的发光抑制率，根据发光抑制率1%~100%对应的浓度范围来设定正式实验的浓度范围。正式实验需设置至少6个梯度浓度及

1 个空白对照浓度，每个浓度的测试样都设置 3 个平行组，测试方法与预实验相同。

7.3.2 发光菌与重金属之间的剂量−效应关系

7.3.2.1 费氏弧菌与重金属之间的剂量−效应关系

$HgCl_2$ 对费氏弧菌的毒性较大，在 0～0.1 mg/L 浓度范围内呈线性效应关系，相对发光抑制率达到了 90% 以上，而且其半数效应浓度也较低，这说明费氏弧菌对 $HgCl_2$ 很敏感（图 7-4）。

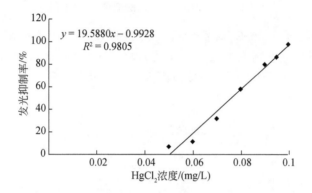

图 7-4 费氏弧菌与 $HgCl_2$ 的剂量−效应曲线

$PbCl_2$ 对费氏弧菌的毒性较大，在 0～30 mg/L 浓度范围内呈对数效应关系。当 $PbCl_2$ 的浓度较低时（0～30 mg/L）毒性上升较快（图 7-5），随着 $PbCl_2$ 浓度的增加，其对费氏弧菌的毒性逐渐趋于平缓。

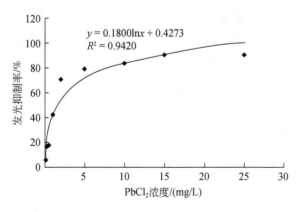

图 7-5 费氏弧菌与 $PbCl_2$ 的剂量−效应曲线

$CdCl_2$ 对费氏弧菌的毒性也较大，随着 $CdCl_2$ 浓度的增加，其对费氏弧菌的毒性效应逐渐增强，在 0～60 mg/L 浓度范围内呈线性效应关系（图 7-6）。

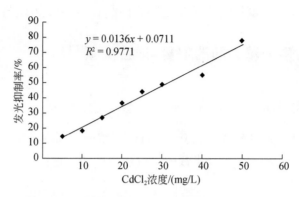

图 7-6　费氏弧菌与 $CdCl_2$ 的剂量–效应曲线

相比其他毒性物质，$MnSO_4$ 对费氏弧菌的毒性较小，在其浓度到达 400mg/L 时，$MnSO_4$ 对费氏弧菌的发光抑制率为 62.5%（图 7-7）。随着 $MnSO_4$ 浓度的增加，其对费氏弧菌的毒性逐渐增大，在 0～500mg/L 浓度范围内呈线性效应关系。

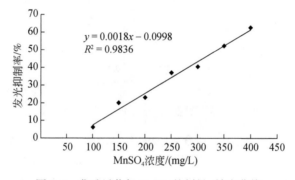

图 7-7　费氏弧菌与 $MnSO_4$ 的剂量–效应曲线

$CuSO_4$ 对费氏弧菌的毒性较大（图 7-8）。在 0～2mg/L 浓度范围内，随着 $CuSO_4$ 浓度的增加，$CuSO_4$ 对费氏弧菌的毒性快速增强，大于 2mg/L 后逐渐趋于平缓，二者在 0～18mg/L 浓度范围内呈对数效应关系。

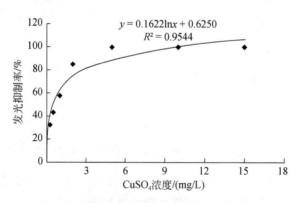

图 7-8　费氏弧菌与 $CuSO_4$ 的剂量–效应曲线

K₂Cr₂O₇对费氏弧菌的毒性较大，随着 K₂Cr₂O₇浓度的增加，其对费氏弧菌的毒性逐渐增大，在 0~120mg/L 浓度范围内呈对数效应关系（图7-9）。

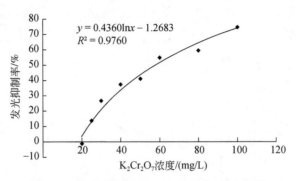

图 7-9　费氏弧菌与 K₂Cr₂O₇ 的剂量–效应曲线

ZnSO₄对费氏弧菌的毒性较大，在 0~60mg/L 浓度范围内呈对数效应关系。随着 ZnSO₄浓度的增加，其对费氏弧菌的毒性逐渐增大，10mg/L 后逐渐趋于平稳（图7-10）。

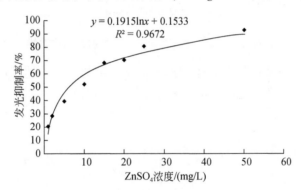

图 7-10　费氏弧菌与 ZnSO₄ 的剂量–效应曲线

总的来说，不同重金属毒性物质对费氏弧菌的毒性效应存在着明显差异（表7-6），实验选择的 7 种重金属毒性物质对费氏弧菌的毒性大小顺序分别为：$HgCl_2$>$CuSO_4$> $PbCl_2$>$ZnSO_4$>$CdCl_2$>$K_2Cr_2O_7$>$MnSO_4$。各拟合曲线的相关系数 R^2处于 0.9420~0.9836，表明实验选择的重金属毒物与费氏弧菌的发光抑制率呈现良好的剂量–效应关系。

表 7-6　重金属与费氏弧菌的发光抑制率回归方程

重金属	线性回归方程	相关系数（R^2）	半数效应浓度（EC_{50}）/(mg/L)
$HgCl_2$	$y=19.5880x-0.9928$	0.9805	0.076
$PbCl_2$	$y=0.1800\ln x+0.4273$	0.9420	1.500
$CdCl_2$	$y=0.0136x+0.0711$	0.9771	31.540
$MnSO_4$	$y=0.0018x-0.0998$	0.9836	333.220
$CuSO_4$	$y=0.1622\ln x+0.6250$	0.9544	0.460
$K_2Cr_2O_7$	$Y=0.4360\ln x-1.2683$	0.9760	57.730
$ZnSO_4$	$y=0.1915\ln x+0.1533$	0.9672	6.110

7.3.2.2　鳗鱼发光杆菌与重金属之间的剂量–效应关系

$HgCl_2$对鳗鱼发光杆菌的毒性较大，在 $0 \sim 0.07mg/L$ 浓度范围内呈对数效应关系。当 $HgCl_2$浓度较小时，毒性增长较快，随着 $HgCl_2$浓度的增加，其对鳗鱼发光杆菌的毒性逐渐增大，一定程度后逐渐趋于平缓（图7-11）。

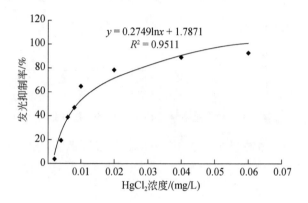

图 7-11　鳗鱼发光杆菌与 $HgCl_2$ 的剂量–效应曲线

$PbCl_2$对鳗鱼发光杆菌的毒性较大，随着 $PbCl_2$浓度的增加，其对费氏弧菌的毒性逐渐增大，在 $0 \sim 12mg/L$ 浓度范围内呈线性效应关系（图7-12）。

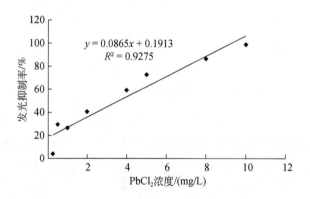

图 7-12　鳗鱼发光杆菌与 $PbCl_2$ 的剂量–效应曲线

$CdCl_2$对鳗鱼发光杆菌的毒性相对较小，在 $0 \sim 150mg/L$ 浓度范围内呈线性效应关系，随着 $CdCl_2$浓度增加，毒性逐渐增大（图7-13）。

$MnSO_4$对鳗鱼发光杆菌的毒性相对较小，当 $MnSO_4$ 浓度达到$100mg/L$时，其对鳗鱼发光杆菌的发光抑制率不足15%（图7-14）。二者在 $0 \sim 600mg/L$ 浓度范围内呈线性效应关系，表现为随着 $MnSO_4$ 浓度的增加，其对鳗鱼发光杆菌的毒性逐渐增大。

$K_2Cr_2O_7$对鳗鱼发光杆菌的毒性较大，随着 $K_2Cr_2O_7$浓度的增加，其对鳗鱼发光杆菌的毒性效应逐渐增大，在 $0 \sim 18mg/L$ 浓度范围内呈线性效应关系（图7-15）。

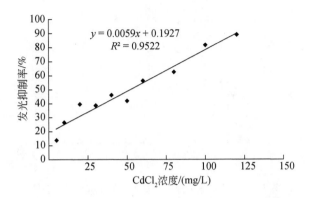

图 7-13　鳆鱼发光杆菌与 $CdCl_2$ 的剂量–效应曲线

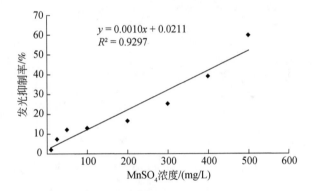

图 7-14　鳆鱼发光杆菌与 $MnSO_4$ 的剂量–效应曲线

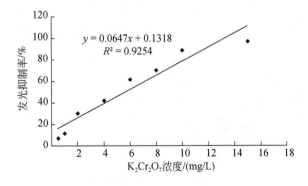

图 7-15　鳆鱼发光杆菌与 $K_2Cr_2O_7$ 的剂量–效应曲线

　　$ZnSO_4$、$CuSO_4$ 对鳆鱼发光杆菌的毒性较大，在一定的浓度范围内呈对数效应关系。表现为在低浓度时，$ZnSO_4$、$CuSO_4$ 对鳆鱼发光杆菌的毒性增长较快，随着毒物浓度的增加，其对鳆鱼发光杆菌的毒性增加变缓，逐渐趋于平稳（图 7-16 和图 7-17）。

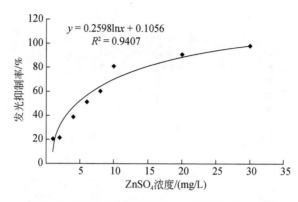

图 7-16　鳗鱼发光杆菌与 $ZnSO_4$ 的剂量–效应曲线

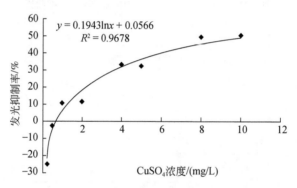

图 7-17　鳗鱼发光杆菌与 $CuSO_4$ 的剂量–效应曲线

从表 7-7 中不同毒物的 EC_{50} 值对比可知，不同重金属对鳗鱼发光杆菌的毒性大小顺序依次为：$HgCl_2 > PbCl_2 > ZnSO_4 > K_2Cr_2O_7 > CuSO_4 > CdCl_2 > MnSO_4$，其中 $HgCl_2$ 的毒性最大（EC_{50} 值为 0.009mg/L），$MnSO_4$ 的毒性最小（EC_{50} 值为 478.900mg/L）。各拟合曲线的相关系数 R^2 处于 0.9254 ~ 0.9678，表明实验中重金属毒物与相对发光抑制率呈现良好的剂量–效应关系。

表 7-7　重金属与鳗鱼发光杆菌的发光抑制率回归方程

重金属	线性回归方程	相关系数（R^2）	$EC_{50}/$（mg/L）
$HgCl_2$	$y = 0.2749\ln x + 1.7871$	0.9511	0.009
$PbCl_2$	$y = 0.0865x + 0.1913$	0.9275	3.570
$CdCl_2$	$y = 0.0059x + 0.1927$	0.9522	51.850
$MnSO_4$	$y = 0.0010x + 0.0211$	0.9297	478.900
$CuSO_4$	$y = 0.1943\ln x + 0.0566$	0.9678	9.790
$K_2Cr_2O_7$	$y = 0.0647x + 0.1318$	0.9254	5.690
$ZnSO_4$	$y = 0.2598\ln x + 0.1056$	0.9407	4.560

研究结果表明，两种发光菌的敏感性存在着一定差异性，其中两种发光菌最为敏感的毒性物质为 $HgCl_2$，鳆鱼发光杆菌对汞的敏感程度（EC_{50} 值为 0.009mg/L）高出费氏弧菌（EC_{50} 值为 0.076mg/L）很多。对两种发光菌毒性最小的物质是 $MnSO_4$，其对鳆鱼发光杆菌的 EC_{50} 值为 478.900 mg/L，对费氏弧菌的 EC_{50} 值为 333.220mg/L。

不同重金属对同种发光菌的毒性差异及同种重金属对不同发光菌的毒性差异可能主要取决于以下几点：①受试发光菌的敏感性差异导致结果不同；②不同重金属的生物可利用性不同；③重金属离子毒性表达能力，即与水中其他阴离子的络合能力的差异导致结果不同。

7.3.3 发光菌与有机物之间的毒性-剂量效应关系

有机污染物质对生态环境危害严重，由于大多数有机污染物性质稳定，不易降解和吸收，在环境中的残留时间很长，对人类健康构成威胁。例如，酚类有机化合物大量应用于高分子材料、农药等领域，酚类污染物对人体皮肤有着较强的腐蚀性，饮用含有酚类污染物质的水会导致人晕厥失眠。酚类污染物化学性质稳定，不易降解，能在水环境中存留很长时间并在人体内富集，从而造成很强的毒性。

实验选取苯酚、4-氯苯酚和2,4-二氯苯酚 3 种有机污染物质为毒性物质，测试三者对两种发光细菌的毒性效应，并通过曲线拟合计算出各毒性物质的 EC_{50}。

7.3.3.1 费氏弧菌与有机物之间的剂量-效应关系

苯酚对费氏弧菌的毒性较大，在 0~60mg/L 浓度范围内呈线性效应关系，随着苯酚浓度的增加，苯酚对费氏弧菌的毒性也逐渐增大（图 7-18）。

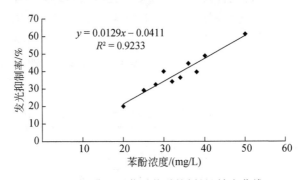

$$y = 0.0129x - 0.0411$$
$$R^2 = 0.9233$$

图 7-18　费氏弧菌对苯酚的剂量-效应曲线

4-氯苯酚对费氏弧菌的毒性较大，在 0~60mg/L 浓度范围内呈对数效应关系，随着 4-氯苯酚浓度的增加，其对费氏弧菌的毒性快速增加，达到一定程度后毒性逐渐趋于平稳（图 7-19）。

由图 7-20 可知，2,4-二氯苯酚对费氏弧菌的毒性也较大，在 0~60mg/L 浓度范围内呈对数效应关系，其毒性也随着浓度的增加而逐渐增大，最后逐渐趋于平稳。

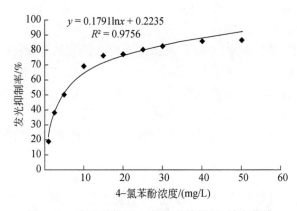

图 7-19　费氏弧菌对 4-氯苯酚的剂量-效应曲线

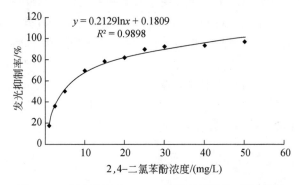

图 7-20　费氏弧菌对 2,4-二氯苯酚的剂量-效应曲线

研究结果表明，酚类有机化合物对费氏弧菌发光抑制率的大小差异较大，但普遍表现为发光抑制率与所测试的毒性物质浓度呈正相关关系。各有机毒性物质的毒性效应（EC_{50}）如表 7-8 所示：毒性大小依次为 2,4-二氯苯酚 > 4-氯苯酚 > 苯酚。实验拟合曲线的相关系数 R^2 处于 0.9233 ~ 0.9898，这表明 3 种有机酚类与费氏弧菌发光抑制率呈现显著的剂量-效应关系。

表 7-8　有机物与费氏弧菌的发光抑制率回归方程

有机酚类	线性回归方程	相关系数（R^2）	EC_{50}/（mg/L）
苯酚	$y = 0.0129x - 0.0411$	0.9233	41.950
4-氯苯酚	$y = 0.1791\ln x + 0.2235$	0.9756	4.680
2,4-二氯苯酚	$y = 0.2129\ln x + 0.1809$	0.9898	4.480

7.3.3.2　鳆鱼发光杆菌与有机物之间的剂量-效应关系

鳆鱼发光杆菌的发光抑制率在 0 ~ 100mg/L 浓度范围内随苯酚浓度增加而呈线性增加，但鳆鱼发光杆菌对苯酚的响应浓度阈值较高，说明苯酚对鳆鱼发光杆菌的毒性较小（图 7-21）。

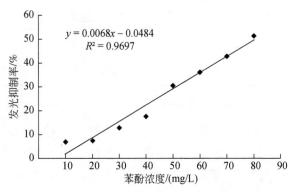

图 7-21　鳆鱼发光杆菌对苯酚的剂量–效应曲线

　　4-氯苯酚对鳆鱼发光杆菌的毒性较大，在 0～12mg/L 浓度范围内呈线性效应关系，其毒性也随着浓度的增加而增大（图 7-22）。

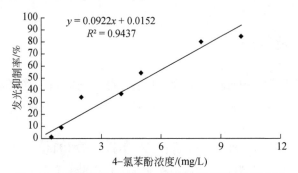

图 7-22　鳆鱼发光杆菌对 4-氯苯酚的剂量–效应曲线

　　2,4-二氯苯酚对鳆鱼发光杆菌的毒性也较大，在 0～12mg/L 浓度范围内，随着浓度的增加毒性呈对数效应增加。当 2,4-二氯苯酚的浓度增加到 2mg/L 时，毒性增加速度开始变缓，其后逐渐趋于平稳（图 7-23）。

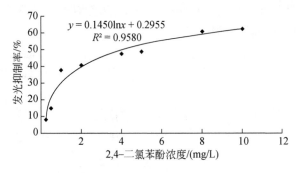

图 7-23　鳆鱼发光杆菌对 2,4-二氯苯酚的剂量–效应曲线

　　通过上述实验结果可知，酚类有机化合物对鳆鱼发光杆菌的发光抑制率随着浓度的增加而增大，其发光抑制率与所测试毒性物质的浓度大小呈正相关关系。3 种有机毒性物质对鳆鱼发光杆菌的毒性效应关系及 EC_{50} 见表 7-9。

表7-9 有机物与鳗鱼发光杆菌的发光抑制率回归方程

重金属毒物	线性回归方程	相关系数（R^2）	$EC_{50}/(mg/L)$
苯酚	$y=0.0068x-0.0484$	0.9697	80.650
4-氯苯酚	$y=0.0922x+0.0152$	0.9437	5.260
2,4-二氯苯酚	$y=0.1450\ln x+0.2955$	0.9580	4.100

由表7-9可知，不同有机毒性物质与鳗鱼发光杆菌的发光抑制率呈现剂量-效应关系。3种有机毒物对鳗鱼发光杆菌的毒性大小各异，其毒性大小顺序依次为：2,4-二氯苯酚>4-氯苯酚>苯酚，其中2,4-二氯苯酚毒性最大（EC_{50}为4.100mg/L），苯酚毒性最小（EC_{50}为80.650mg/L）。

7.4 不同因素对发光菌毒性测试的影响研究

7.4.1 实验材料及方法

在初步确定所选重金属和有机污染物质对费氏弧菌与鳗鱼发光杆菌的毒性效应后，本节主要研究环境因子（温度、pH及水体营养状态）对发光菌测试的影响。

（1）温度对毒性阈值的影响

利用在实验室条件下培养18h的细菌进行毒性实验，选取$PbCl_2$、$CuSO_4$、苯酚、4-氯苯酚作为实验的毒性物质，以EC_{50}为实验浓度，按照7.2.1节的实验方法，设置1个对照组，每个处理组设置3个平行样，分别在20℃、25℃、30℃进行实验，并比较各种温度对阈值的影响。

（2）pH对毒性阈值的影响

选取$PbCl_2$、$CuSO_4$、苯酚、4-氯苯酚作为实验的毒性物质，以EC_{50}为实验浓度，按照7.2.1节的实验方法，设置1个对照组，每个处理组设置3个平行样，分别在pH为5.0、7.0、9.0的情况下进行实验，并比较不同pH条件对毒性阈值的影响。

（3）营养状态对细菌阈值的影响

营养盐浓度是水环境评价的重要指标，不同的营养盐浓度可能对发光菌的毒性测试造成一定的影响，因而在此设置不同的营养盐浓度进行实验，探讨营养盐浓度对发光菌毒性测试的影响。

参照《地表水资源质量标准》（SL 63—94），根据水体的营养盐浓度水平将水体划分为寡营养、中营养和富营养状态，不同营养状态水体的总磷（TP）和总氢（TN）含量见表7-10。

表7-10 营养盐水平浓度设置 （单位：mg/L）

营养类型	TP	TN
寡营养	≤0.02	≤0.25
中营养	0.02~0.05	0.25~0.7
富营养	0.05~0.09	0.7~1.3

参照上述实验，选取 PbCl$_2$、CuSO$_4$、苯酚、4-氯苯酚作为实验的毒性物质，以 EC$_{50}$ 为实验浓度，设置 1 个对照组，每个浓度设置 3 个平行样，在 TP = 0.01mg/L、TN = 0.02mg/L，TP = 0.03mg/L、TN = 0.06mg/L，TP = 0.06mg/L、TN = 0.12mg/L 的条件下进行实验，并比较寡营养、中营养、富营养 3 种营养状态对毒性测试阈值的影响。

7.4.2　温度对发光菌毒性测试的影响研究

由图 7-24 可知，当温度由 20℃上升到 25℃时，两种金属对费氏弧菌的发光抑制率明显增加，说明随着温度升高重金属毒性增大，而由 25℃上升到 30℃时，PbCl$_2$ 对费氏弧菌发光抑制率的差别不明显，CuSO$_4$ 对费氏弧菌的抑制率略有下降。对于两种有机物来说，随着温度的升高，其对发光菌的发光抑制率逐渐降低，说明两种有机物的毒性随着温度的升高而下降。

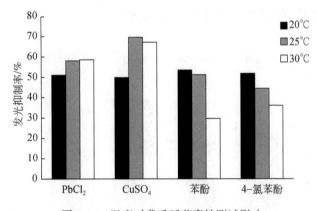

图 7-24　温度对费氏弧菌毒性测试影响

从图 7-25 可看出，当温度由 20℃上升到 25℃时，4 种测试毒物对鳗鱼发光杆菌的发光抑制率明显增加，说明 4 种毒物的毒性增加；由 25℃上升到 30℃时，4 种毒物对鳗鱼发光杆菌的发光抑制作用明显下降，说明毒性值开始下降。可见，对于 4 种测试毒物，在 20~30℃范围内，随着温度的增加，其毒性值先升高后降低，说明 25℃可能是鳗鱼发光杆菌进行毒性测试的合适温度。

综合上述实验结果可知，在不同的温度下，毒性物质对两种发光菌的发光抑制率会产生差异，具体表现为所选重金属毒性物质随着温度的上升而增大，在 25℃时最大，随后趋于稳定或者略有降低，说明 25℃时所选重金属对发光菌的毒性最大；所选有机酚类化合物对两种发光菌的影响不同，温度对费氏弧菌的发光抑制率随着温度的升高而降低，而对鳗鱼杆菌的影响则是随着温度的升高先升高后降低。因此，25℃可能适合重金属毒性测试，而 20~25℃可能适合有机酚类物质的毒性测试（具体视菌种的不同而可能不同）。从不同菌种看，对于费氏弧菌，在 20~30℃内，随着温度升高，所选重金属毒物对费氏弧菌的发光抑制率整体增加，而所选有机酚类化合物对费氏弧菌的发光抑制率则降低；而对于鳗鱼杆菌，在 20~30℃内，随着温度升高，所选重金属及有机酚类化合物对鳗鱼杆菌的毒性均是先升高后降低，说明 25℃ 可能是鳗鱼杆菌进行毒性测试的合适温度。

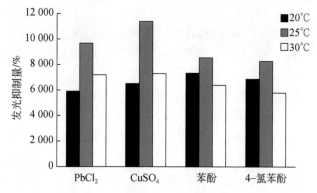

图 7-25 温度对鳗鱼发光杆菌毒性测试的影响

7.4.3 pH 对发光菌毒性测试的影响研究

从图 7-26 与图 7-27 可看出，$PbCl_2$ 及 $CuSO_4$ 对费氏弧菌和鳗鱼发光杆菌的发

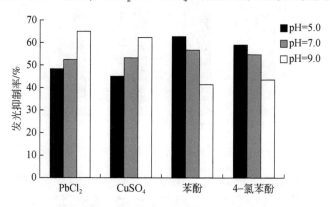

图 7-26 pH 对费氏弧菌毒性测试的影响

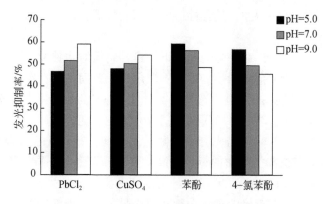

图 7-27 pH 对鳗鱼发光杆菌毒性测试的影响

光抑制率随着 pH 的升高而增大，有机酚类物质对两种发光菌发光强度的抑制率随着 pH 的升高而降低。就发光强度抑制率的变化幅度而言，鳗鱼发光杆菌小于费氏弧菌，说明 pH 的变化对鳗鱼发光杆菌毒性测试的影响较小，也说明鳗鱼发光杆菌在不同 pH 条件下的稳定性强于费氏弧菌，其应用范围更广。

7.4.4　营养盐水平对发光菌毒性测试的影响研究

本节研究了在寡营养、中营养及富营养 3 种营养盐水平下，不同毒性物质对费氏弧菌和鳗鱼杆菌发光抑制率的影响，实验结果如图 7-28 和图 7-29 所示。实验结果表明，在 3 种营养盐浓度下，不同毒性物质对发光菌发光抑制率的影响处于较小的变动范围内，表明营养盐浓度对 4 种毒性物质的影响较小（图 7-28 和图 7-29）。

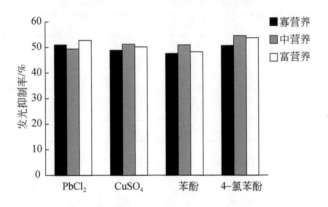

图 7-28　营养盐水平对费氏弧菌毒性测试的影响

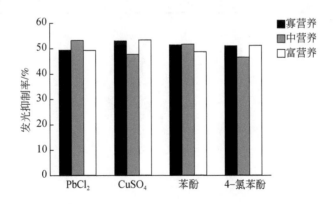

图 7-29　营养盐水平对鳗鱼发光杆菌毒性测试的影响

不同营养盐浓度下的毒性实验结果表明，两种发光菌在毒性物质的作用下，其发光抑制率一直保持在 50% 上下，变动幅度不超过 5%，营养盐水平对两种发光菌的影响不大。说明在野外毒性测试中，不同营养盐水平对发光菌发光抑制率的影响较小。

7.5 两种发光菌灵敏度的比较

由表 7-11 可知,费氏弧菌与鳗鱼发光杆菌对 10 种毒物的毒性均有不同程度的响应,其中对重金属 $HgCl_2$、$PbCl_2$、$CuSO_4$、$ZnSO_4$、有机物 2,4-二氯苯酚及 4-氯苯酚的响应阈值较低,说明发光菌对于毒物测试的广谱性较高,对毒性物质普遍比较敏感,适合做生物毒性测试的指示生物。就两种发光菌的灵敏性比较而言,以所测 10 种毒物为比较对象,鳗鱼发光杆菌对 $HgCl_2$、$K_2Cr_2O_7$ 及 2,4-二氯苯酚的敏感性高于费氏弧菌,而对另外 7 种毒物的敏感性则低于费氏弧菌。因此,在我们实验的范围内,费氏弧菌的敏感性要高于鳗鱼发光杆菌。

表 7-11 两种发光菌响应阈值比较 　　　　　　　　　(单位: mg/L)

毒性物质	费氏弧菌	鳗鱼发光杆菌
$HgCl_2$	0.076	0.009
$PbCl_2$	1.500	3.570
$CdCl_2$	31.540	51.850
$MnSO_4$	333.220	478.900
$CuSO_4$	0.460	9.790
$K_2Cr_2O_7$	57.730	5.690
$ZnSO_4$	6.110	4.560
苯酚	41.950	80.650
4-氯苯酚	4.680	5.260
2,4-二氯苯酚	4.480	4.100

|第8章| 基于藻类为指示生物的毒性测试研究

8.1 国内外研究进展

藻类不仅种类多，而且分布广泛，是水生生态系统的主要初级生产者（Rogers，2006）。一般来说，藻类的种群结构和数量与水环境密切相关，有的种类对水环境变化十分敏感，需要生活在较洁净的水体中，有些则有较强的耐污能力，常生活于污水中。根据指示藻类的种类和数量的变化情况可以判断水质状况，因此藻类的群落结构及数量是评价水质的重要指标（章宗涉等，1983）。不仅如此，由于藻类个体小、繁殖快、对毒物敏感，当水体受到污染时，藻类的生理生化反应可能受到影响，藻类的种类、数量和多样性、生产力、稳定性等也可能发生改变。不同藻类对水环境变化的反应不同，使得其体内累积的污染物的含量也产生差异，因而可以反映出外界环境的污染情况。例如，有研究采用藻类生物量（Moreno-Garrido et al.，2000）、细胞形态及超微结构（Nguyen-Ngoc et al.，2009）、酶活性（Mostafa and Helling，2002）、光合放氧率（Naessens and Tran-Minh，2000）、转入报告基因的表达强度（Marvá et al.，2010）等作为响应参数来评价毒性物质对藻类的影响，进而判断水体质量，这些方法都被证实是切实可行的。在已用于评价水质的水生生物中，按种类数计算，底栖动物约占27%，居第一位，藻类约占25%，居第二位，可见藻类在毒理学的评价及污染监测中的应用相当广泛，已成为监测水环境质量变化的重要指标（史媛，2013）。

藻类用于水质监测已有几十年的发展历程。1967年，美国最早提出"暂行藻类测试程序"（provisional algal assay procedure，PAAP），而后修改成为藻类测试玻璃瓶法（algal assay bottle test，USEPA，1971）。1981年，经济合作与发展组织（Organization for Economic Co-operation and Development，OECD）提出"藻类生长抑制实验方法"（alga growth inhibition test，AGIT）（OECD，2006），该方法建议采用单细胞藻类作为受试藻种，是目前最常用的一种方法。1993年，国家环境保护局编写了《水生生物检测手册》，制定了详细的环境生物监测技术规范（国家环境保护局《水生生物检测手册》编委会，1993）。2004年，欧盟公布了生物监测的国际标准《水质——用单细胞藻进行淡水藻类生长抑制性实验》（ISO8692：2004）。这些标准和规范在评价有毒物质危害方面发挥着重要作用。

藻类在水质监测方面也存在着不少缺陷。首先，藻类本身有较强的适应性及变异性，对外部环境有较强的忍耐力，而且这种忍耐力随着胁迫时间的延长而加强，因而降低了监测的灵敏性和专一性；其次，藻类的生理状态受到众多环境因子的综合影响，这会给监测结果的解读带来一定困难；再次，传统的藻类监测不仅耗时长，而且要求实验人员具有较好的专业基础；最后，藻类监测很难进行定量评价并制定相应的水质评价标准，一般只能对水体质量做一个定性的描述（史媛，2013）。目前，藻类作为指示生物进行毒性测试的表征指标有：光密度、细胞数、叶绿素含量及细胞干重。其中，细胞数和光密度因操作简便、重复性好，不需要昂贵的仪器，应用最为普遍，但也存在测试周期较长的缺陷。重金属和除草剂会影响藻类的光合作用，进而引起叶绿素荧光强度发生改变，可以快速灵敏地反映出外界环境的变化（Buonasera et al.，2011），因此，叶绿素荧光是探测光合作用的有效探针，具有灵敏、快速和对细胞无损伤的特点。

藻类的光合系统有反应中心、外部天线色素和内部天线色素，天线色素主要负责吸收光能，吸收了光能后，外部天线色素将捕获的绝大部分能量通过直接或间接的方式传递给内部天线色素的叶绿素 a。吸收光能后的色素分子由稳定的基态跃迁到不稳定的激发态，它们最终会回到相对较稳定的基态并放出激发能。如图 8-1 所示，释放能量的方式有如下几种：通过色素分子间的传递到达光系统Ⅰ（PSⅠ）和光系统Ⅱ（PSⅡ）反应中心，位于反应中心的叶绿素分子通过电荷分离的方式将能量传递给电子受体，从而进行光合作用，重新释放出一个光子，以叶绿素荧光及热的形式耗散掉（Buonasera et al.，2011）。

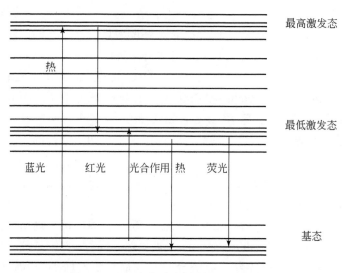

图 8-1　叶绿素分子放射荧光原理示意图

根据爱因斯坦能量方程和热力学第一定律（1＝光合作用+叶绿素荧光+热耗散），叶绿素荧光、光合作用和热耗散三者之间存在着相互竞争的关系，最大速率的过程处于主导地位（Beutler et al.，2002）。色素分子的荧光发生在纳秒（10^{-9}s）级，而光化学发生在皮秒（10^{-12}s）级，所以藻类在正常的生理条件下，80%～90%的激发能用来进行光化学反应，仅有5%～18%的激发能以荧光形式耗散，0.5%～2%的激发能以热的形式耗散（Lichtenthaler，1996）。Krause 和 Weis（1991）研究发现只有在 77K 的低温下才能观测到由 PSⅠ发出的叶绿素荧光，在室温下，叶绿素荧光绝大部分是由 PSⅡ产生的。当藻类受到胁迫时，光合作用效率下降，从而使得以热和叶绿素荧光形式的耗散增加，因此叶绿素荧光的变化可以反映生物受胁迫的情况。凌旌瑾（2009）的研究也认为活体叶绿素荧光是研究光合作用的有效探针，叶绿素荧光不仅能反映光能传递和吸收等光合作用的初始的反应过程，而且还和电子传递、碳素固定和ATP合成等过程密切相关。此外，叶绿素荧光动力学曲线能反映光合动态过程，并且具有简便、快捷和对样品无损伤等优点，因此近年来在水生生物学、植物生理学和环境胁迫生理学等方面都得到了广泛应用（韩志国，2002）。

　　传统的采用藻类作为指示生物进行环境监测的方法主要是将藻种放在含有毒物培养液中进行培养，通过测定藻类的光合色素含量、细胞密度、吸光度、酶活性、蛋白质含量、藻体积累重金属量等指标的变化情况来反映毒物对藻类生长、繁殖的影响，或者是以半数效应浓度（EC_{50}）和半致死浓度（LC_{50}）来表示藻种的敏感程度。但是，上述方法存在测量周期较长、结果可靠性低，并且实验无法区分死活细胞的缺陷（何林华，1989）。为了解决这个问题，国外学者尝试用叶绿素荧光技术来检测污染物，实验响应参数如PSⅡ最大光能转化效率（Fv/Fm）、PSⅡ实际光能转化效率（Yield）、NPQ（非光化学猝灭）、PSⅡ潜在活性（Fv/Fo）、qP（光化学猝灭）等来表示藻类受污染胁迫的程度，这种方法具有快速、准确等优点（Hanikenne，2003；Goltsev et al.，2009；Fritzsche and Mandenius，2010）。

　　国外自1990年以来，就陆续有人采用叶绿素荧光技术对水中的农药残留进行检测，并取得了较大进展。Scordino等（1996）发现伞藻（*Acetabuluria acetabulum*）在受到阿特拉津胁迫时，叶绿素荧光强度与正常情况下明显不同，便提出可用叶绿素荧光技术来反映水环境质量。随后，Frense等（1998）以栅藻（*Scenesdesmus subspicatus*）作为指示生物，采用叶绿素荧光技术在10min内对阿特拉津的检出限达到0.1μg/L。Nguyen-Ngoc等（2007，2009）将藻细胞包埋在硅胶基质中，用Spex Fluorolog 2检测叶绿素荧光变化，其对敌草隆、百草枯和莠去津的检出限达到0.1μg/L，满足欧盟饮用水标准要求，而且低于之前采用的悬浮藻液的检出限1μg/L。Mallick和Mohn（2003）运用叶绿素荧光技术研究了5种重金属对斜生栅藻（*Scenedesmus obliqnus*）的影响。Macedo等（2008）也证明荧光参数Fv/Fm对除草剂苯达松高度敏感。

　　国内在这方面的研究工作起步较晚，王山杉（2002）观察到在Zn^{2+}存在时固氮鱼腥藻（*Anabaena azotica ley*）的叶绿素荧光先上升再降低，由于Zn^{2+}是藻类生长必需的元素，当Zn^{2+}浓度为1.0mg/L时，Fv/Fm值最高，随着Zn^{2+}浓度的升高，Fv/Fm值降低，其生长和光合作用受到抑制。陈雷等（2009）发现Fv/Fm、Yield等荧光参数在Cu^{2+}胁迫下发生了明显的变化。简建波等（2010）比较了在Cu^{2+}胁迫下三角褐指藻（*Phaeodactylum triconutum*）细胞密度、光合放氧与暗呼吸、荧光参数、光合色素的变化，发现荧光参数最敏感。袁静等（2011）以蛋白核小球藻（*Chlorella pyrenoidosa*）为指示生物，通过叶绿素荧光的变化测试了包括重金属和除草剂在内的8种化学品的EC_{50}值，均满足饮用水限定的标准。

　　对于指示藻种的选择，经济合作与发展组织选用斜生栅藻作为水环境监测的指示藻种。欧盟藻类生物检测系统则推荐使用铜绿微囊藻（*Microcystis aeruginosa*）对莱茵河水质进行连续监测。Schreiber等（2005）用海洋硅藻三角褐指藻作为指示生物，对敌草隆的检测限达到甚至低于0.1μg/L，满足欧盟饮用水标准。另外，Brayner等（2011）推荐使用小球藻（*Chlorella vulgaris*）作为指示藻种，因其生物信号比较稳定。国内研究者普遍使用蛋白核小球藻、羊角月芽藻（*Selenastrum capricornutum*）、普通小球藻、斜生栅藻进行藻类生长抑制实验。然而，Marvá 等（2010）发现向培养基中加入污染物时，藻细胞密度呈现先下降再上升的趋势，López-Rodas 等（2008）证实污染物耐药细胞出现在污染物加入之前，是因为细胞复制过程中自发突变的结果，并非环境选择的生理适应，所以对于藻种的选择还需要将实验室研究和实践相结合。

总的来说，在指示藻种的选择原则上，要满足毒性敏感性强、响应速度快、生长周期短，并且易于培养（Elliot and Colwell，1985）。由于对数生长期的藻细胞化学组成及形态、生理特征比较一致，细胞代谢活跃，生长速率高，这个时期的藻细胞是用作研究工作的理想材料。因此，在实际应用中一般选用对数生长期的藻细胞作为实验材料（Schreiber et al.，2007）。

8.2 实验材料及方法

8.2.1 实验材料

（1）实验藻种

本实验采用环境保护部推荐的藻种，购自中国科学院水生生物研究所，具体见表8-1。

表8-1 实验藻种

藻种编号	藻种名称	拉丁名	门	纲	目	科	属
FACHB-417	斜生栅藻	*Scenedesmus obliqnus*	绿藻	绿藻	绿球藻	栅藻	栅藻
FACHB-9	蛋白核小球藻	*Chlorella pyrenoidosa*	绿藻	绿藻	绿球藻	小球藻	小球藻
FACHB-271	羊角月芽藻	*Selenastrum capricornutum*	绿藻	绿藻	绿球藻	小球藻	月芽藻

斜生栅藻通常由2个、4个或8个细胞交互排列形成扁形群体，各细胞略作交互排列。细胞两端尖细似纺锤形，细胞壁比较平滑，4细胞的群体宽 $10 \sim 12 \mu m$，长 $10 \sim 21 \mu m$（图8-2）。栅藻适应能力很强，在 $5 \sim 40 °C$ 的水温条件下都能生长繁殖，其最适宜水温范围在 $25 \sim 32 °C$，最适合的光照强度范围在 $5000 \sim 10\ 000$ lx。

蛋白核小球藻细胞呈球形，内含杯状色素体和球形蛋白核，藻细胞直径一般为 $3 \sim 5 \mu m$。蛋白核小球藻在 $10 \sim 36 °C$ 范围内都能繁殖生长，最适宜的温度在 $25 °C$ 左右，最适应的光照强度范围在 $5000 \sim 10\ 000$ lx。

羊角月牙藻细胞呈新月形或镰形，内含一块片状色素体，具有一个蛋白核或无，常由4个、8个或16个细胞组成一个群体，同一母细胞产生的个体相靠排列，最适宜的生长温度在 $25 °C$ 左右，最适应的光照强度范围在 $5000 \sim 10\ 000$ lx。

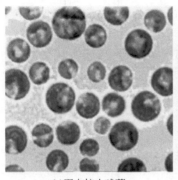  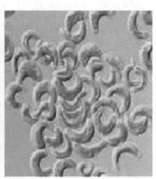

(a)蛋白核小球藻　　　　　　　(b)斜生栅藻　　　　　　　(c)羊角月牙藻

图 8-2　实验藻种照片

（2）主要实验仪器

使用德国 WALZ 公司生产的调制式叶绿素荧光仪（PHYTO-PAM）进行叶绿素 a 及荧光参数的测定，使用紫外可见分光光度计（UV-2550）进行光密度的测定。

（3）实验试剂

实验过程中所用的主要试剂配制参照 7.2.1 节内容进行。

8.2.2　实验方法

（1）藻种培养基的配制

藻种培养所用培养基均为 BG11（blue-green medium），根据中国科学院淡水藻种库的配方配制，配方见表 8-2。

表 8-2　BG11 培养基配方

试剂编号	试剂名称	工作液/（ml/L）	储备液
1	NaNO$_3$	100	15.0g/L dH$_2$O
2	K$_2$HPO$_4$	10	2g/500 ml dH$_2$O
3	MgSO$_4$·7H$_2$O	10	3.75g/500 ml dH$_2$O
4	CaCl$_2$·2H$_2$O	10	1.8g/500 ml dH$_2$O
5	citric acid	10	0.3g/500 ml dH$_2$O
6	Ferric ammonium citrate	10	0.3g/500ml dH$_2$O
7	EDTANa$_2$	10	0.05g/500ml dH$_2$O
8	Na$_2$CO$_3$	10	1.0g/500ml dH$_2$O
9	A$_5$（Trace mental solution）	1	

培养基的配制方法如下：首先需配制成储备液，放置在冰箱中 4℃保存，使用前按照表 8-2 和表 8-3 的顺序将其配制成培养基，待一种试剂完全混匀后再加入另一种，添加过

程中不断搅拌，用超纯水定容到 1000ml，然后用 NaOH 或者 HCl 调节 pH 至 7.1，再在 121℃下高压灭菌 20 min，冷却至常温后便可使用。

表 8-3　BG11 中 A5 的配方

试剂编号	试剂名称	储备液
1	H_3BO_3	$2.86g/L\ dH_2O$
2	$MnCl_2 \cdot 4H_2O$	$1.86g/L\ dH_2O$
3	$ZnSO_4 \cdot 7H_2O$	$0.22g/L\ dH_2O$
4	$Na_2MoO_4 \cdot 2H_2O$	$0.39g/L\ dH_2O$
5	$CuSO_4 \cdot 5H_2O$	$0.08g/L\ dH_2O$
6	$Co\ (NO_3)_2 \cdot 6H_2O$	$0.05g/L\ dH_2O$

（2）藻种的活化与扩大培养

藻种培养：置于培养箱中静置培养，条件设置为光照强度 4000lx，温度（24±2）℃，光暗比 12h：12h。培养过程中为了保持细胞处于悬浮状态，每天需定时摇动锥形瓶 3~5 次，使 CO_2 进入水中并防止 pH 降低。为了减小光照强弱的差异，要每天随机调换三角瓶的位置 2~3 次。

活化操作：将购买的纯种藻在无菌操作下转接到盛有培养基的三角瓶中，每隔 96h 离心弃去上清液，将所得的浓缩藻液再接种到新鲜培养基中继续培养，接种时间为藻类细胞代谢的旺盛时期（08：00~10：00），每次转接前在显微镜下观察，确保藻种没有受到污染，如此反复 2~3 次操作后，藻种会慢慢适应实验室培养条件，达到同步生长阶段。同时，每天需定时于显微镜下检验藻类生长状况，若生长良好，且无变形和不正常细胞，说明藻种已经适应实验条件，活化成功。

（3）受试毒物选择及配置

实验选择的毒物为 $CdCl_2 \cdot 2.5H_2O$、$K_2Cr_2O_7$、$MnSO_4 \cdot H_2O$、$PbCl_2$ 及除草剂莠去津、西玛津和敌草隆。在正式实验之前先进行预实验，预实验应找到 100% 受抑制的最低浓度和不受抑制的最高浓度，探明毒物对藻类影响的 EC_{50} 的大致范围，从而确定正式实验中受试物的浓度设置范围。重金属设置 6 个梯度和 1 个空白，除草剂设置 8 个梯度和 1 个空白。

（4）实验参数设置

对于重金属毒物胁迫实验，实验周期为 96h，实验开始后，每隔 24h 测试 1 次，即在 24h、48h、72h 和 96h 时各取一次样，取样时把培养液充分摇匀。实验测定参数为光密度、叶绿素含量和荧光参数。

对于除草剂胁迫实验，实验周期为 60min，实验开始后，分别在 5min、10min、15min、20min、30min 和 60min 时取一次样。由于除草剂胁迫实验周期短，在 1h 的实验周期内，实验藻液的生长量较小，吸光度和叶绿素 a 含量变化不明显，所以只测定其荧光参数。

8.3 藻类生长特性研究

8.3.1 藻种特征吸收光谱

OD 是 optical density（光密度）的缩写，表示被检测物吸收掉的光密度，光通过被检测物前后出现的能量差异即是被检测物吸收掉的能量。在特征波长下，被检测物的浓度与被吸收的能量成定量关系，因此可以用此波长处的吸光度反映细胞生长变化情况。藻类体内含叶绿素 a，通过测量叶绿素 a 的含量来间接反映藻类生物量。

取适量对数生长期的藻液，倒入 5ml 离心管，以纯水作为参比溶液，测定其在 400 ~ 700 nm 波长下的吸光度值，绘制藻类叶绿素 a 吸收值与波长的关系如图 8-3 所示，结果确定蛋白核小球藻在波长 687nm 处出现波峰，斜生栅藻在波长 680nm 处出现波峰，羊角月牙藻在波长 684nm 处出现波峰。

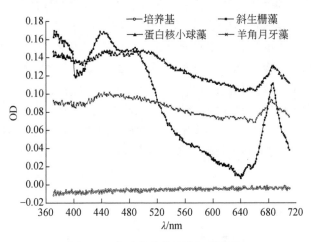

图 8-3 实验藻种的波谱扫描曲线

8.3.2 藻细胞浓度与吸光度之间的关系

在建立藻细胞浓度与吸光度关系方程的实验中，先取一定量斜生栅藻、蛋白核小球藻和羊角月牙藻藻液，离心（12 000r/min，10min）后去上清液，用 0.5% 的 NaCl 溶液清洗细胞 3 次，然后将其稀释为不同的浓度梯度，摇匀后，用移液枪准确吸取 0.1ml 藻液于浮游植物计数框内，在显微镜下计数。每个浓度梯度至少计数两片，取均值。同时在特征吸收波长下测定不同含量藻液的光密度，然后以细胞密度（个/ml）为因变量、吸光度值为自变量建立藻细胞密度与吸光度关系方程（图 8-4）。由图可见 3 种藻细胞浓度均与吸光度呈良好的线性关系，R^2 值均在 0.99 以上，说明实验藻类在纯培养下可以用 OD 值表示藻类生物量的大小。

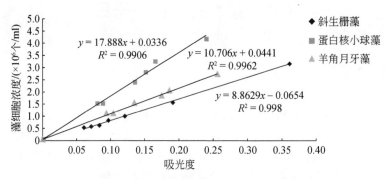

图 8-4　3 种实验藻种细胞浓度与吸光度之间的关系曲线

8.3.3　藻种生长曲线特征

胁迫实验所用藻种为处于对数生长期的藻种，因此筛选出符合实验要求的藻种需要绘制藻种生长曲线，来确定每种藻生长到对数期的时间与特征。

在本次实验中，藻类的生长量用吸光度表示。将已活化藻细胞取出 10ml 上清液加入到 100ml 新鲜培养基中，控制初始吸光度小于 0.02，在与活化藻种同样的条件下进行培养。在整个培养过程中，每天相同的时间，取相同量的藻液在特征吸收波长处测定其吸光度，以培养时间为横坐标，以吸光度为纵坐标，即可得到藻种生长曲线如图 8-5 所示。从生长曲线上看，在相同条件下，羊角月牙藻生长速度最快，其次是蛋白核小球藻，斜生栅藻最慢，三者在 17 ~ 20 天达到生长稳定期。

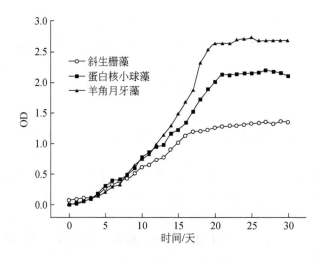

图 8-5　3 种实验藻种的生长曲线

8.4 实验藻种对重金属的胁迫响应研究

8.4.1 蛋白核小球藻对重金属的胁迫响应研究

8.4.1.1 重金属对蛋白核小球藻生长抑制作用的研究

（1）CdCl$_2$

由图 8-6 ~ 图 8-8 可知，在重金属 CdCl$_2$ 的作用下，蛋白核小球藻的吸光度、叶绿素 a 相对含量及 Fv/Fm 均受到不同程度的抑制，整体表现为随着重金属浓度的增加抑制率也随之增加。同时，在 0 ~ 96h，吸光度、叶绿素 a 相对含量及 Fv/Fm 的抑制率随着时间的增加而增加。

（2）MnSO$_4$

MnSO$_4$ 对蛋白核小球藻的抑制作用与 CdCl$_2$ 略有不同，低浓度时（小于 60mg/L）其对蛋白核小球藻的生长有短暂的促进作用，这在叶绿素 a 相对含量抑制率上也有体现，但对 Fv/Fm 一直是抑制作用，说明低浓度的 MnSO$_4$ 虽然短期内有促进藻类生长的作用，但还是对藻类光合系统产生了一定程度的毒害作用。高浓度的 MnSO$_4$ 对蛋白核小球藻的吸光度、叶绿素 a 相对含量及 Fv/Fm 产生明显的抑制作用（图 8-9 ~ 图 8-11）。

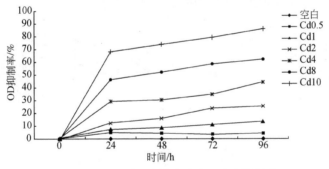

图 8-6　CdCl$_2$ 对蛋白核小球藻吸光度的影响

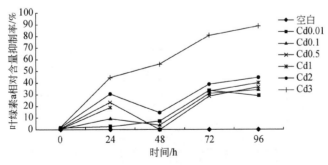

图 8-7　CdCl$_2$ 对蛋白核小球藻叶绿素 a 相对含量的影响

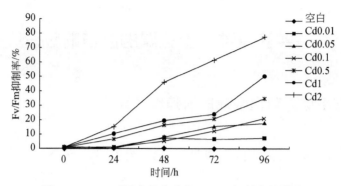

图 8-8　CdCl$_2$ 对蛋白核小球藻 Fv/Fm 抑制率的影响

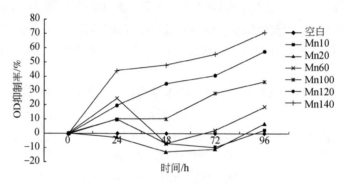

图 8-9　MnSO$_4$ 对蛋白核小球藻吸光度的影响

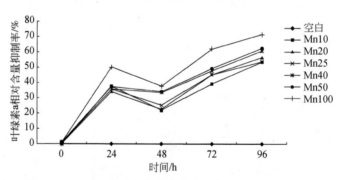

图 8-10　MnSO$_4$ 对蛋白核小球藻叶绿素 a 相对含量的影响

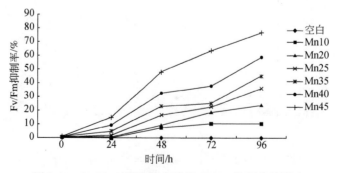

图 8-11　MnSO$_4$ 对蛋白核小球藻 Fv/Fm 抑制率的影响

（3）PbCl₂

由图 8-12 ~ 图 8-14 可知，低浓度的 PbCl₂（小于 5mg/L）在短时间内可以促进蛋白核小球藻生长，表现为吸光度的抑制率为负值。高浓度的 PbCl₂ 对蛋白核小球藻生长产生明显抑制作用。而无论何种浓度的 PbCl₂，均对蛋白核小球藻的 Fv/Fm 产生抑制作用，而且抑制率随着浓度的增加而升高。

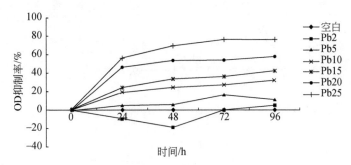

图 8-12　PbCl₂ 对蛋白核小球藻吸光度的影响

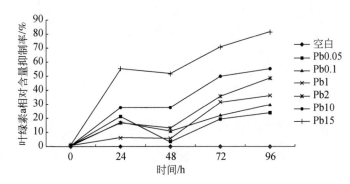

图 8-13　PbCl₂ 对蛋白核小球藻叶绿素 a 相对含量的影响

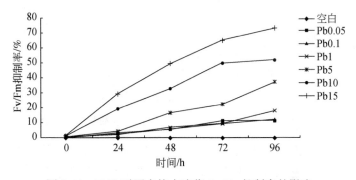

图 8-14　PbCl₂ 对蛋白核小球藻 Fv/Fm 抑制率的影响

（4）K₂Cr₂O₇

由图 8-15 ~ 图 8-17 可知，低浓度的 K₂Cr₂O₇ 在短时间内对藻类生长的抑制作用不明显，甚至能促进藻类生长，表现为叶绿素 a 相对含量的增加，而高浓度的 K₂Cr₂O₇ 对蛋白核小球藻生长产生明显的抑制效应。各浓度下的 $K_2Cr_2O_7$ 均对蛋白核小球藻的 Fv/Fm 产生抑制作用，并且抑制率随着浓度的增加而升高。

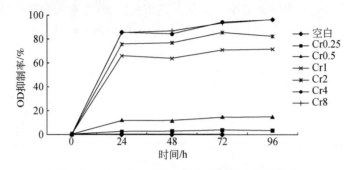

图 8-15　$K_2Cr_2O_7$ 对蛋白核小球藻吸光度的影响

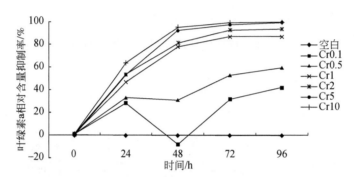

图 8-16　$K_2Cr_2O_7$ 对蛋白核小球藻叶绿素 a 相对含量的影响

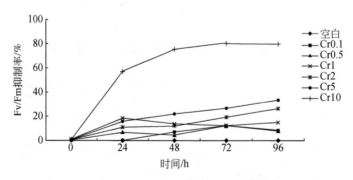

图 8-17　$K_2Cr_2O_7$ 对蛋白核小球藻 Fv/Fm 抑制率的影响

由以上可见，重金属对蛋白核小球藻吸光度和叶绿素 a 相对含量的抑制作用表现为随着重金属浓度的增加而增加，抑制率一般在 48～72h 达到最大，随后趋于稳定或降低。Fv/Fm参数对重金属胁迫作用的响应最为灵敏，无论重金属离子浓度的高低如何，均对Fv/Fm 产生抑制作用，不存在低浓度时的短暂促进作用，说明 Fv/Fm 可能更适合作为指标表征蛋白核小球藻在重金属胁迫作用下的生理响应变化。

8.4.1.2 重金属浓度与抑制率之间的关系研究

图 8-18 ~ 图 8-21 为不同重金属与蛋白核小球藻抑制率之间的剂量-效应曲线，分别以吸光度、叶绿素 a 相当含量及 Fv/Fm 为指标描述蛋白核小球藻在受到胁迫后的生理响应。不难看出，几种重金属对蛋白核小球藻的胁迫存在差异，3 种指标响应的差异比较明显。但 Fv/Fm 与 4 种重金属的剂量均呈直线关系，而且斜率较大，说明其变化更为明显（表8-4）。因此，用 Fv/Fm 指标来描述蛋白核小球藻受到重金属胁迫后的生理变化更灵敏、更稳定。

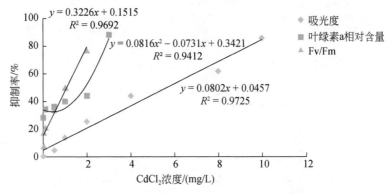

图 8-18　不同 CdCl₂ 浓度与蛋白核小球藻抑制率的关系

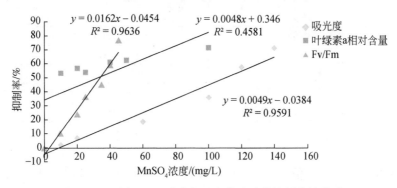

图 8-19　不同 MnSO₄ 浓度与蛋白核小球藻抑制率的关系

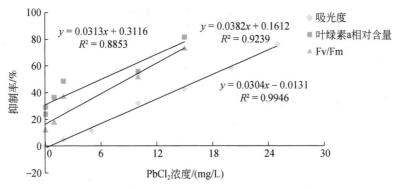

图 8-20　不同 PbCl₂ 浓度与蛋白核小球藻抑制率的关系

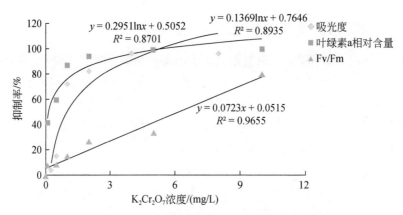

图 8-21　不同 $K_2Cr_2O_7$ 浓度与蛋白核小球藻抑制率的关系

表 8-4　重金属浓度与蛋白核小球藻抑制率的回归方程

重金属	指标	方程	R^2
$CdCl_2$	吸光度	$y=0.0802x+0.0457$	0.9725
	叶绿素 a 相对含量	$y=0.0816x^2-0.0731x+0.3421$	0.9412
	Fv/Fm	$y=0.3226x+0.1515$	0.9692
$MnSO_4$	吸光度	$y=0.0049x-0.0384$	0.9591
	叶绿素 a 相对含量	$y=0.0048x+0.346$	0.4581
	Fv/Fm	$y=0.0162x-0.0454$	0.9636
$PbCl_2$	吸光度	$y=0.0304x-0.0131$	0.9946
	叶绿素 a 相对含量	$y=0.0313x+0.3116$	0.8853
	Fv/Fm	$y=0.0382x+0.1612$	0.9239
$K_2Cr_2O_7$	吸光度	$y=0.1369\ln x+0.7646$	0.8935
	叶绿素 a 相对含量	$y=0.2951\ln x+0.5052$	0.8701
	Fv/Fm	$y=0.0723x+0.0515$	0.9655

　　根据计算出的 96h EC_{50} 值（表 8-5），可以看出，4 种重金属对蛋白核小球藻的毒性大小依次为 $CdCl_2 > K_2Cr_2O_7 > PbCl_2 > MnSO_4$。

表 8-5　4 种重金属对蛋白核小球藻的 96h EC_{50} 值表

重金属	$CdCl_2$	$MnSO_4$	$PbCl_2$	$K_2Cr_2O_7$
96h EC_{50}/（mg/L）	1.07	33.03	9.05	6.06

8.4.2　斜生栅藻对重金属的胁迫响应研究

8.4.2.1　重金属对斜生栅藻生长抑制作用的影响研究

（1）$CdCl_2$

从图 8-22 ～图 8-24 可以看出，$CdCl_2$ 在 48h 内对斜生栅藻吸光度的抑制率持续增加，

48h 后趋于稳定并略有降低。比较而言，CdCl$_2$ 对叶绿素 a 相对含量的抑制情况略有不同，低浓度 CdCl$_2$ 对斜生栅藻的叶绿素 a 相对含量的抑制率较小且在 48h 后开始降低，高浓度 CdCl$_2$ 对叶绿素 a 相对含量的抑制率持续增加并最终趋于平缓。CdCl$_2$ 对 Fv/Fm 的抑制率则是在 96h 内一直呈上升态势。

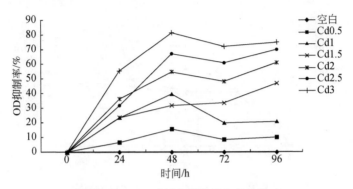

图 8-22 CdCl$_2$ 对斜生栅藻吸光度的影响

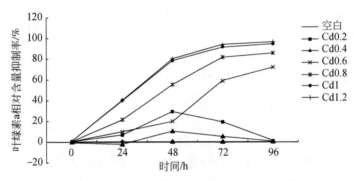

图 8-23 CdCl$_2$ 对斜生栅藻叶绿素 a 相对含量的影响

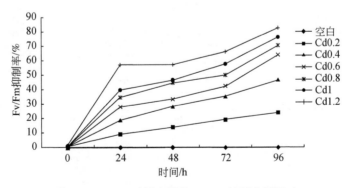

图 8-24 CdCl$_2$ 对斜生栅藻 Fv/Fm 抑制率的影响

（2）MnSO$_4$

图 8-25 ～ 图 8-27 为 MnSO$_4$ 对斜生栅藻吸光度、叶绿素 a 相对含量及 Fv/Fm 的影响，

从图中可以看出 MnSO$_4$ 对斜生栅藻的影响与蛋白核小球藻类似，其抑制率整体随着浓度的升高而增大。低浓度时 MnSO$_4$ 对吸光度及叶绿素 a 相对含量影响较小，在短期内还能促进叶绿素 a 相对含量的增加，其对吸光度及叶绿素 a 相对含量的影响在 48h 后趋于稳定，而对 Fv/Fm 的抑制率则是在 96h 内均呈上升态势。

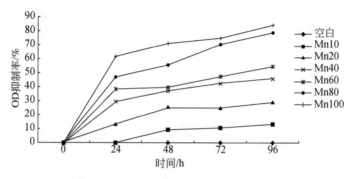

图 8-25　MnSO$_4$ 对斜生栅藻吸光度的影响

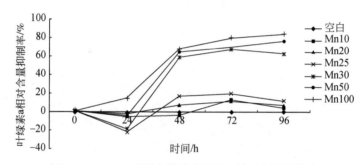

图 8-26　MnSO$_4$ 对斜生栅藻叶绿素 a 相对含量的影响

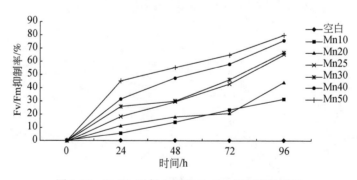

图 8-27　MnSO$_4$ 对斜生栅藻 Fv/Fm 抑制率的影响

（3）PbCl$_2$

PbCl$_2$ 对斜生栅藻吸光度及叶绿素的影响表现为低浓度时在 24～48h 抑制率较高，然后开始降低，高浓度时其抑制率在 48h 后逐渐趋于稳定，而 PbCl$_2$ 对 Fv/Fm 的抑制作用则是持续增强。总的来说，PbCl$_2$ 对 3 个指标的抑制率均是随浓度的升高而增大（图 8-28～

图 8-30)。

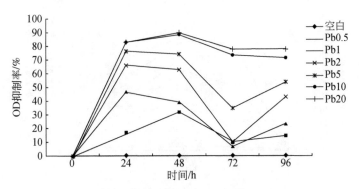

图 8-28　PbCl₂ 对斜生栅藻吸光度的影响

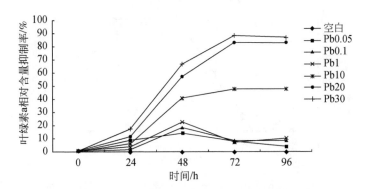

图 8-29　PbCl₂ 对斜生栅藻叶绿素 a 相对含量的影响

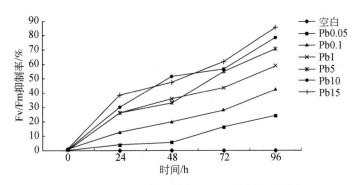

图 8-30　PbCl₂ 对斜生栅藻 Fv/Fm 抑制率的影响

（4）K₂Cr₂O₇

在 K₂Cr₂O₇ 的胁迫下，斜生栅藻的吸光度抑制率在 48h 内持续增加，随后开始降低。低浓度的 K₂Cr₂O₇ 对叶绿素 a 相对含量的生长在短期内有促进作用，24h 后抑制作用开始出现，48～72h 达到最大，随后开始降低。高浓度的 K₂Cr₂O₇ 对叶绿素 a 相对含量的抑制率在 72h 左右达到最大，随后开始稳定甚至下降，而对 Fv/Fm 抑制率的影响则是在 96h 内持续增加，与上述几种重金属对斜生栅藻 Fv/Fm 的影响类似（图 8-31 ～ 图 8-33）。

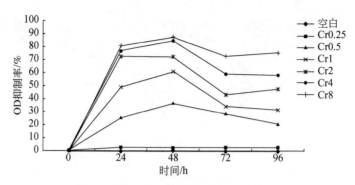

图 8-31　$K_2Cr_2O_7$ 对斜生栅藻吸光度的影响

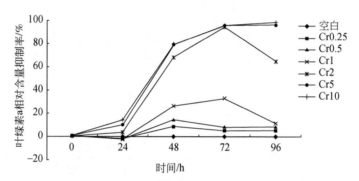

图 8-32　$K_2Cr_2O_7$ 对斜生栅藻叶绿素 a 相对含量的影响

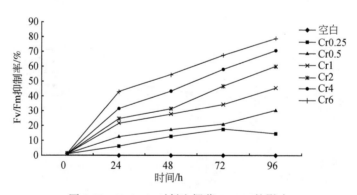

图 8-33　$K_2Cr_2O_7$ 对斜生栅藻 Fv/Fm 的影响

　　由此可见，重金属对斜生栅藻吸光度及叶绿素 a 相对含量的抑制作用是随着重金属浓度的增加而增加，抑制率一般在 48 ～ 72h 达到最大，随后趋于稳定或降低。重金属对斜生栅藻 Fv/Fm 的抑制作用则是随着浓度及时间（96h 内）的增加而持续增强。因此，Fv/Fm 指标比吸光度及叶绿素 a 相对含量能更好地反映重金属对斜生栅藻的胁迫作用。

8.4.2.2 重金属浓度与抑制率之间的关系研究

不同重金属浓度与斜生栅藻吸光度、叶绿素 a 相对含量及 Fv/Fm 抑制率之间的拟合关系如图 8-34 ~ 图 8-37 所示，拟合方程见表 8-6。由图可见，重金属 $CdCl_2$、$MnSO_4$、$PbCl_2$、$K_2Cr_2O_7$ 均与 Fv/Fm 抑制率呈对数关系，R^2 分别达 0.9961、0.935、0.9686、0.9961，抑制率处于 0 ~ 50%，Fv/Fm 对重金属胁迫的响应程度普遍高于吸光度及叶绿素 a 相对含量。吸光度及叶绿素对重金属浓度的变化响应不一，呈现线性或对数关系，拟合度及规律性也相对较差。因此，运用斜生栅藻的 Fv/Fm 指标能更快、更好地描述重金属的胁迫效应。

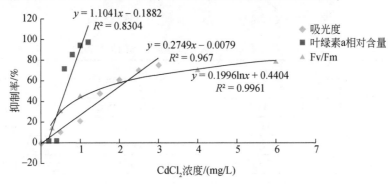

图 8-34　不同浓度 $CdCl_2$ 与斜生栅藻抑制率的关系

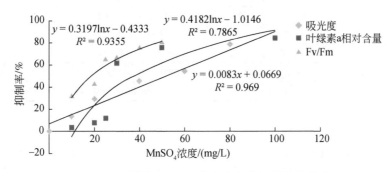

图 8-35　不同浓度 $MnSO_4$ 与斜生栅藻抑制率的关系

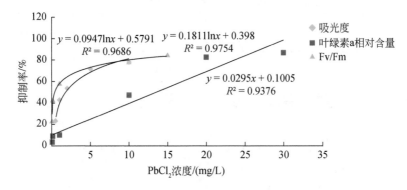

图 8-36　不同浓度 $PbCl_2$ 与斜生栅藻抑制率的关系

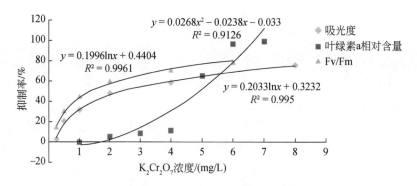

图 8-37　不同浓度 $K_2Cr_2O_7$ 与斜生栅藻抑制率的关系

表 8-6　重金属浓度与斜生栅藻抑制率的拟合方程

重金属	指标	方程	R^2
CdCl$_2$	吸光度	$y=0.2749x-0.0079$	0.967
	叶绿素 a 相对含量	$y=1.1041x-0.1882$	0.8304
	Fv/Fm	$y=0.1996\ln x+0.4404$	0.9961
MnSO$_4$	吸光度	$y=0.3197\ln x-0.4333$	0.9355
	叶绿素 a 相对含量	$y=0.4182\ln x-1.0146$	0.7865
	Fv/Fm	$y=0.0083x+0.0669$	0.969
PbCl$_2$	吸光度	$y=0.1811\ln x+0.398$	0.9754
	相对叶绿素含量	$y=0.0295x+0.1005$	0.9376
	Fv/Fm	$y=0.0947\ln x+0.5791$	0.9686
K$_2$Cr$_2$O$_7$	吸光度	$y=0.2033\ln x+0.3232$	0.995
	叶绿素 a 相对含量	$y=0.0268x^2-0.0238x-0.033$	0.9126
	Fv/Fm	$y=0.1996\ln x+0.4404$	0.9961

　　根据斜生栅藻 Fv/Fm 的变化可计算出其在 4 种重金属 CdCl$_2$、MnSO$_4$、PbCl$_2$、K$_2$Cr$_2$O$_7$ 胁迫下的 96h EC$_{50}$ 值分别为 0.53mg/L、19.3mg/L、0.079mg/L、1.01mg/L（表 8-7），也由此可见 4 种重金属对斜生栅藻毒性大小的顺序依次为 PbCl$_2$>CdCl$_2$>K$_2$Cr$_2$O$_7$>MnSO$_4$。

表 8-7　重金属对斜生栅藻的 96h EC$_{50}$ 值

重金属	CdCl$_2$	MnSO$_4$	PbCl$_2$	K$_2$Cr$_2$O$_7$
96h EC$_{50}$/（mg/L）	0.53	19.3	0.079	1.01

8.4.3　羊角月牙藻对重金属胁迫响应研究

8.4.3.1　重金属对斜生栅藻生理抑制作用的影响研究

（1）CdCl$_2$

CdCl$_2$ 对羊角月牙藻的毒性较大，对其吸光度及叶绿素 a 相对含量的抑制作用明显，在0～48h抑制率随着时间的增加而增大，其后逐渐趋于稳定。CdCl₂对羊角月牙藻 Fv/Fm 的抑制作用则是在 0～96h 随着时间的增加而逐渐增大（图 8-38～图 8-40）。

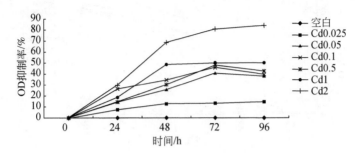

图 8-38　CdCl₂对羊角月牙藻吸光度的影响

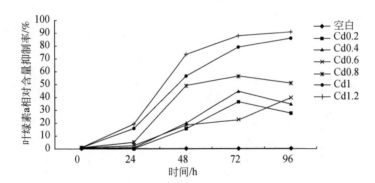

图 8-39　CdCl₂对羊角月牙藻叶绿素 a 相对含量的影响

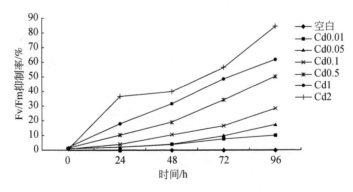

图 8-40　CdCl₂对羊角月牙藻 Fv/Fm 抑制率的影响

（2） MnSO₄

MnSO₄对羊角月牙藻的毒性较小，在低浓度时其对吸光度与叶绿素 a 相对含量影响较小，抑制率随着时间的增加而增大，48h 后逐渐趋于稳定。MnSO₄对 Fv/Fm 的抑制作用在 0～96h 随着时间的增加而逐渐增大（图 8-41～图 8-43）。

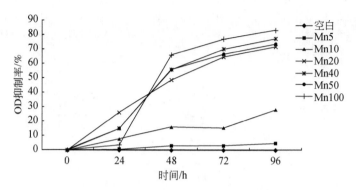

图 8-41　MnSO₄对羊角月牙藻吸光度的影响

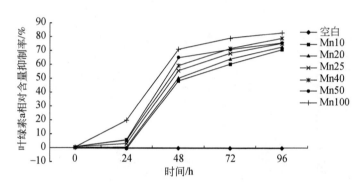

图 8-42　MnSO₄对羊角月牙藻叶绿素 a 相对含量的影响

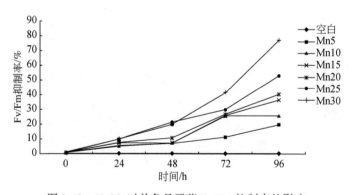

图 8-43　MnSO₄对羊角月牙藻 Fv/Fm 抑制率的影响

（3）PbCl₂

PbCl₂对羊角月牙藻吸光度及叶绿素 a 相对含量影响较为明显，对叶绿素 a 相对含量的抑制率在 72h 内逐渐增大，随后趋于平缓并略有降低。PbCl₂对 Fv/Fm 的影响在低浓度时不明显，浓度达到 10mg/L 以上时其抑制作用才开始逐渐明显，表现为抑制率随着时间的增加而迅速升高（图 8-44 ~ 图 8-46）。

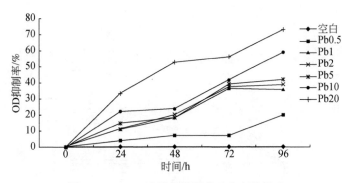

图 8-44　PbCl₂对羊角月牙藻吸光度的影响

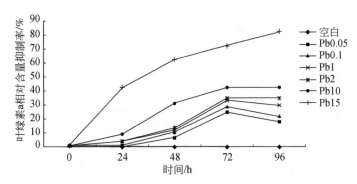

图 8-45　PbCl₂对羊角月牙藻叶绿素 a 相对含量的影响

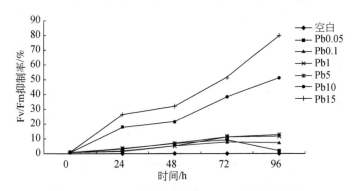

图 8-46　PbCl₂对羊角月牙藻 Fv/Fm 抑制率的影响

（4）$K_2Cr_2O_7$

$K_2Cr_2O_7$对羊角月牙藻的毒性较大，在低浓度时其对吸光度及叶绿素 a 相对含量影响较小，在 0～48h 对吸光度及叶绿素 a 相对含量抑制率整体表现为随着时间的增加而增大，其后逐渐趋于稳定。而 $K_2Cr_2O_7$ 对 Fv/Fm 的抑制作用则是在 0～96h 随着时间的增加而增大，浓度低于 5mg/L 时抑制率随时间增加增长较慢，当达到 10mg/L 时，抑制率随着时间增加而迅速增加（图 8-47～图 8-49）。

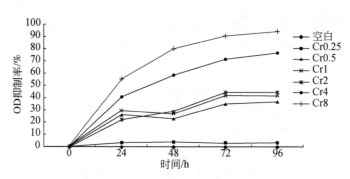

图 8-47　$K_2Cr_2O_7$ 对羊角月牙藻吸光度的影响

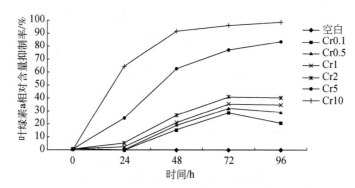

图 8-48　$K_2Cr_2O_7$ 对羊角月牙藻叶绿素 a 相对含量的影响

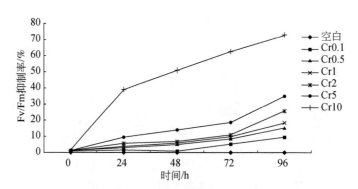

图 8-49　$K_2Cr_2O_7$ 对羊角月牙藻 Fv/Fm 抑制率的影响

8.4.3.2　重金属与抑制率之间的关系研究

图 8-50 ~ 图 8-53 为 4 种重金属（$CdCl_2$、$MnSO_4$、$PbCl_2$、$K_2Cr_2O_7$）不同浓度与羊角月牙藻吸光度、叶绿素及 Fv/Fm 之间抑制关系的拟合图，具体拟合方程见表 8-8。由图可见重金属浓度与 Fv/Fm 指标之间的拟合度较好，R^2 值均在 0.9 以上，并且 Fv/Fm 指标对重金属的胁迫响应比较敏感，呈线性或对数关系。

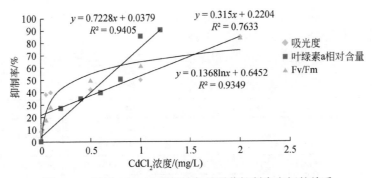

图 8-50　不同 CdCl$_2$ 浓度与羊角月牙藻抑制率之间的关系

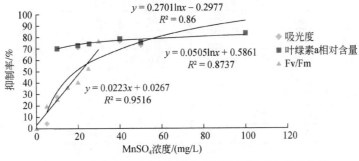

图 8-51　不同 MnSO$_4$ 浓度与羊角月牙藻抑制率之间的关系

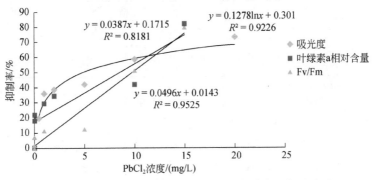

图 8-52　不同 PbCl$_2$ 浓度与羊角月牙藻抑制率之间的关系

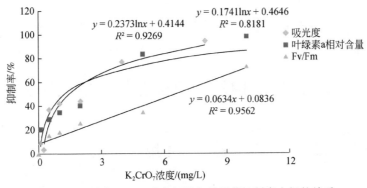

图 8-53　不同 K$_2$CrO$_7$ 浓度与羊角月牙藻抑制率之间的关系

根据 Fv/Fm 的变化可计算出 4 种重金属（$CdCl_2$、$MnSO_4$、$PbCl_2$、$K_2Cr_2O_7$）对羊角月牙藻的 96h EC_{50} 值分别为 0.50mg/L、20.88mg/L、9.538mg/L、6.36mg/L（表 8-9），可见 4 种重金属对羊角月牙藻毒性大小的顺序依次为 $CdCl_2 > K_2Cr_2O_7 > PbCl_2 > MnSO_4$。

表 8-8　重金属浓度与羊角月牙藻抑制率的拟合方程

重金属	指标	方程	R^2
$CdCl_2$	吸光度	$y=0.315x+0.2204$	0.7633
	叶绿素 a 相对含量	$y=0.7228x+0.0379$	0.9405
	Fv/Fm	$y=0.1368\ln x+0.6452$	0.9349
$MnSO_4$	吸光度	$y=0.2701\ln x-0.2977$	0.86
	叶绿素 a 相对含量	$y=0.0505\ln x+0.5861$	0.8737
	Fv/Fm	$y=0.0223x+0.0267$	0.9516
$PbCl_2$	吸光度	$y=0.1278\ln x+0.301$	0.9226
	叶绿素 a 相对含量	$y=0.0387x+0.1715$	0.8181
	Fv/Fm	$y=0.0496x+0.0143$	0.9525
$K_2Cr_2O_7$	吸光度	$y=0.2373\ln x+0.4144$	0.9269
	相对叶绿素含量	$y=0.1741\ln x+0.4646$	0.8181
	Fv/Fm	$y=0.0634x+0.0836$	0.9562

表 8-9　重金属对不同藻类的 96h EC_{50} 值　　　　（单位：mg/L）

藻类名称	$CdCl_2$	$MnSO_4$	$PbCl_2$	$K_2Cr_2O_7$
斜生栅藻	0.53	19.3	0.079	1.01
蛋白核小球藻	1.07	33.03	9.05	6.06
羊角月牙藻	0.50	20.88	9.538	6.36

由以上分析可见，在重金属的胁迫下，羊角月牙藻的吸光度、叶绿素 a 相对含量及 Fv/Fm 指标会发生相应变化，表现为低浓度时抑制率较小甚至有促进藻类生长的作用，高浓度时抑制作用明显。抑制率往往在 48~72h 达到最大，随后趋于稳定或略有降低，抑制率与重金属浓度呈现明显的剂量–效应关系。在吸光度、叶绿素及 Fv/Fm 对重金属的响应变化中，Fv/Fm 的变化比较敏感且拟合度较好，更适合作为检测指标监测重金属浓度对羊角月牙藻的胁迫作用。

综合 4 种重金属对 3 种藻类的抑制作用来看，$CdCl_2$ 对藻类的毒性最大，其次是 $K_2Cr_2O_7$ 和 $PbCl_2$，$MnSO_4$ 的毒性最小。

8.5　实验藻种对除草剂的胁迫响应研究

8.5.1　除草剂对蛋白核小球藻的抑制作用研究

3 种除草剂敌草隆、西玛津及莠去津对蛋白核小球藻的毒性都很大，而且响应迅速，在 0 ~ 5min 对蛋白核小球藻 Fv/Fm 的抑制率迅速升高，随后趋于稳定（图 8-54 ~ 图 8-56）。

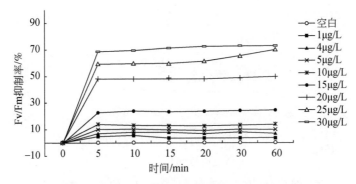

图 8-54　敌草隆对蛋白核小球藻 Fv/Fm 的抑制效应

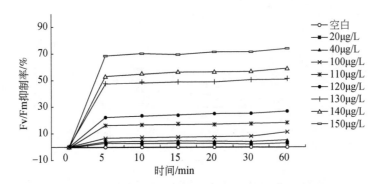

图 8-55　西玛津对蛋白核小球藻 Fv/Fm 的抑制效应

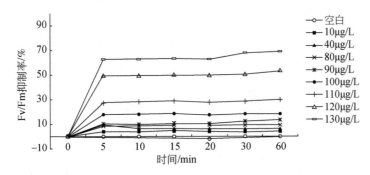

图 8-56　莠去津对蛋白核小球藻 Fv/Fm 的抑制效应

8.5.2　除草剂对斜生栅藻的抑制作用研究

敌草隆对斜生栅藻 Fv/Fm 的影响与蛋白核小球藻类似，均是在 5min 后达到稳定；西玛津及莠去津对斜生栅藻的毒性效应与敌草隆略有不同，低浓度时在 5min 后达到稳定，但抑制率不高，低于10%。高浓度时抑制效应在5min内快速增强，5min后增长趋势变缓，但仍呈增长趋势（图8-57~图8-59）。

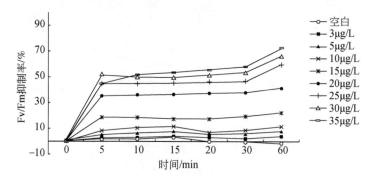

图 8-57 敌草隆对斜生栅藻 Fv/Fm 的抑制效应

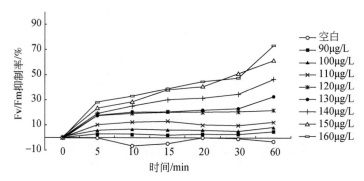

图 8-58 西玛津对斜生栅藻 Fv/Fm 的抑制效应

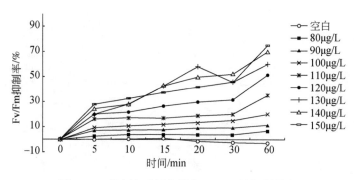

图 8-59 莠去津对斜生栅藻 Fv/Fm 的抑制效应

8.5.3 除草剂对羊角月牙藻的抑制作用研究

3种除草剂（敌草隆、西玛津及莠去津）对羊角月牙藻的毒性都很大，其对羊角月牙藻 Fv/Fm 的抑制率在0~5min迅速增长，随后趋于稳定（图8-60~图8-62）。

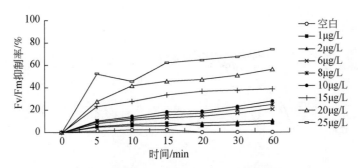

图 8-60　敌草隆对羊角月牙藻 Fv/Fm 的抑制效应

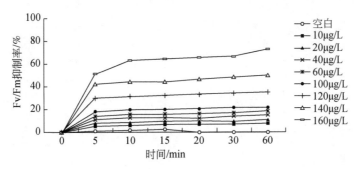

图 8-61　西玛津对羊角月牙藻 Fv/Fm 的抑制效应

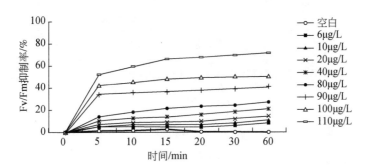

图 8-62　莠去津对羊角月牙藻 Fv/Fm 的抑制效应

8.5.4　除草剂浓度与抑制率之间的关系研究

3 种除草剂与 3 种藻类 Fv/Fm 的回归关系如图 8-63 ~ 图 8-65 所示，其拟合方程见表 8-10，3 种除草剂对 3 种藻类呈现明显的剂量–效应关系。敌草隆对 3 种藻类的 Fv/Fm 抑制率呈线性关系，西玛津及莠去津对 3 种藻类的 Fv/Fm 抑制率呈指数效应关系。除草剂对不同藻类 Fv/Fm 的 60min EC_{50} 结果见表 8-11，由 EC_{50} 的结果可知 3 种除草剂对 3 种藻类的毒性大小顺序依次为敌草隆>莠去津>西玛津。

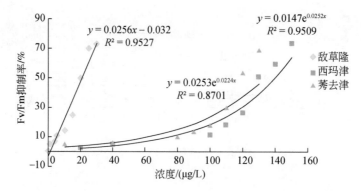

图 8-63　除草剂浓度与蛋白核小球藻 Fv/Fm 的回归关系

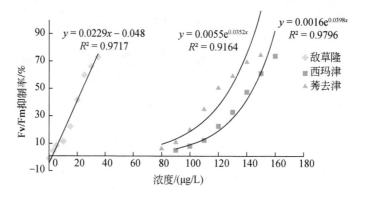

图 8-64　除草剂浓度与斜生栅藻 Fv/Fm 的回归关系

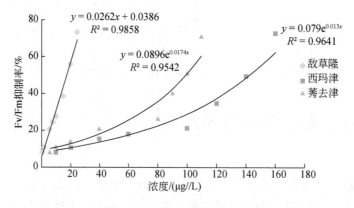

图 8-65　除草剂浓度与羊角月牙藻 Fv/Fm 的回归关系

表 8-10 除草剂浓度与不同藻类 Fv/Fm 抑制率之间的回归方程

藻类名称	指标	方程	R^2
蛋白核小球藻	敌草隆	$y = 0.0256x - 0.032$	0.9527
	西玛津	$y = 0.0147e^{0.0252x}$	0.9509
	莠去津	$y = 0.0253e^{0.0224x}$	0.8701
斜生栅藻	敌草隆	$y = 0.0229x - 0.048$	0.9717
	西玛津	$y = 0.0016e^{0.0398x}$	0.9796
	莠去津	$y = 0.0055e^{0.0352x}$	0.9164
羊角月牙藻	敌草隆	$y = 0.0262x + 0.0386$	0.9858
	西玛津	$y = 0.079e^{0.013x}$	0.9641
	莠去津	$y = 0.0896e^{0.0174x}$	0.9542

表 8-11 除草剂对不同藻类 Fv/Fm 60min EC$_{50}$ 值 （单位：mg/L）

藻类名称	敌草隆	莠去津	西玛津
斜生栅藻	0.006	0.132	0.159
蛋白核小球藻	0.020	0.120	0.130
羊角月牙藻	0.018	0.102	0.142

8.5.5 测试时间对除草剂 EC$_{50}$ 值的影响

3 种除草剂（敌草隆、莠去津、西玛津）的测试结果表明（图 8-66 ~ 图 8-68），在 5 ~ 60min，斜生栅藻和羊角月牙藻的 EC$_{50}$ 值随着时间的增加而略有降低，但降低的幅度非常有限。而蛋白核小球藻的 EC$_{50}$ 值随着时间的增加几乎没有发生变化，说明测试时间对 3 种除草剂 EC$_{50}$ 值的影响不大，EC$_{50}$ 值的大小主要取决于藻种及污染物的类型。蛋白核小球藻的 EC$_{50}$ 值受时间影响较小的结果也从另一个角度说明了蛋白核小球藻对除草剂更加敏感，更适合作为指示生物来测试除草剂类物质。

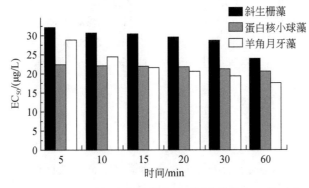

图 8-66 不同时间段的敌草隆对不同藻类的 EC$_{50}$ 值对比

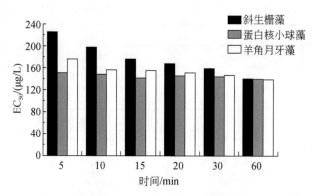

图 8-67　不同时间段的西玛津对不同藻类的 EC_{50} 值对比

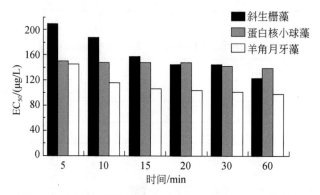

图 8-68　不同时间段的莠去津对不同藻类的 EC_{50} 值对比

8.6　在线藻类毒性监测预警的应用研究

8.6.1　仪器及原理介绍

相比传统的藻类毒性测试《化学品—藻类生长抑制试验》（GB/T 21805—2008）方法，利用藻类在污染物胁迫下其自身荧光的变化可以实现对水质快速有效的监测预警，同时测试所需的时间也大大缩短，一般只需要 0.5～1h（图 8-69）。考虑到藻类的生长速度、易培养及 EC_{50} 值的稳定性，本实验选用蛋白核小球藻为实验测试藻种。

8.6.2　藻类毒性预警研究

用藻类毒性仪分别对 $CdCl_2$、$MnSO_4$、$PbCl_2$、$K_2Cr_2O_7$、$CuSO_4$、$ZnSO_4$、DDE、BHC、莠去津、敌草隆、苯酚、4-氯苯酚进行了毒性预警测试，测试材料为蛋白核小球藻，测试间隔时间为 30min，测试结果见表 8-12。结果显示，蛋白核小球藻在 30min 内对 $CdCl_2$、

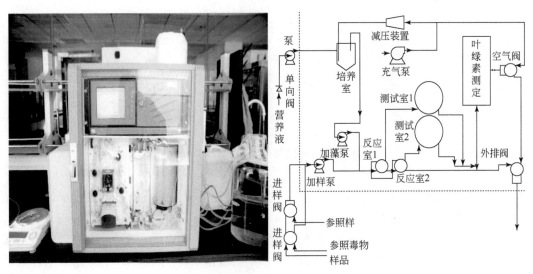

图 8-69　藻类毒性仪及其工作流程

$MnSO_4$、$PbCl_2$、$K_2Cr_2O_7$、$CuSO_4$、$ZnSO_4$ 报警阈值分别为 125mg/L、100mg/L、100mg/L、10mg/L、2mg/L、200mg/L，这远高于 96h EC_{50} 值，主要原因可能是缩短了测试时间。从上述对重金属的测试结果看，蛋白核小球藻对上述重金属的响应阈值最低为 2mg/L，最高则高达 200mg/L，可见其对重金属的敏感性相对较低。蛋白核小球藻对有机物酚类物质苯酚及 4-氯苯酚的报警阈值也较高，分别达到了 50mg/L、15mg/L。而对杀虫剂 DDE 及 BHC 则相对敏感，报警阈值均为 2mg/L。蛋白核小球藻对除草剂很敏感，对除草剂莠去津、敌草隆的报警阈值分别为 0.02mg/L、0.01mg/L，明显低于 6 种重金属、两种杀虫剂及两种有机物的报警阈值。由此可见，藻类对不同测试物质的敏感性存在明显差异，对除草剂的敏感性明显高于杀虫剂、有机酚类及重金属。

表 8-12　藻类毒性预警阈值

毒物	阈值/（mg/L）
$CdCl_2$	125
$MnSO_4$	100
$PbCl_2$	100
$K_2Cr_2O_7$	10
$CuSO_4$	2
$ZnSO_4$	200
莠去津	0.02
敌草隆	0.01
DDE	2
BHC	2
苯酚	50
4-氯苯酚	15

|第 9 章|　　基于溞类为指示生物的毒性测试研究

9.1　国内外研究进展

　　大型溞（*Daphnia magna*）是一类常见的浮游甲壳动物，广泛分布于淡水水域中，在分类学上隶属于节肢动物门（Arthropoda）甲壳纲（Crustacea）枝角目（Cladocera），具有生活周期短、繁殖快、易于培养等特点。在水生生态系统中，大型溞作为初级消费者对水环境中的有毒有害物质表现出高度的敏感性，作为国际标准试验生物广泛应用于水污染监测和有毒有害物质的生物综合毒性评价（Martins et al.，2007；Dietrich et al.，2010；Fan et al.，2011）。国际标准组织（International Organization for Standardization，ISO）已经建立了以大型溞运动抑制为评价指标的水质评价技术方法，1991 年，我国国家环境保护局等正式颁布了《水质物质对溞类（大型溞）急性毒性测试方法》（GB/T 13266-91），其后国家又相继发布了化学品《化学品　溞类急性活动抑制试验》（GB/T 21830—2008）、《大型溞急性毒性实验方法》（GB/T 16125—2012）。

　　水溞作为指示生物用于生物监测始于 1920 年，在 20 世纪 40 年代得到了快速发展，英国学者 Anderson 首次把水溞毒性试验应用于工业废水的测试研究，报道了工业废水中 25 种毒物的毒性试验数据，结果表明水溞类比鱼类对毒物更为敏感（Anderson，1944）。60 年代研究进一步深入，许多学者相继发表了大量有关大型溞毒性测试的研究论文，到 1976 年，美国国家环境保护局（Environmental Protection Agency，EPA）对溞类的毒性实验方法做了具体的规定，并将其列为必测项目，此后，许多国家也相继建立了关于大型溞毒性测试的标准方法，大型溞毒性测试技术得到了广泛的应用（Villegas-Navarro et al.，1997）。80 年代后期，研究人员用水溞作为指示生物开展了大量的慢性毒性效应研究，发表了有关大型溞的生存、生长、繁殖、运动、污染物的富集及代谢的研究结果。例如，Soterosantos 和 Rocha（2007）以同形溞（*Daphnia similis*）为受试对象，用于净水厂富含铁的污泥毒性实验研究，结果发现，虽然污泥对实验生物无急性毒性效应，但是这些未经处理的污泥一旦排放，对下游的水生生物群落仍然存在慢性毒性效应。到 90 年代中期，一些学者提出采用水生生物生理和行为上的变化如呼吸率、游泳能力、捕食能力和趋光能力等作为测试指标进行生物毒性测试。由于行为或生理变化往往是生物对外来环境胁迫的最初反应，明显早于致死效应，因此，可以作为早期预警指标（赵红宁等，2008）。

　　我国对大型溞的毒性研究始于 1962 年，其中修瑞琴对大型溞毒性测试技术进行了全面系统的研究，不仅建立了 62D.M 大型溞生物株，在方法学上也进行了大量的探索。1991 年，我国首次建立了大型溞急性毒性测定方法《水质物质对溞类（大型溞）急性毒性测试方法》（GB/T 13266—91）。20 世纪 90 年代，相关研究主要集中在污染物对大型溞的急性毒性实验、慢性毒性实验、富集实验及联合毒性实验。90 年代末至 21 世纪初，大型溞毒性研究得到了广泛深入的发展，在大型溞酶的活性和结构性关系等系统及分子水平进行了大量的研究（叶伟红和刘维屏，2004）。例如，李淑娆和李伟（2001）曾利用大型溞急性毒性实验分析了铁岭市 32 家有代表性的企业排放废水的生物毒性，结果表明化工行业的废水毒性最大，电子、仪器、仪表、机械等行业次之，食品、饮料行业的废水毒性较小或无毒。于瑞莲和胡恭任（2002）测定了 13 种苯胺类化合物在不同 pH 下（6.0、7.8、9.0）对大型溞的 24h 半数致死浓度的影响，应用 3 种理化参数 logP、TSA 和 pKa 对毒性数据进行了定量构效关系（QSAR）研究，探讨了苯胺类化合物的致毒机理。汪丽（2006）研究了两种光照（光暗比＝14h：10h 和 0h：24h）条件下，20 种蒽醌类化合物对大型溞的急性毒性，比较了两种助溶剂（二甲基亚砜和丙酮）对此类化合物毒性的影响，并据此建立了定量结构–活性关系（QSAR）模型；郜炜曾利用大型水溞的慢性毒性实验来检验辽化（长排）、庆化（南排）、造纸（黄口）3 家工业废水的生物毒性，为废水综合污染程度评价及治理提供依据（赵红宁等，2008）。此外，一些学者利用其他溞类生物作为受试对象来研究污染物质的毒性。例如，景体淞和徐镜波（2000）以蚤状溞（*Daphnia pulex*）为实验材料，研究了污水中常见的酚类、苯类、重金属（Cu、Pb、Cd）对蚤状溞的毒性作用，为制定相关的环境标准提供可靠依据；吴银宝等（2005）以隆线溞（*Daphnia Carinata*）为实验对象，测定了恩诺沙星对隆线溞的急性毒性。

可见，水溞作为毒性测试的指示生物已经被广泛接受，众多国际、国内标准将其列为模式生物。虽然国内外学者进行了大量研究，但已有研究关于测试终点的判断多以半死亡为判断终点，且测试实行人工判断，耗时耗力。随着计算机自动化技术的发展，关于运动行为抑制的测量更精确、快速，即使水溞运动行为的少量变化亦可监测到，使得测试的灵敏度大大提高，测试时间大大缩短。同时，自动化控制技术的发展使得自动进样、拍摄、喂食、处理等成为可能。因此，利用水溞的运动行为变化作为指标来评价有毒有害物质的生物毒性将成为下一步研究热点之一。

9.2　实验材料及方法

9.2.1　实验材料

（1）溞种选择

本研究选用大型溞作为实验材料（图 9-1），大型溞在分类学上属于甲壳纲鳃足亚纲双甲目枝角亚目溞科。雌性体长 2.2～4.8mm，体宽卵圆形，后半部较狭。黄色或淡红色，稍透明。壳瓣上具菱形壳纹，背缘和腹缘的后端部分、后缘及壳刺上均有小棘。头部宽而低，额顶圆钝，无盔，吻稍凸出。实验选用同一批次，出生 72h 的大型溞进行实验。

（2）主要仪器设备

实验采用德国 BBE 公司生产的溞类毒性测试仪进行测试（图 9-2），其原理是利用高速显微相机实时拍摄水溞的行为变化，通过分析水溞的运动速度、运动高度、运动方向、个体大小、运动水溞的个数、被探测到的频率、运动轨迹个数等，计算污染物的综合毒性指数，当综合毒性指数达到一定值时（可自己设定），系统便启动报警机制，提示水质状况发生明显改变（图9-3）。

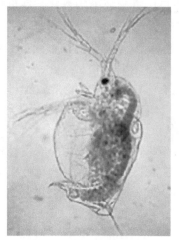

图9-1　大型溞显微照片

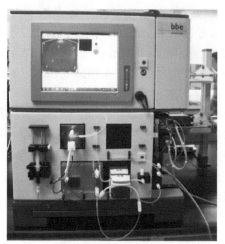

图9-2　溞类毒性测试仪

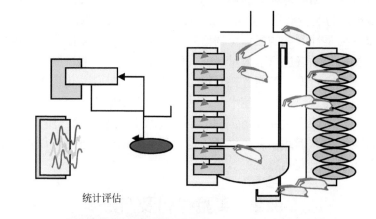

统计评估

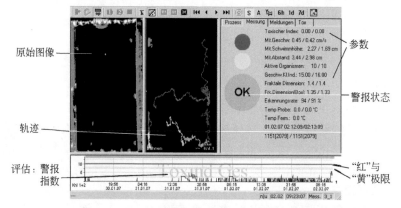

原始图像

轨迹

评估：警报
　　　指数

参数

警报状态

"红"与
"黄"极限

图9-3　基于溞类为指示生物的毒性测试示意图

溞类毒性测试仪的工作流程是：来水—过滤（除大颗粒）—恒温到 20℃（加热或冷却）—过滤（除细菌）—蠕动进水—培养室（测试）—出水。该装置每周清洗 1 次并更换溞类。

（3）毒性物质的选取

易溶于水的毒性物质可直接加入稀释水里溶解，难溶于水的物质，如除草剂类物质，使用少量丙酮助溶，然后用稀释水稀释到所需浓度。毒性物质的选取参照 7.2 节及 8.2 节的内容进行。

人工稀释水配制方法如下：使用电导率小于 10 μS/cm 的蒸馏水或去离子水（简称水）配制。配制方法如下：

1）氯化钙溶液：11.76g 氯化钙（$CaCl_2 \cdot 2H_2O$）溶于水中稀释至 1L。
2）硫酸镁溶液：4.93g 硫酸镁（$MgSO_4 \cdot 7H_2O$）溶于水中稀释至 1L。
3）碳酸氢钠溶液：2.59 g 碳酸氢钠（$NaHCO_3$）溶于水中稀释至 1L。
4）氯化钾溶液：0.25g 氧化钾（KCl）溶于水中稀释至 1L。

取以上 4 种溶液各 25ml 混合，稀释至 1L。必要时可用氢氧化钠溶液或盐酸溶液调节 pH，使其稳定在 7.8±0.2。

9.2.2 实验方法

（1）水溞培养方法

水溞来源于德国 BBE 公司，在长江流域水环境监测中心实验室进行驯化，为纯品系。实验室使用 1L 的烧杯培养，培养液为人工稀释水，用蛋白核小球藻喂养。标准稀释水满足 pH 为 7.8±0.2，硬度（250±25）mg/L（以 $CaCO_3$ 计），Ca/Mg 比例接近 4∶1，溶解氧的空气饱和度在 80% 以上，同时水中不含有任何对大型溞有毒有害的物质，能使大型溞在其中生存至少 48h。

（2）测试方法

实验开始时，首先进行预实验，设置较大梯度范围的毒物浓度，找出水溞报警的大致范围，然后在小范围内设置更多的浓度梯度，通过毒性值的大小找出水溞的报警阈值。

9.3 溞类在污染物胁迫下的行为变化研究

由图 9-4 ~ 图 9-11 可知，水溞在正常的情况下，其游动速度、游动高度、生长速度、运动水溞个数、游动方向等均在一定范围内波动。当有瞬间污染负荷冲击时，水溞由于受到污染物的影响，其运动学行为会发生改变，通过用高速相机记录溞类行为变化并利用软件分析，发现水溞游动速度会先加速后逐渐减速，趋向于污染物浓度小的区域；水溞由随机均匀分布变为聚集形态分布，甚至逐渐沉入水底；同时运动方向规律发生改变，运动轨迹数减少，生长速率下降；水溞运动的高度先短暂升高然后持续降低，被高速相机探测到的频率逐渐减小，同时活动水溞的个体数减少直至出现死亡。

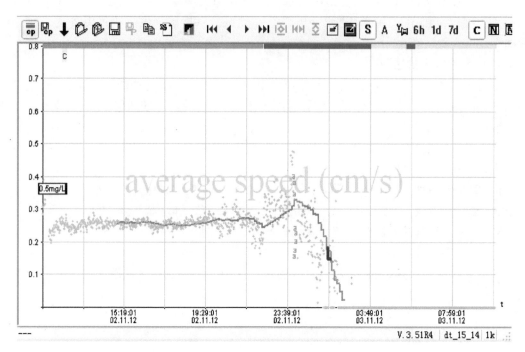

图 9-4 水溞运动平均速度变化

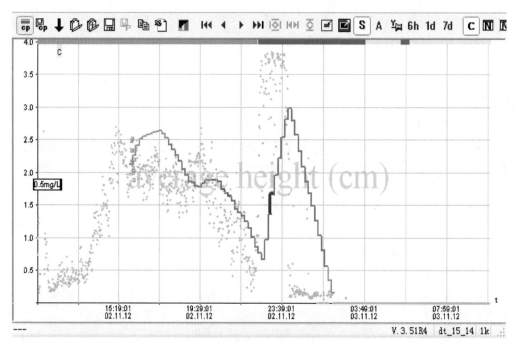

图 9-5 水溞运动高度变化

图 9-6　水溞大小变化

图 9-7　运动水溞的数量变化

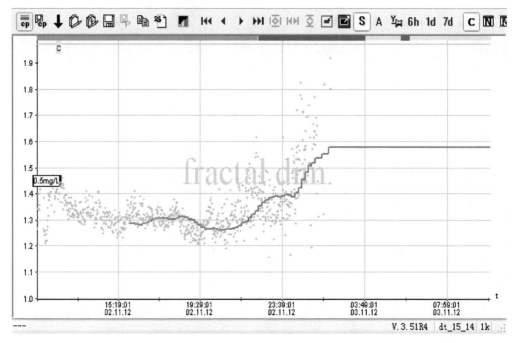

图 9-8　水溞运动方向（运动分维数）变化

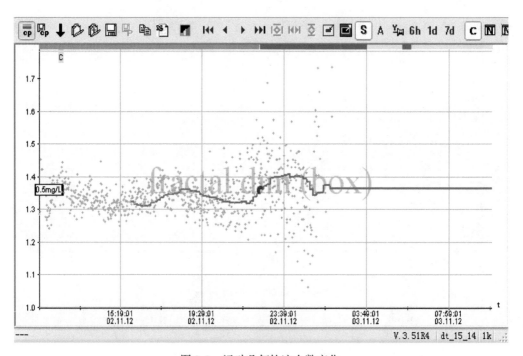

图 9-9　运动几何轨迹个数变化

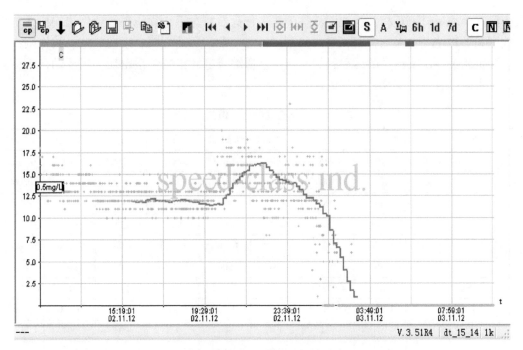

图 9-10　水溞个体运动速度分类

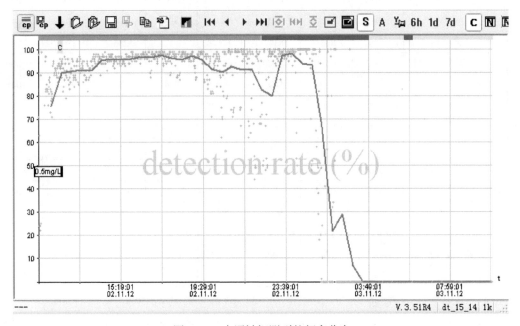

图 9-11　水溞被探测到的频率分布

溞类在污染物胁迫下的行为变化表现出显著的相关性及一致性，见表 9-1，如水溞运动的平均速度与运动的平均高度、活体溞的个数、运动方向、运动轨迹及被探测率呈显著正相关；活体溞的个数与运动的平均速度、平均高度、平均间距、运动方向、运动轨迹及被探测率等均呈显著正相关，说明溞类的运动行为参数对污染物能很好地做出响应。毒性指数则和平均速度、平均幅度、平均间距、活溞个数、运动方向、运动轨迹、被探测率均呈显著负相关，说明溞类的运动行为变化与水质综合毒性指数关系密切，用运动行为变化来表征水体综合毒性变化是合理的。

表9-1　溞类运动行为参数的相关性

	指标	毒性指数	平均速度	平均高度	水溞间距	活溞个数	运动方向	运动轨迹	被探测率
毒性指数	Pearson 相关性	1	−0.815**	−0.819**	−0.068*	−0.850**	−0.245**	−0.366**	−0.262**
	显著性（双侧）		0.000	0.000	0.042	0.000	0.000	0.000	0.000
	N	904	904	904	904	904	904	904	904
平均速度	Pearson 相关性	−0.815**	1	0.892**	0.014	0.863**	0.239**	0.399**	0.310**
	显著性（双侧）	0.000		0.000	0.663	0.000	0.000	0.000	0.000
	N	904	904	904	904	904	904	904	904
平均幅度	Pearson 相关性	−0.819**	0.892**	1	0.023	0.834**	0.181**	0.291**	0.299**
	显著性（双侧）	0.000	0.000		0.485	0.000	0.000	0.000	0.000
	N	904	904	904	904	904	904	904	904
平均间距	Pearson 相关性	−0.068*	0.014	0.023	1	0.146**	0.158**	0.159**	0.159**
	显著性（双侧）	0.042	0.663	0.485		0.000	0.000	0.000	0.000
	N	904	904	904	904	904	904	904	904
活溞个数	Pearson 相关性	−0.850**	0.863**	0.834**	0.146**	1	0.236**	0.376**	0.267**
	显著性（双侧）	0.000	0.000	0.000	0.000		0.000	0.000	0.000
	N	904	904	904	904	904	904	904	904
运动方向	Pearson 相关性	−0.245**	0.239**	0.181**	0.158**	0.236**	1	0.907**	0.210**
	显著性（双侧）	0.000	0.000	0.000	0.000	0.000		0.000	0.000
	N	904	904	904	904	904	904	904	904
运动轨迹	Pearson 相关性	−0.366**	0.399**	0.291**	0.159**	0.376**	0.907**	1	0.257**
	显著性（双侧）	0.000	0.000	0.000	0.000	0.000	0.000		0.000
	N	904	904	904	904	904	904	904	904
探测率	Pearson 相关性	−0.262**	0.310**	0.299**	0.159**	0.267**	0.210**	0.257**	1
	显著性（双侧）	0.000	0.000	0.000	0.000	0.000	0.000	0.000	
	N	904	904	904	904	904	904	904	904

* 表示在0.05 水平（双侧）上显著相关；** 表示在0.01 水平（双侧）上显著相关

　　水溞在受到毒害后最先响应的是运动速度、运动高度、水溞间距（分布形态），其次才是死亡，水溞从受到伤害至死亡需要一段时间，一般 2～24h，具体视毒物种类及浓度而定。由图 9-12 和图 9-13 可知，水溞在受到 $K_2Cr_2O_7$ 及 $PbCl_2$ 毒害时，水溞间距、运动方向、运动高度及运动速度在 1h 左右均出现了明显变化，表现在水溞开始聚集分布（间距变小）、运动方向规则化，运动高度及运动速度均是先升高后降低。在两种毒物毒害下，水溞半死亡时间则分别发生在 16h 与 24h 左右，远远滞后于运动行为学的响应变化。因此，用运动行为的变化来测试水体毒性，预警时间可以缩短 50% 以上，大大缩短了预警时间，提高了预警效率。

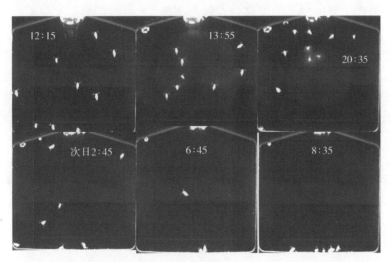

图 9-12　水溞在污染物胁迫下的群体分布变化（0.02mg/L K$_2$Cr$_2$O$_7$）

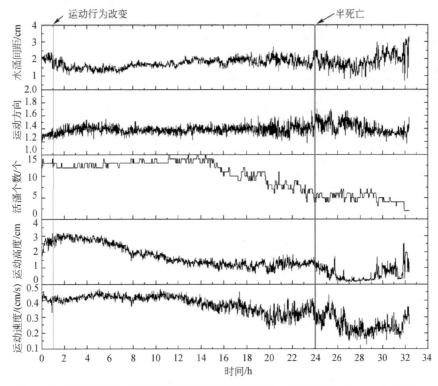

图 9-13　受到毒害后水溞运动行为响应时间与半死亡时间比较（0.1mg/L PbCl$_2$）

9.4 溞类生物综合毒性测试及预警研究

从测试结果看（表9-2），大型溞对6种重金属、2种除草剂及3种杀虫剂普遍比较敏感，对DDT的报警阈值达到了0.1μg/L，对DDE、$CuSO_4$、敌草隆的报警阈值分别为1μg/L、10μg/L、2μg/L。报警阈值最高的为4-氯苯酚，达15 000μg/L（15mg/L）。初次报警时间最快的为$CdCl_2$，仅2.5h，其次为4-氯苯酚，为3.75h，$CuSO_4$为8.25h，其余均在10h以上，预警的中位数时间为15h，绝大部分在24h以内。另外，报警时间与报警阈值、半数死亡时间及最大毒性值无显著相关性，说明系统报警可能取决于毒物种类、浓度及水溞的自身状况。

表9-2 溞类毒性测试阈值

毒物	阈值/(μg/L)	报警时间/h	最大毒性值
六六六	12	26.6	12
DDT	0.1	11	32
DDE	1	15	20
BHC	500	12.4	20
$K_2Cr_2O_7$	20	16.1	13
$ZnSO_4$	10	24	18
$PbCl_2$	60	19.7	10
$CdCl_2$	12	2.5	30
$CuSO_4$	10	8.25	22
$MnSO_4$	50	15	20
敌草隆	2	17.5	32
莠去津	20	12	19
4-氯苯酚	15 000	3.75	19

|第10章| 基于鱼类为指示生物的毒性测试研究

10.1 国内外研究进展

鱼类是水生生态系统的重要组成部分，对水生生态环境的变化比较敏感，当水体受到污染后（或生态环境发生变化），鱼类往往会在运动行为、生理生化特点、种群组成及分布等方面发生变化。因此鱼类是水生生态环境评价和生物综合毒性评价的重要指示生物，也经常用于单一污染物或多种污染物的综合毒性效应评价（邱郁春，1992；孙婕，2013）。

在鱼类急性毒性实验中，受试鱼的选择很重要，其选择原则一般为对污染物敏感、在生态类群中有一定代表性、来源丰富、饲养方便、遗传稳定和生物学背景资料丰富。目前，国内常用的实验鱼有鲢（*Hypophthamichthys molitrix*）、鳙（*Aristichthys nobilis*）、草鱼（*Ctenopharyngodon idellus*）、鲤（*Cyprinus carpio*）、斑马鱼（*Brachydanio rerio var*）等；国际标准组织推荐的毒性实验标准用鱼一般为近交系的小型鱼类，如斑马鱼、青鳉（*Oryzias latipes*）、孔雀鱼（*Poecilia reticulata*）等（Kirchen and West，1976；景欣悦等，2005）。

鱼类毒性实验在国内外进行的均比较早，目前已有大量的研究报道，涵盖了有毒有害物质的各个方面，现将国内外关于工业废水、重金属和有机物方面的研究进展进行分类介绍。

(1) 工业废水对鱼类的急性毒性研究

早在1946年，Davis就使用食蚊鱼（*Gambusia affinis*）对废水毒性进行了现场测试，之后越来越多的学者利用鱼类作为指示生物对化合物及废水的毒性进行评价研究（王晓辉等，2007；Santore et al.，2001）。Cairns等（1970）利用虹鳟鱼和太阳鱼做指示生物，通过鳃的变化预警突发性水污染事件；Kondal等（1984）用鱼类测试工厂废水的急性毒性并对其影响进行评价，结果表明污水的毒性会对鱼类的生长造成影响；Williamsa等（1993）利用虹鳟、黑头鲦和海洋贝壳类动物作为指示生物，测试了排放到淡水、海洋及河口水域的工业污染物样本的毒性实验。

近些年，我国也开展了大量关于工业废水对鱼类的急性毒性影响研究。王丽萍等（2002）利用鲤鱼和鲫鱼作为指示生物对污水处理厂废水进行急性毒性测试，结果表明废水的毒性主要由水中游离氨引起，鲤鱼对废水的敏感性高于鲫鱼；查金苗和王子健（2005）利用青鳉幼仔评价废水的急性、慢性毒性，以及研究废水对指示生物内分泌的干扰情况；沈盎绿（2006）研究了制浆造纸废水对斑马鱼、日本鳗鲡和黑鲷的急性毒性，结果显示制浆废水对黑鲷的影响最大，其次是斑马鱼，对日本鳗鲡的影响最小；李丽君等（2006）利用斑马鱼作为指示生物分析了某市6家有代表性的企业处理前和处理后的工业废水的生物毒性，研究结果表明，6 家企业处理前工业废水的毒性大小为：电子类>食品类>电镀类>电池类>玻璃类>橡胶类，处理后的工业废水毒性基本消除；刘大胜等（2008）用孔雀鱼、斑马鱼作为受试生物，分析研究了造纸、印染废水的急性毒性，实验结果显示斑马鱼、孔雀鱼对不同浓度污染物的反应不同，存在明显差异。

（2）重金属对鱼类的急性毒性研究

许多重金属离子对鱼类都有较强的毒性作用，一般用 LC_{50} 来表示被测毒物毒性的强弱，LC_{50} 值越小则毒性越强（Kimmel et al.，1995）。目前关于重金属对鱼类急性毒性的研究报道比较多，主要涉及 Cu^{2+}、Hg^{2+}、Cd^{2+}、铬（Ⅵ）、Zn^{2+}、Pb^{2+} 等多种重金属离子。瞿建国（1996）研究了 Zn^{2+} 对金鱼的急性毒性，给出 24h、48h、72h、96h 的 LC_{50} 值分别为 84.4 mg/L、52.3 mg/L、42.2 mg/L、39.5mg/L。朱正国与臧维玲（2008）研究了 Cu^{2+} 对金鱼幼鱼的急性毒性作用，测得 24h、48h、72h、96h 的 LC_{50} 值分别为 0.500 mg/L、0.450 mg/L、0.375 mg/L、0.266mg/L。赵晓艳等（2009）的研究结果表明铬（Ⅵ）对斑马鱼的 96h LC_{50} 为 70mg/L。汪红军等（2010）研究发现 Hg^{2+}、Cu^{2+}、Cd^{2+}、Zn^{2+}、Pb^{2+} 对斑马鱼的 96h LC_{50} 分别为 0.14 mg/L、0.174 mg/L、6.497 mg/L、44.48 mg/L、116.432 mg/L，安全浓度分别为 0.014 mg/L、0.017 mg/L、0.65 mg/L、4.5 mg/L、11.6 mg/L。Pandey 等（2014）报道了 Hg^{2+}、铬（Ⅵ）对蓝点石斑鱼（*Channa punctatus*）的急性毒性，其 96h LC_{50} 分别为 1.15 mg/L、41.75 mg/L，不同重金属对鱼类的急性毒性作用不同，毒性强弱顺序一般为 Hg^{2+}>Cu^{2+}>Cd^{2+}>Zn^{2+}>铬（Ⅵ）>Pb^{2+}。

（3）有机物对鱼类的急性毒性研究

王宏等（2003）以剑尾鱼（*Xiphophorus helleri*）作为实验用鱼，测试了卤代酚类、硝基苯类、烷基苯类等典型有毒有害化合物的急性毒性，结果表明，剑尾鱼对上述毒物具有较好的敏感性、测试结果稳定、重现性好，是一种优良的综合毒性测试材料。刘红玲等（2004）采用斑马鱼胚胎发育技术研究氯代酚和烷基酚类化合物的毒性，证实该类化合物对斑马鱼胚胎发育有明显的抑制作用，可以造成胚胎发育畸形甚至死亡，具有特定的敏感毒理学终点。Langiano 和 Martinez（2008）利用新热带区鱼种条纹鲮脂鲤（*Prochilodus lineatus*）研究了农业中使用较多的草甘膦除草剂的毒性，并测得其 96h LC_{50} 值为 13.69mg/L，相比虹鳟鱼（96h LC_{50} 为 28mg/L）、大西洋鲑（*Salmo salar*）（96h LC_{50} 为 42mg/L），其对草甘膦除草剂更为灵敏。Naddafi 等（2008）应用虹鳟鱼对汽油添加剂四甲基叔丁基醚（MTBE）的生物毒性进行了研究。

10.2　实验材料及方法

10.2.1　实验材料

（1）鱼种选择

本研究采用斑马鱼作为指示生物。斑马鱼（图 10-1）又名斑马担尼鱼，属真骨鱼总目鲤科，性情温和，喜在中性的水中生活，是热带鱼中适温范围最广的鱼类之一，水温在 15 ~ 40℃都可生存。斑马鱼喜在上层水域活动觅食，饵料范围广，各种鱼虫及人工饵料均可投喂。选择斑马鱼作为指示生物，一是因为斑马鱼作为世界通用的模式物种，相关研究较多，便于实验结果比较；二是斑马鱼在中国已实现标准化培养，国家斑马鱼中心位于武汉的中国科学院水生生物研究所内，实验鱼种便于获得；三是斑马鱼的基因序列与人类的重合度较高，实验结果对人类研究的借鉴意义较大。

图 10-1　斑马鱼

实验斑马鱼选用标准为：来自同一种群，无明显疾病或缺陷，鱼体长为 (30±5) mm，体重为 (0.3±0.1) g。实验用鱼需在实验前在连续曝气的稀释水中驯养 7 天，驯养水质条件和照明条件与实验条件保持一致。实验前 24h 停止喂食，每天清除粪便及食物残渣，驯养期间死亡率不能超过 10%。

(2) 测试仪器

鱼类在线综合毒性仪（FAMS）如图 10-2 所示，其测试原理为：在正常情况下，鱼类游动速度、群体形态分布、活体个数、游动姿态等均在一定范围波动。通过分析鱼类在正常水环境情况下的行为模式，建立鱼类行为背景模式。当污染物进入水体时，鱼类的运动学行为会发生改变，这些变化由高速相机记录并利用软件分析，与正常水环境情况下建立的基础背景对比，计算污染物的综合毒性指数。当污染物毒性达到一定阈值，综合毒性指数也达到一定阈值，系统便启动报警机制，提示水质状况发生明显改变。

FAMS 仪器主要分两部分：一部分为电脑控制系统，能实时显示鱼类运动状况；另一部分为循环测试系统，该部分为通过摄像头每秒钟拍摄 7 次鱼类运动状况，据此解析鱼类行为变化情况（图 10-3）。仪器的测试参数包括：①位置信息，不同区域的鱼群分布情况；②速度信息，包括平均速度、最大速度、最小速度、在 T 视窗的平均游动距离、最大距离、最小距离、移动轨迹的面积、最大面积、最小面积；③群组信息，包括群聚度、组别之间的距离、最大距离、最小距离、移动轨迹的面积、最大面积、最小面积；④姿势信息，包括主要轴与次要轴长度、定向角度。通过评估上述参数的变化，电脑控制系统可快速判定水体综合毒性状况，从而达到对水质进行实时监测与预警的目的。

图 10-2　鱼类在线综合毒性仪（FAMS）

图 10-3　鱼群的运动行为特征及形态分布

系统有3种预警模式,褐色预警、黄色预警及红色预警。褐色警报提供预警,表示水质有可能已经被污染,此时鱼群行为出现异常;黄色警报提供预先警报,表示水质即将达到临界阶段,25%~50%的鱼群已经死亡;红色警报表示水质已经达到临界阶段,50%的鱼群已经死亡。

(3)毒物配制

毒物选择及配制参照9.2.1节的内容进行。

10.2.2 实验方法

10.2.2.1 实验条件

水:采用标准稀释水,具体配置方法参照《水质 物质对淡水鱼(斑马鱼)急性毒性测定方法》(GB/T 13267—1991);

光:实验中采用日光灯照射;

温度:(23±1)℃;

溶解氧浓度:空气饱和度需高于80%;

用水量:1条鱼/L水,经测试FAMS仪器一次用水量为20 L;

清洁要求:每次实验前实验容器与鱼缸清洗干净,且要求容器与鱼缸均为惰性材料,不与测试毒物发生反应,不易吸附污染物质;

喂养要求:实验开始前24 h停止喂养,实验过程中不喂食;

测试时间:100min。

10.2.2.2 受试鱼群预选

选择重铬酸钾作为参比毒物,开展参比毒物的毒性实验,保证参比毒物实验数据的重现性。每当蓄养种群发生变化时都要随机选取20条斑马鱼按照FAMS鱼类行为测试方法开展测试,当24h实验期间重铬酸钾的LC_{50}值处于200~400mg/L时,鱼群才可以开展后续实验。

10.2.2.3 实验步骤

往实验鱼缸注入20 L标准稀释水,运行FAMS仪器,仪器自带循环和控温功能,运行15min,使水温达到23℃左右,此时鱼缸里的水混合均匀,实验准备完成。用渔网随机挑选20条经过驯养和预选的斑马鱼加入鱼缸中,使斑马鱼在新环境中适应15min。

运行仪器,同时从仪器循环系统的外端口加入毒物,模拟自然界中外源性毒物入侵过程,随着系统循环运行,浓度最终达到实验设计的平衡浓度,然后再连续运行仪器100min,观测记录斑马鱼的行为变化。实验完成后,捞出所有斑马鱼,排出实验溶液并清洗鱼缸等待下一次使用。

实验过程中需密切关注FAMS仪器的运行状态并详细记录,包括开关机时间、仪器状态、对应综合毒性指数值、运行中的异常情况等，必要时拍照保存。每种浓度梯度的实验做两次，以确保实验的准确性和重复性。

10.3　鱼类在污染物胁迫下的行为变化研究

10.3.1　对照组斑马鱼的行为参数分析

由图 10-4 可知，在没有外界物质刺激的情况下，空白对照组中斑马鱼的平均游动速度约为 1.7 像素，活动状态比较稳定，平均游动速度在小范围内波动（1~3 像素）。斑马鱼群之间的平均间距在 300~800 像素的范围内波动，平均间距相对稳定，表明其游动状态正常，群聚性也正常。从斑马鱼分布区域的概率来看，区域 1 的分布概率最大，区域 2 次之，区域 3、4 的分布概率最小，说明斑马鱼喜欢活动于实验鱼缸的中下层。虽然斑马鱼的分布概率随着时间有所波动，但 4 个区域之间的分布概率没有出现太多的重叠现象，这也说明斑马鱼活动规律正常，水体质量没有出现异常状况。

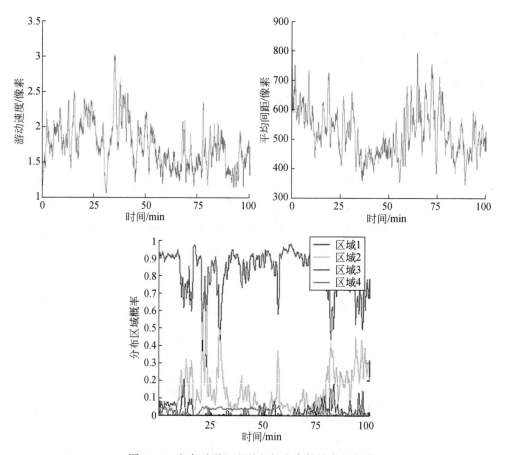

图 10-4　空白对照组斑马鱼行为参数的变化曲线

10.3.2 斑马鱼在污染物胁迫下的行为变化研究

研究表明，Pb^{2+} 在进入鱼类机体后对造血、神经、消化、心血管、肾脏及内分泌等多个系统产生毒害，也可使蛋白质变性，干扰鱼类鳃部正常呼吸功能，严重的会导致其缺氧窒息而死（汪红军等，2010）。另外，Pb^{2+} 还具有生物累积效应及放大效应，对于环境和生物体的危害很大，因此，本节便以 Pb^{2+} 为对象，研究斑马鱼在 Pb^{2+} 作用下的行为变化规律。

10.3.2.1 毒物对斑马鱼游动速度的影响

不同浓度的 Pb^{2+}（0.05mg/L、0.5mg/L、5mg/L）对斑马鱼游动速度的影响结果如图 10-5 所示。结果显示，在不同浓度下，斑马鱼游动速度整体上表现为随时间先增加后减小。由于 Pb^{2+} 溶液浓度不同使得其毒性不同，斑马鱼受到刺激后的行为反应时间也有差异，表现为浓度越高，毒性越强，对斑马鱼的刺激越大，到达速度峰值的时间越短，同样其速度下降的时间也越短。在 0.05mg/L、0.5mg/L、5 mg/L 的 Pb^{2+} 浓度下，斑马鱼到达速度峰值的时间分别为 10min、5min、1min，达到峰值持续一段时间后，随着斑马鱼受毒害程度的加深，其运动能力下降，运动速度也随之下降。可见毒物浓度越大，对鱼类的伤害越大，运动速度的变化幅度也随之增大。

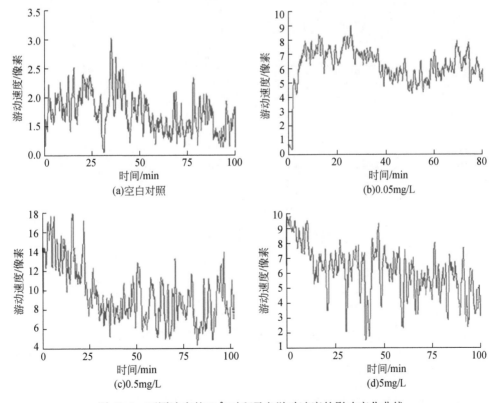

图 10-5 不同浓度的 Pb^{2+} 对斑马鱼游动速度的影响变化曲线

10.3.2.2 毒物对斑马鱼平均间距的影响

图 10-6 显示的是不同浓度的 Pb^{2+} 对斑马鱼间平均间距的影响。由图可见，在正常情况下，斑马鱼的平均间距在 300～800 像素，同时围绕中心值（550 像素）上下波动。在 0.05 mg/L 的 Pb^{2+} 浓度下，斑马鱼的平均间距变动范围在 400～800 像素，其中心值约为 600 像素；在 0.5 mg/L 的 Pb^{2+} 浓度下，斑马鱼的平均间距波动范围为 400～900 像素，中心值约为 700 像素，与正常情况及 0.05 mg/L 的 Pb^{2+} 浓度的情况相比，平均间距与波动中心值进一步增大；在 5 mg/L 的 Pb^{2+} 浓度下，斑马鱼的平均间距波动范围为 500～900 像素，中心值约为 700 像素。因此，斑马鱼在不同浓度的 Pb^{2+} 溶液下其平均间距会发生变化，表现为受到刺激后平均间距先迅速增大，随着时间的增加，斑马鱼受损害的程度加深，运动能力减弱，平均间距在达到峰值并持续一段时间后会出现减少趋势。斑马鱼平均间距与 Pb^{2+} 浓度的关系表现为，随着浓度的增加斑马鱼在短期内其最小间距值与波动中心值有增大趋势。

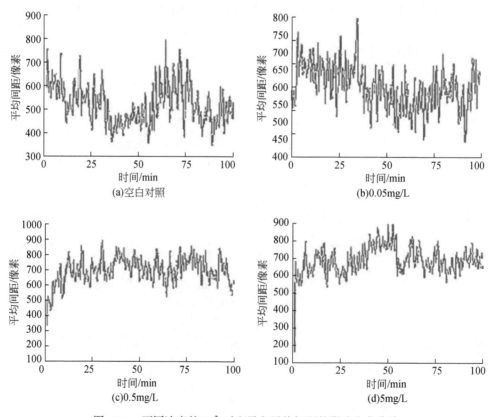

图 10-6 不同浓度的 Pb^{2+} 对斑马鱼平均间距的影响变化曲线

10.3.2.3 毒物对斑马鱼分布区域的影响

如图 10-7 所示，在正常情况下，斑马鱼在区域 1 的出现概率值位于 50%～100%，波动的中心值约为 85%，斑马鱼在其他 3 个区域出现的概率明显低于区域 1。在 0.05mg/L 的 Pb^{2+} 浓度下，斑马鱼在受到刺激后，其分布区域约从第 10 分钟开始出现变化，并且在 4 个区域的分布概率趋于相同，该情况一直持续到实验结束；在 0.5mg/L 的 Pb^{2+} 浓度下斑马鱼的分布区域变化与 0.05mg/L 浓度下的情形类似，同样表现为 4 个区域出现的概率差别变小，具体表现为斑马鱼分布区域概率曲线交织在一起，但随着时间的推移，斑马鱼在区域 3、4（水层中上部）的概率呈上升趋势，区域 1、2（水层中下部）的概率呈下降趋势；在 5mg/L 的 Pb^{2+} 浓度下，斑马鱼在区域 1 的活动数量占主导地位，但随着时间的推移，斑马鱼在区域 1、2 的出现概率开始慢慢下降，而在区域 3、4 的出现概率则缓慢增加，最终斑马鱼在不同区域间的出现概率差异缩小。另外，就响应时间而言，浓度越高，斑马鱼在水体中的位置变化响应也越快。因此，在受到外来毒物干扰时，斑马鱼在水体中的分布区域会发生明显变化，其变化幅度及响应时间与毒物浓度相关。

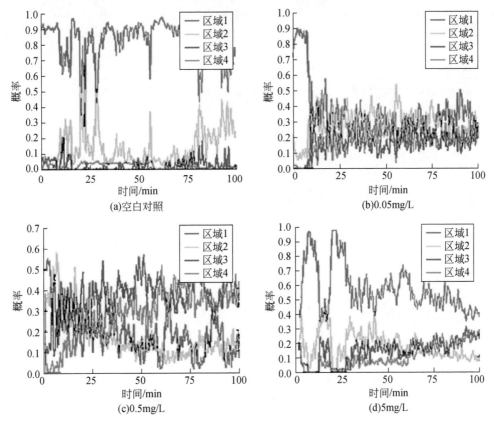

图 10-7　不同浓度的 Pb^{2+} 对斑马鱼分布区域概率的影响变化曲线

10.4　与传统方法的结果比较

将 FAMS 仪器所做的监测结果与传统的鱼类急性毒性实验结果（GB/T 13267-1991）对比发现：传统的急性毒性实验测试时间较长，一般需要 24h，而使用 FAMS 仪器的测试时间一般在 30~100min，大大缩短了测试时间。

另外，传统的鱼类急性毒性实验以 LC_{50} 为指标来进行判定，其在 24h 内的检出限也相对较高，而 FAMS 仪器的检出限在整体上可以比传统测试方法低一个数量级（表 10-1）。因此，利用鱼类行为学来检测水体的有毒有害物质可使其灵敏度远高于传统的测试方法，同时也能显著提高水体有毒有害物质的检测效率。

表 10-1　两种生物监测方法的毒物浓度检出限比较　　　（单位：mg/L）

毒物名称	急性毒性实验法检出限	行为学监测法检出限
Pb^{2+}	0.892	0.05
Cu^{2+}	2.563	1
Zn^{2+}	20.835	1
敌草隆	0.0924	0.002
2,4-二氯苯酚	3.319	0.1
4-氯苯酚	5.650	0.1

注：急性毒性实验法检出限以 24h LC_{50} 为准，行为学监测法检出限只为本实验所设置最低浓度值

第 11 章 多源生物联合预警技术研究

11.1 生物对污染物胁迫的响应

生物与环境之间经过长时期的相互适应与相互改变,最终形成相对稳定的生态系统。生物对环境的响应会体现在多个层面,当生物遇到不利环境时,最先变化的是行为学特征,如运动速度、运动幅度、运动方向、运动姿态等,动物对外界不利因素的行为响应最短可在分秒间产生。例如,当人进入空调房间时,由于内外温差较大,身体很快就能感知并做出响应,同样,当水溞和斑马鱼遇到污染物的侵害时,最先改变的也是运动行为特征,其运动速度与方向将发生变化,群体往污染物浓度较小的区域聚集(趋利避害),这些行为学效应在"分钟—小时"的时间尺度内快速发生。当污染物持续存在,随着时间的推移,则可能在生理层面对水溞和斑马鱼造成伤害,表现在脏器受损、呼吸受阻甚至死亡等,这个时间尺度最短可以"分钟—小时"计,最长可能以"月"甚至"年"计;当污染物的胁迫持续更长时间时,侵害效应可能会在遗传层面对水溞和斑马鱼造成影响,表现在新生代的畸形等,毒物对生物遗传层面的影响视生殖周期的不同而不同,短则以"周、月"计,长则可以"年、世纪"计。当个体的变异积累到一定程度,就可能引起种群及生态系统的变异。图 11-1 解释了生物在不同层次上对外界污染物胁迫的响应过程。

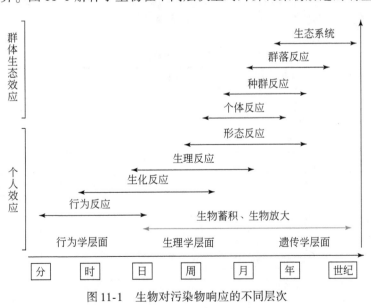

图 11-1 生物对污染物响应的不同层次

图 11-1 及表 11-1 也说明了利用生物的行为学特征变化进行污染物预警，其预警时间可以大大缩短。对于藻类来说，如蛋白核小球藻，当受到污染物的胁迫后其光合荧光的变化明显快于生物量及生长速度的变化，因此，利用藻类光合荧光的变化进行生物毒性测试要优于传统的利用生长抑制率进行毒性测试。同样，对于发光菌来说，由于利用了其在污染物胁迫下发光强度快速变化这一特征，使得其测试过程只需 15～30min 即可完成，在时间上明显短于其他指示生物的测试过程。

表 11-1 指示生物的不同指标响应时间比较

指示生物	生理变化（生长率、半死亡）	发光/荧光强度/运动行为
费氏弧菌	—	15～30min
蛋白核小球藻	48～96h	5～24h
大型溞	24～48h	0.5～4h
斑马鱼	24～96h	0.5～4h

11.2 4 种指示生物的敏感性比较

从费氏弧菌、蛋白核小球藻、大型溞及斑马鱼对 16 种毒性物质的响应来看（表 11-2），大型溞对毒物的敏感程度整体高于斑马鱼、费氏弧菌及蛋白核小球藻；蛋白核小球藻对除草剂及杀虫剂较为敏感，而对重金属及有机物的敏感性相对较差；费氏弧菌对毒物的响应比较广谱，响应时间较短，但响应阈值普遍较高；斑马鱼对毒物的响应也比较广谱，但响应阈值较高，响应时间长于费氏弧菌。因此，4 种指示生物预警时间最短的是费氏弧菌，最灵敏的是大型溞，响应范围最窄的是蛋白核小球藻。

表 11-2 4 种指示生物的响应阈值比较　　　　　　（单位：mg/L）

毒物	费氏弧菌	蛋白核小球藻	大型溞	斑马鱼
Pb^{2+}	1.1	74.4	0.045	1.11
Cd^{2+}	19.3	76.6	0.012	17.163
Mn^{2+}	134.5	40.4	0.020	>0.25
Cu^{2+}	0.2	0.8	0.010	9.827
Cr^{6+}	20.4	3.5	0.007	263
Zn^{2+}	2.5	80.7	0.004	52.212
苯酚	41.95	50	4.000	37.079
4-氯苯酚	4.68	15	15.000	5.474
莠去津	59	0.02	0.020	3.738
敌草隆	0.27	0.01	0.002	0.093
Hg^{2+}	0.76	>10	0.01	0.3304

续表

毒物	费氏弧菌	蛋白核小球藻	大型溞	斑马鱼
DDE	7.23	2	0.001	10
钒	1.2	>100	5	5
氰化物	61	>100	0.2	10
钼	118	>100	0.2	7
氨氮	8360	>250	40	>100

如表11-3所示，在作为指示生物进行测试及毒性预警时，4种生物各有优缺点。发光菌（费氏弧菌）最大的优点是测试所需时间短，响应迅速，一般只需15~30min即可给出结果，对大多数污染物都有响应，仪器购买成本较低，维护起来比较容易。然而，利用发光菌毒性仪进行预警的不足之处在于其报警阈值较高，同时菌种成本较高导致实验运行成本也相对较高。

表11-3　4种指示生物的优缺点比较

指示生物	响应阈值	响应时间	广谱性	维护难易	运行成本	仪器价格
费氏弧菌	较高	15~30min	广	易	高	低
蛋白核小球藻	高	5min~48h	狭	易	低	高
大型溞	较低	2~20h	广	中等	低	高
斑马鱼	较高	0.5~24h	广	中等	低	中等

基于藻类为指示生物的毒性测试的优点在于藻类对除草剂类物质比较敏感，响应速度相对较快，最快5min即可给出结果，维护也较容易。其不足之处在于对污染物的响应范围较窄，对除草剂外的污染物响应阈值高，同时仪器价格昂贵。

基于溞类为指示生物的毒性测试的优点在于响应阈值低，对大多数污染物比较敏感，测试范围较大，运行成本较低，但不足之处是响应时间相对较长，一般在0.5~20h，仪器运行维护需要有专业基础的人员，仪器价格也相对昂贵。

基于斑马鱼为指示生物的毒性测试对大多数污染物有明显响应，测试范围较大，运行成本较低，其不足之处在于响应阈值较高，测试用的斑马鱼鱼种需要专门购买或专业人士培育。

11.3　多源生物联合预警技术体系构建研究

由11.2节的内容可知，利用单一生物进行的污染物预警，在预警时间、预警范围及阈值方面各有优劣，难以高效、客观、全面地检测各类型的污染物，因此，需要将4种指示生物进行联合预警，充分发挥4种生物的优势，相互补充，以达到最佳的预警效果。本书在以上研究的基础上提出多源生物联合预警体系，以期对污染物进行及时、客观、全面的监测与预警，以保障水质安全（图11-2）。

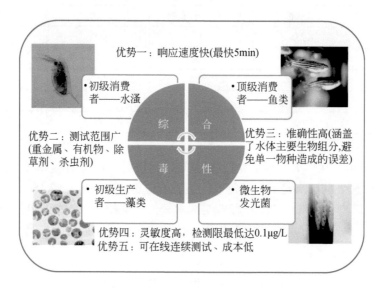

图 11-2　多源生物联合预警技术体系构建

为了验证多源生物联合预警效果，设置了如下实验：选择丹江口水源区典型污染物进行验证，浓度梯度以《地表水环境质量标准》（GB 3838—2002）中规定的Ⅲ类水限值为基准，分别设置3个浓度梯度（Ⅲ类水限值浓度、10倍Ⅲ类水限值浓度及100倍Ⅲ类水限值浓度），然后分别以发光菌、蛋白核小球藻、大型溞及斑马鱼为指示生物进行综合毒性测试，测试结果如表11-4及图11-3所示。由结果可知，在3个浓度梯度内，4种指示生物至少有1种报警，随着污染物浓度升高，无论是单一指示生物还是多源生物的预警概率都大幅度升高。对于丹江口常见的17种典型污染物，当浓度为Ⅲ类水限值浓度时，大型溞的预警概率为23.5%，蛋白核小球藻为11.8%，费氏弧菌为11.8%，斑马鱼为5.9%，多源生物（4种生物联合预警）则可达52.9%；当污染物为10倍Ⅲ类水限值浓度时，大型溞的预警概率为47.1%，蛋白核小球藻为23.5%，费氏弧菌为17.6%，斑马鱼为19.4%，多源生物则可高达70.6%；当污染物为100倍Ⅲ类水限值浓度时，大型溞的预警概率可达76.5%，斑马鱼为64.7%，费氏弧菌为47.1%，蛋白核小球藻为29.4%，而多源生物的预警概率达到100%。另外，多源生物联合预警技术对 Mn^{2+}、Cu^{2+}、Cr^{6+}、Zn^{2+}、Hg^{2+}、DDE、苯酚、敌草隆、莠去津9种典型污染物的监测预警限值可达到Ⅲ类水限值浓度，占总实验毒物数的52.9%。

表 11-4　多源生物联合预警结果

毒性物质	浓度/（mg/L）	大型溞	蛋白核小球藻	费氏弧菌	斑马鱼
Pb²⁺	0.05	无报警	无报警	无报警	无报警
	0.5	无报警	无报警	无报警	无报警
	5	报警	无报警	报警	无报警

续表

毒性物质	浓度/（mg/L）	大型溞	蛋白核小球藻	费氏弧菌	斑马鱼
Cd^{2+}	0.005	无报警	无报警	无报警	无报警
	0.05	报警	无报警	无报警	无报警
	0.5	报警	无报警	无报警	褐色报警
Mn^{2+}	0.5	报警	无报警	无报警	无报警
	5	报警	无报警	无报警	无报警
	50	报警	无报警	无报警	无报警
Cu^{2+}	1	报警	不报警	报警	报警
	10	报警	红色报警	报警	报警
	100	报警	红色报警	报警	报警
Cr^{6+}	0.05	报警	无报警	无报警	无报警
	0.5	报警	无报警	无报警	无报警
	5	报警	无报警	无报警	无报警
Zn^{2+}	1	报警	无报警	无报警	无报警
	10	报警	无报警	报警	褐色报警
	100	报警	无报警	报警	红色报警
Hg^{2+}	0.0001	无报警	无报警	报警	无报警
	0.001	无报警	无报警	报警	无报警
	0.01	无报警	无报警	报警	无报警
V^{5+}	0.05	无报警	无报警	无报警	无报警
	0.5	无报警	无报警	无报警	无报警
	5	报警	无报警	报警	褐色报警
Mo^{6+}	0.07	无报警	无报警	无报警	无报警
	0.7	报警	无报警	无报警	褐色报警
	7	报警	无报警	无报警	褐色报警
苯酚	4	报警	无报警	无报警	褐色报警
	40	报警	无报警	无报警	褐色报警
	400	报警	报警	报警	红色报警
4-氯苯酚	0.1	无报警	无报警	无报警	无报警
	1	报警	红色报警	无报警	无报警
	10	报警	红色报警	报警	褐色报警
2,4-二氯苯酚	0.1	无报警	无报警	无报警	无报警
	1	无报警	无报警	无报警	无报警
	10	无报警	无报警	报警	黄色报警

续表

毒性物质	浓度/(mg/L)	大型溞	蛋白核小球藻	费氏弧菌	斑马鱼
敌草隆	0.002	无报警	红色报警	无报警	无报警
	0.02	无报警	红色报警	无报警	褐色报警
	0.2	无报警	红色报警	无报警	褐色报警
莠去津	0.02	无报警	红色报警	无报警	无报警
	0.2	无报警	红色报警	无报警	无报警
	2	报警	红色报警	无报警	褐色报警
DDE	0.01	报警	无报警	无报警	无报警
	0.1	报警	无报警	无报警	无报警
	1	报警	无报警	无报警	无报警
CN^-	0.2	无报警	无报警	无报警	无报警
	2	无报警	无报警	无报警	无报警
	20	报警	无报警	无报警	报警
NH_4^+	1	无报警	无报警	无报警	无报警
	10	无报警	无报警	无报警	无报警
	100	报警	无报警	无报警	无报警

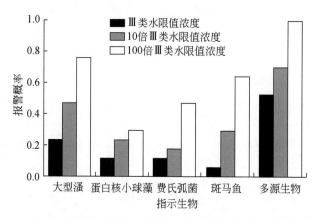

图 11-3 不同指示生物对丹江口库区 17 种典型污染物的预警概率比较

总的来说，利用多源生物进行联合预警具有以下优点：

1）大大提高响应速度。传统的单一生物的毒性测试时间一般为 24～96h，利用多源生物联合监测预警技术的测试时间一般为 15min～4h，对于特定污染物如杀虫剂、除草剂之类的物质最快响应时间可缩短为 5min。

2）测试范围明显加大。大量实验表明，单一指示生物对污染物的侵害存在选择性响应的问题，对部分污染物敏感度不高，响应速度慢，使得报警阈值高，难以满足实际测试复杂多变的污染水体的要求，而利用多源生物联合预警则能相互补充，对污染物的响应范围显著加大，对丹江口水库 17 种典型污染物的测试结果也证明，多源生物对 17 种污染物在 3 个浓度梯度范围内均有响应。

3）测试结果准确性提高。利用费氏弧菌、蛋白核小球藻、大型溞及斑马鱼作为指示生物进行联合预警，使得指示生物的选择涵盖了水生生态系统中的微生物、初级生产者、初级消费者及顶级消费者 4 个营养级别的生物，使其测试结果避免了单一指示生物对污染物的选择性响应问题，能更加客观、准确地评价污染物对水生生态系统造成的影响。

4）测试灵敏度大大提高。实验表明，利用多源生物进行联合预警大大提高了测试灵敏度，能将大部分污染物的预警限值普遍提高 1~3 个数量级。

5）测试成本低。利用多源生物联合预警不需要添加任何化学试剂，测试全程无二次污染，而且 4 种指示生物联合运用，可实现资源的优化配置，如蛋白核小球藻可为大型溞提供食物，大型溞可作为斑马鱼的食物，这样既实现了资源的合理利用，又大大降低了实验的运行维护成本。

根据 4 种指示生物的特点及实验结果，我们建立了如下三级多源生物联合预警响应体系。

Ⅰ级响应：当只有 1 种指示生物报警时，最有可能是溞类毒性仪或藻类毒性仪发出警报，说明此时的污染物浓度较低，可能为重金属或者杀虫剂、除草剂之类的物质造成的污染，这种情况需立即派人现场查看情况，查明原因，再决定处置措施。

Ⅱ级响应：当有 2 种指示生物报警时，其中如有藻类毒性仪报警，则极有可能是除草剂类污染物；如是另外 3 种毒性仪中的 2 种报警，则说明污染物浓度较高，并且污染发生的时间也较长。以上情况均属于比较严重的污染事故，需要立即采取处置措施。

Ⅲ级响应：如果出现 3 种以上指示生物同时报警的现象，则说明污染物浓度很高且毒性很大，同时污染事故可能已持续了较长时间，此种情形下建议立即切断供水，采取紧急应对措施。

第 12 章 水质遥感监测预警技术研究

12.1 国内外研究进展

水环境遥感监测是基于水体的光谱效应所采取的一种监测技术，由于溶解或悬浮于水中污染物的成分、浓度不同，引起水体吸收或反射光谱的变化不同，在遥感图像上表现为色调、灰度、结构、纹理的差别，从而据此识别出污染物的种类、范围、面积及浓度等。由于水环境中的污染物化学成分复杂，种类繁多，吸收、反射广谱特征千差万别，并且不是所有污染物都能够通过遥感技术实现区分，目前能够利用遥感技术进行监测的参数主要有水中的悬浮固体、油污、热污染及水体富营养化等（李百庆和张翼轩，2013；Dekker et al.，1992）。与传统的水环境监测相比，遥感监测技术具有以下优点：①大范围同步观测，获取其他监测手段无法获取的海量信息；②效率高、信息量广，可以获得多点位、多谱段和多要素的遥感信息，提高监测的效率和精度；③可用于动态监测，建立水污染灾害预警系统，实行应急实时监测，最大限度地对事故进行控制和减轻事故的危害。近年来，水环境遥感监测已经引起各国的高度关注和重视，纷纷投入大量人力物力用于水环境遥感监测传感器和遥感平台的研制，以及水环境遥感光谱特性及成像机理、水环境遥感大气校正、水环境遥感参数反演、图像处理等相关研究。

目前，世界各国已发射了多颗携带水色传感器的卫星。例如，美国的 Nimbus-CZCS、SeaWiFS、MODIS、MERIS、GLI 及我国 HY-1 的 COCTS 等，由芬兰、意大利、瑞典三国合作实施的 SALMON 项目等，但总的来说用于水环境遥感的传感器还较少，大多数依靠陆地卫星多光谱传感器，如 Landsat TM/ETM、SPOT HRV、CBERS CCD、EO-1 ASTER 等，随着科技的发展及对遥感监测技术的需求加大，星载高光谱传感器 HYPERION 在水质遥感监测方面也逐渐得到应用。

早在 20 世纪 70 年代，美国等一些发达国家就开始利用航空遥感监测入海的工业废水、生活污水及区域性海上溢油、赤潮等事件。80 年代以来，开始利用卫星遥感监测污染物浓度的变化，同时对水温、悬浮物、叶绿素等水环境因素的监测及研究也逐渐深入。我国水环境遥感监测研究与应用始于 80 年代，近些年发展迅速，不断增加的自主卫星数据源为开展水质遥感监测提供了数据基础。北京一号小卫星具备专门的多光谱和高空间分辨率光谱探测能力。HY-1B 卫星搭载了水色扫描仪，在可见光到近红外波段有 8 个光谱通道；风云三号 A 星和风云三号 B 星，具有全球、全天候、多谱段的特点。2008 年，发射的环境和灾害监测预报小卫星搭载有 30m 分辨率的 CCD 相机、115 个波段的超光谱成像仪及多波段红外相机。目前遥感监测技术在滇池、太湖、巢湖、丹江口库区、三峡库区等重点水域得到了广泛应用，取得了一系列成果。

随着水环境问题日益严重，水环境遥感技术也得到了快速的发展，逐渐从定性监测发展到半定量和定量监测，从分散应用发展到集成应用；在波段上由可见光发展到红外、微波，从单一波段发展到多波段、多极化、多角度，从单一传感器发展到多传感器的结合；在应用上已从区域扩展到全球范围，并正在向业务化和产业化方向发展。目前，水环境遥感应用主要集中在水体悬浮物、浑浊度、叶绿素、黄色物质、水体污染事故、水体热污染、灾害等的监测及预警方面。

水中叶绿素 a 浓度能反映浮游植物生物量的多寡，也是反映水体富营养化的主要参数。通过现场的调查监测，结合生物光学理论，可以建立现场数据与遥感观测辐射量之间的数学模型，获得水体中叶绿素 a 的空间分布信息。用遥感方法估算水体中叶绿素的浓度，国内外学者做了大量工作，如 Sathyendranath 等（1989）、Ekstrand（1992）利用 TM资料和实测数据建立了估算海水叶绿素浓度的回归模型。陈楚群等（1996）利用灰色系统理论分析 TM 各波段组合与叶绿素浓度之间的关联度。Habbane（1998）根据波谱曲率理论拟合出叶绿素浓度和 SeaWiFS 波段间的经验关系式，并估算了 St. Lawrance 海湾水体的叶绿素浓度。Keiner 和 Yan（1998）利用 SeaWiFS 的 5 个可见光波段，通过神经网络模型来估算海面叶绿素与反射率之间的非线性关系。Giardino 等（2005）利用 MERIS 数据对意大利北部的加尔达湖中叶绿素 a 浓度进行了反演。马荣华和唐军武（2006）的研究表明，在太湖蓝藻暴发季节，对于非蓝藻水华聚集水体，当叶绿素和蓝藻素浓度分别为 20 ~120μg/L 和 40 ~800μg/L 时，基于 MODIS 250m 卫星影像半经验算法的反演精度可达 70%和 65%。

水中悬浮物的多少影响水体透明度、浑浊度、水色等光学性质，也是影响水生生态系统的重要因素，尤其对近岸工程、航道建设等都具有重要意义。悬浮物在红外、近红外波段具有显著的光谱特征。早在 20 世纪 70 年代初，Klemas 等（1974）就提出了用 MSS 遥感数据估算 Delaware 海湾悬浮物含量的线性统计模型，随后许多学者提出了多种模型来模拟悬浮物与吸收光谱之间的关系。例如，Stumpf 和 Pennock（1989）在 Gordon 模型和Gordon 大气校正方法的基础上，建立由 AVHRR 的 CH1、CH2 来计算中等浑浊度海湾的悬浮物含量模型。李京（1986）得出了发射率与悬浮物含量之间的负指数关系式，并成功应用于杭州湾水域悬浮物的调查。李炎和李京（1999）提出以海面–传感器的光谱发射率传递现象为基础的 αR_1–R_2 算法，适用于近海 II 类水体的悬浮物遥感监测。黎夏（1992）提出包含于 Gordon 表达式和负指数关系式的模型，并将该模型应用于珠江口悬浮物的遥感定量分析。吕恒等（2005）利用实测光谱和模拟 MERIS 数据构建了太湖悬浮物遥感定量反演模型，对太湖的悬浮物进行了定量解译。

20 世纪 80 年代科研人员就开始利用多光谱传感器数据对湖泊富营养化进行遥感监测研究，由于多光谱传感器提供的信息量有限，到 90 年代，人们开始利用高光谱遥感数据对湖泊富营养化进行监测研究，近些年取得了大量研究成果。如 Kallio 等（2003）利用AISA 数据和水质采样数据，采用经验方法对芬兰的两个中营养湖泊的叶绿素 a 浓度进行了定量反演及时空变化分析，并据此制作了湖泊营养状态时空分布图。Giardino 等

（2005）使用 Hyperion 数据，对意大利的 Garda 湖的叶绿素 a 和悬浮物浓度进行了反演，并对水体营养状况进行了评价。近20年的研究表明，对于湖泊水体和海岸带水体，高光谱数据（如 MERIS、HyMap 等）反演效果要明显好于 Landsat TM 和 MODIS。

透明度的遥感提取模式可分为间接遥感反演算法和直接遥感反演算法。其中，间接遥感反演算法是指先由离水辐射亮度反演水色或水体的光学性质，进而反演得到水体透明度，是一种复合模型。例如，通过建立透明度与光学衰减系数或其他水质要素如悬浮物、叶绿素之间的关系，再使用遥感数据反演悬浮物、叶绿素进而间接得到透明度。透明度的直接遥感反演是利用离水辐射亮度或遥感反射率直接获取透明度。Lathrop（1992）应用 TM 数据获得美国黄石湖的透明度，台湾大学 Chen 和 Lei（2001）曾利用 TM 数据对台湾中部地区德吉水库的总体营养状态进行了评价，研究发现叶绿素、总磷、透明度与波段1、2、3和4变换的光谱特征具有高度的相关性。傅克忖和荒川久幸（1999）采用4种统计方法，根据黄海现场离水辐射亮度及遥感反射比，估算了黄海的水体透明度。

温度反演的基本理论依据是维恩位移定律和普朗克定律，目前比较成熟的算法有分裂窗算法、热惯量算法、温度比辐射率分离算法等。利用辐射数据反演地面温度需要解决的问题一是大气校正（主要是水汽影响），二是地表比辐射率校正。分裂窗反演算法受大气影响很小，目前已成功用于海水温度的反演，对于比辐射率均匀的海面，分裂窗可以成功地减小大气的影响。研究结果表明，利用分裂窗技术可使陆地温度反演精度小于3K（K 为亮度温度），水体温度反演精度小于0.15K。由于地表温度本身受多种因素（包括太阳辐射、风速、地表粗糙度、下垫面等）的影响，加之地表温度遥感反演存在一定的不确定性，热惯量的估算容易受如空气温度、空气湿度、风速等气象因素的影响。另外，在得到地表温度的解析表达式过程中，其他假定同样会影响到地表温度各个系数估算的准确度，进一步会影响由地表温度日较差得到的热惯量估算值。温度比辐射率分离算法是针对热红外测量数据，利用地物热红外光谱的一些共性特点作为先验知识或者约束条件，从一次观测中同时反演温度和光谱发射率的方法。利用这类方法反演地表温度时主要需要较多的光谱波段和较高的信噪比，必须引入对反射率或温度无关波谱指数的某种经验性约束条件或先验知识才能实现反演，过度依赖于光谱形状的某种假设。

虽然利用遥感技术进行水环境监测已取得许多成果，但很多方面仍需进一步开展研究。主要表现在：①需进一步研究污染物的光谱特性，如可溶性有机物、COD、总氮等，完善水环境遥感监测的指标体系，形成系统的监测技术方法和规范；②需建立遥感水质分类模型与标准处理技术流程，实现卫星遥感监测结果与常规水质监测的有机衔接；③需建立与遥感影像获取时间同步的现场水质监测样本数据集，以便于水质遥感模型的建立与验证优化；④需要开发遥感信息自动提取高精度模型及复杂数据分析处理技术。

12.2　水质遥感反演技术研究

12.2.1　遥感数据源选择

本研究所用遥感数据源以国内自主数据资源为主，辅以国外中高分辨率遥感数据，主要包括环境一号卫星 HJ-1 A/B CCD、HIS 和 IRS 数据，北京一号小卫星 CCD 相机数据，CBERS 卫星的 CCD 和 WFI 数据，TERRA/AQUA 卫星的 MODIS 数据，Landsat5 卫星的 TM 数据，FY 系列和 HY 系列卫星遥感数据等。由于环境一号 CCD 数据可以免费获取，具有空间分辨率高、频率高（两天 1 次）的特点，时间、分辨率满足丹江口水源区水质监测的要求。因此，选择环境一号卫星的 CCD 数据作为遥感监测的主要数据源。

12.2.2 水质遥感监测关键技术研究

12.2.2.1 水质参数遥感定量反演建模技术

目前关于悬浮物浓度、叶绿素浓度、水温、黄色物质等参数反演已有较多研究。目前主要应用地面实测与遥感数据统计方法，进行经验和半经验模型构建，形成适用于特定区域的统计模型，模型的普适性和精度稳定性难以保障。本书将通过理论推导和仿真分析，选择适用的反演数学函数模型形式，结合现场观测水体光学遥感参数和气象水文资料，建立南水北调中线水源地水质要素高分遥感反演模型和处理技术流程，为监测软件系统开发提供模型算法支撑。

12.2.2.2 大气校正查找表优化建立与快速检索技术

查找表是水色遥感反演普遍采用的业务化处理技术，目前常用的水色遥感大气校正方法大多是基于 Wang 和 Gordon（1994）提出的模型，气溶胶各类信息的估算均是依靠辐射传输方程的求解来完成的，即使采用数值近似求解的方法，也需耗费大量的时间。对于遥感卫星业务化处理来说，不可能每次都依靠辐射传输方程求解。因此，通常都采用建立查找表的方法来提高气溶胶及瑞利散射的计算速度。在预先设定好各种可能参数的条件下，利用辐射传输方程近似求解得到所需参数数值，并将之记录在预先设定好格式的查找表中。

美国 NASA 的水色卫星数据处理使用的查找表大多是基于多项式展开的形式来节省存储空间。在使用查找表的过程中，只需要知道观测几何，利用固定公式就可以求得相应的反演参数。这种查找表的优点是体积小，系数修改方便，缺点是运算量较大，不适用于高分辨率的内陆水色遥感反演的大气校正处理。

12.2.2.3 影像自动快速云检测技术

水质遥感监测适合在无云区开展，因此对云进行分离的云检测处理便成为红外遥感监测必需的数据预处理过程。由于遥感数据获取时往往云的类型多样、垂直分布跨度大、形态各异，在图像上不易准确识别，因此云成为遥感反演精度误差的一个重要来源。通常云检测采用基于统计理论的阈值法，但由于阈值的设定需基于实测光谱数据或历史观测数据，并且阈值的设定受区域和季节影响，因此阈值法云检测的普适性和精度难以满足业务化监测的需求。本研究在红外单波段阈值判别法的基础上，增加近红外和红光波段瑞利订正反射率比值、云空间均一性等判据，通过多种判别方法的综合使用，提升云检测的精度和效率。

12.2.2.4 水色遥感大气校正技术

2008 年发射的环境一号卫星（HJ-1 A/B）装载有 4 台宽覆盖可见光 CCD 相机，空间分辨率高，能作为我国水环境遥感监测数据源。然而，所搭载的 CCD 相机只配置了蓝、绿、红和近红 4 个宽光谱通道，光谱分辨率低，近红外/短波红外通道数目少，成熟的大气校正算法无法直接应用。本书主要采用水气耦合的辐射传输模型对环境一号卫星数据进行水体大气校正方法研究。通过多项式展开技术来完成查找表的建立，形成新的层次法大气查找表技术来简化压缩算法带来的时间复杂度，形成了基于权重的多维插值算法来提高数据检索效率。

12.3 水质参数遥感模型构建

12.3.1 实验区域与数据集

选取丹江口库区水域作为实验区域，使用从环境保护部卫星环境应用中心官方网站（http://www.secmep.cn/）下载的国产 HJ-1 CCD 数据，具体为 2 级产品影像 42 景，其中选取的时间段为 2011 年 4~10 月、2012 年 4~10 月、2013 年 4~10 月、2014 年 4~10 月。进行部分数据拼接后，形成丹江口库区的遥感影像拼接图。以 2006 年 TM 数据为基准，配准 HJ-1 数据若干景，以便进行同一地区的数值比较。

12.3.2 遥感数据预处理（大气校正）

由于空中遥感器在获取信息过程中受到大气分子、气溶胶和云粒子等成分的吸收与散射影响，使其获取的遥感信息中带有一定数量的非目标地物的成像信息，对数据的预处理精度产生影响。因此，需要对影像进行高质量的大气校正。

本研究主要针对环境卫星 CCD 相机的特点，以水气耦合的辐射传输模型构建大气校正参数查找表，开展了由地面气象数据辅助的逐像元水体大气校正方法研究，实现了水体离水反射率和遥感反射比的反演。其主要技术流程如图 12-1 所示。

12.3.3 叶绿素 a 浓度反演

12.3.3.1 模型构建

叶绿素 a 能反射绿光并吸收红光和蓝光，使藻类呈绿色，在蓝紫光波段（420~

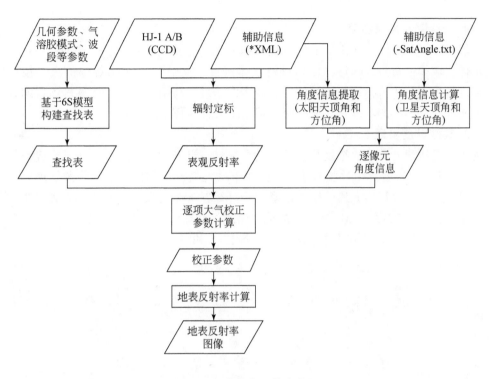

图 12-1 大气校正技术流程

500nm）和 675nm 处都有吸收峰，因此，藻类生物量较高的水体反射率曲线在这两个波段出现谷值，同时在 700nm 附近常出现反射峰。水体叶绿素 a 浓度与 460~940nm 波长范围内的遥感反射率相关性系数超过 0.9，与 540nm 和 701nm 反射峰相关系数接近 1。本研究从分析叶绿素 a 与水体光谱间关系出发，利用 HJ-1 CCD 数据建立叶绿素 a 反演模型，具体建模过程如下。

利用 HJ-1B 的第一、第二波段和相关波段组合的遥感反射率与实测叶绿素 a 浓度进行相关性分析，发现（band1/band2）（band1/band2）$^{-0.62}$ 组合与实测悬浮物浓度相关性最高，利用（band1/band2）（band1/band2）$^{-0.62}$ 与实测悬浮物浓度建立回归模型，得到叶绿素 a 反演模型，由于丹江口水库叶绿素 a 在春、夏、秋、冬四季浓度变化不大，因此，该模型适用于水库四季的叶绿素 a 反演。

$$Chla = -0.196x^3 + 2.6833x^2 - 11.902x + 11.953$$

$$x = (band1/band2)(band1/band2)^{-0.62} \tag{12-1}$$

式中，Chla 为叶绿素 a 浓度（mg/m^3）；band1、band2 分别为第一、第二波段的遥感离水反射率（sr^{-1}）。

12.3.3.2 反演结果分析

(1) 叶绿素 a 反演结果

选取 2014 年 7 月至 2015 年 2 月的 HJ-1CCD 数据，进行辐射定标、几何精校正，然后利用水体提取模型对丹江口库区水域进行水体掩膜，根据 12.3.2 节提出的大气校正模型对数据进行大气校正，得到校正后的反射率影像，最后利用反演模型计算丹江口库区水体叶绿素 a 浓度，得到的叶绿素 a 浓度分布图如图 12-2 ~ 图 12-4 所示。

(2) 模型精度验证

为了验证所建叶绿素 a 浓度反演模型的可靠性，选取 2013 年 10 月 9 日环境一号卫星 CCD、HIS 和 IRS 数据，在对数据进行几何纠正、大气校正和辐射定标等预处理后，利用建立的丹江口库区叶绿素 a 遥感反演模型进行叶绿素 a 浓度反演，得到库区水体叶绿素 a 浓度分布，再结合 2013 年 10 月 19 日的地面监测站点叶绿素 a 浓度实测数据，绘制反演值与实测值之间的折线图和相对误差柱状图（图 12-5 和图 12-6）。

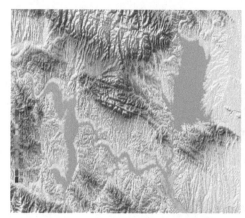

图 12-2　2014 年 7 月 27 日和 2014 年 8 月 19 日丹江口库区叶绿素 a 浓度分布

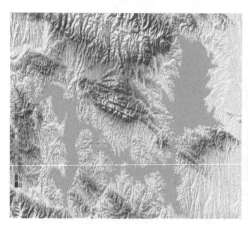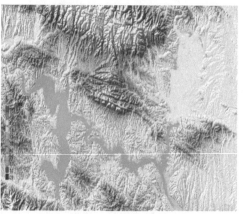

图 12-3　2014 年 9 月 20 日和 2014 年 10 月 8 日丹江口库区叶绿素 a 浓度分布

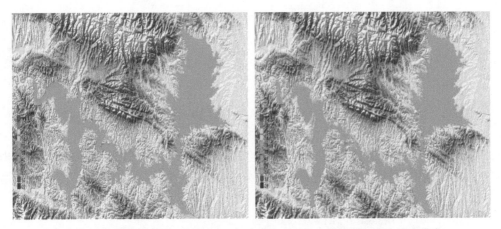

图 12-4　2015 年 1 月 3 日和 2015 年 2 月 8 日丹江口库区叶绿素 a 浓度分布

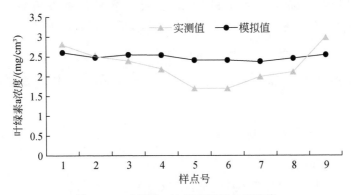

图 12-5　叶绿素 a 浓度实测值与反演值

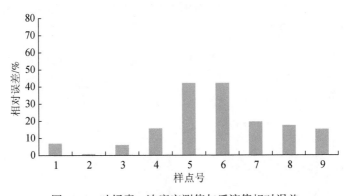

图 12-6　叶绿素 a 浓度实测值与反演值相对误差

从图 12-6 可以看出，叶绿素 a 浓度遥感模拟值和地面监测值相对误差都在 40% 以下，平均相对误差为 18.40%。由此可见，所建叶绿素 a 浓度遥感反演模型精度较高，满足研究设定的平均反演精度优于 80% 的要求。因此，利用所建模型对丹江口库区叶绿素 a 浓度进行遥感实时动态监测是可行的。

12.3.4 悬浮物浓度反演

12.3.4.1 模型构建

水体的反射率随悬浮物浓度的增大而变大，悬浮物光谱反射率具有双峰特征，第一反射峰位置在 550～700nm，第二反射峰位置在 760～820nm。在悬浮物浓度较低时，第一反射峰值高于第二反射峰值，随着悬浮物浓度的增加，第二反射峰的反射率逐渐升高。当水体中悬浮物含量增加时，反射率光谱上的反射峰由短波向长波方向移动，即具有所谓的"红移现象"。本研究从悬浮物浓度与水体光谱响应间关系出发，基于 HJ-1 CCD 数据，建立悬浮物浓度的多光谱模型，建模方法如下。

利用 HJ-1B 的第三、第四波段和相关波段组合的遥感反射率与实测悬浮物浓度进行相关性分析，可以得到 $band3^{0.64}/band4^{0.18}$ 组合与实测悬浮物浓度相关性最高，利用 $band3^{0.64}/band4^{0.18}$ 与实测悬浮物浓度分别建立回归模型，得到如下模型：

$$TSS = 12.4 \times (band3^{0.64}/band4^{0.18}) - 0.878 \tag{12-2}$$

式中，TSS 为悬浮物浓度（mg/L）；band3、band4 分别为第三、第四波段的遥感离水反射率（sr^{-1}）。

12.3.4.2 反演结果分析

（1）悬浮物反演结果

选取 2014 年 7 月至 2015 年 2 月的 HJ-1 CCD 数据，进行辐射定标、几何精校正，然后利用水体提取模型对丹江口库区水域进行水体掩膜，根据大气校正模型对数据进行大气校正，得到校正后的反射率影像，最后利用 12.3.4.1 小节给出的模型反演丹江口库区水体悬浮物浓度，得到的悬浮物浓度分布图如图 12-7～图 12-9 所示。

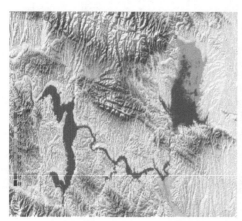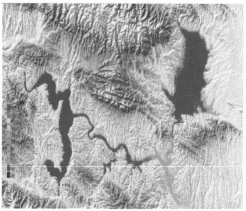

图 12-7 2014 年 7 月 27 日和 2014 年 8 月 19 日丹江口库区悬浮物浓度分布

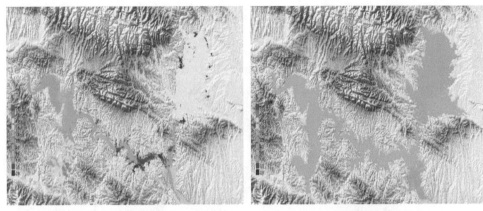

图 12-8　2014 年 9 月 20 日和 2014 年 10 月 8 日丹江口库区悬浮物浓度分布

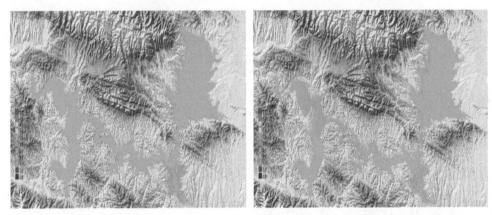

图 12-9　2015 年 1 月 3 日和 2015 年 2 月 8 日丹江口库区悬浮物浓度分布

（2）模型精度验证

为了验证所建悬浮物浓度反演模型的可靠性，选取 2013 年 10 月 9 日环境一号卫星 CCD、HIS 和 IRS 数据，在对数据进行几何纠正、大气校正和辐射定标等预处理后，利用建立的丹江口库区悬浮物遥感反演模型进行悬浮物浓度反演，得到库区水体悬浮物浓度分布图，再结合 2013 年 10 月 19 日的地面监测站点悬浮物浓度实测数据，绘制反演值与实测值之间的折线图和相对误差柱状图（图 12-10 和图 12-11）。

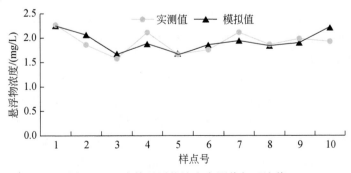

图 12-10　水体悬浮物浓度实测值与反演值

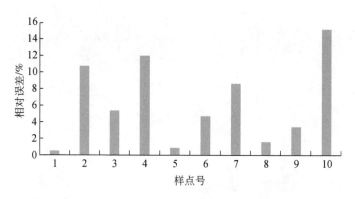

图 12-11　水体悬浮物浓度实测值与反演值相对误差

从图 12-11 可以看出，水体悬浮物浓度遥感模拟值与地面监测值相对误差都在 20% 以下，平均相对误差为 6.28%，由此可见，所建悬浮物浓度遥感反演模型精度较高，利用所建模型对丹江口库区悬浮物浓度进行遥感实时动态监测是可行的。

12.3.5　水体透明度反演

12.3.5.1　模型构建

研究表明，丹江口水库的水体透明度主要受悬浮物的影响，因此本研究采用间接遥感反演算法，基于同步实测数据，建立水体透明度和悬浮物浓度的相关性关系，由反演的悬浮物浓度进而得到水体透明度，反演模型如下：

$$SD = 387.5 \times TSS^{-0.67} \tag{12-3}$$

式中，SD 为水体透明度（m）；TSS 为悬浮物浓度（mg/L）。

12.3.5.2　反演结果分析

（1）水体透明度反演结果

选取 2014 年 7 月至 2015 年 2 月的 HJ-1CCD 数据，进行辐射定标、几何精校正，然后利用水体提取模型对丹江口库区水域进行水体掩膜，根据大气校正模型对数据进行大气校正，得到校正后的反射率影像，最后利用 12.3.5.1 小节给出的模型反演丹江口库区水体透明度，得到的水体透明度分布图如图 12-12 ~ 图 12-14 所示。

（2）模型精度验证

为了验证所建水体透明度反演模型的可靠性，选取 2013 年 10 月 9 日环境一号卫星 CCD、HIS 和 IRS 数据，在对数据进行几何纠正、大气校正和辐射定标等预处理后，利用建立的丹江口库区叶绿素 a 遥感反演模型进行透明度反演，得到库区水体透明度分布，再结合 2013 年 10 月 19 日的地面监测站点水体透明度实测数据，绘制反演值与实测值之间的折线图和相对误差柱状图（图 12-15 和图 12-16）。

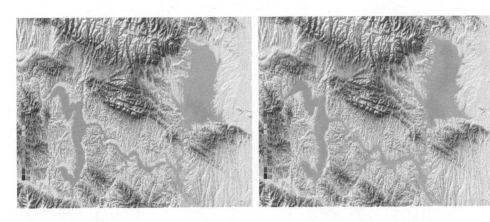

图 12-12　2014 年 7 月 27 日和 2014 年 8 月 19 日丹江口库区水体透明度分布

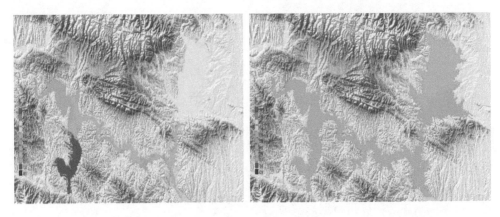

图 12-13　2014 年 9 月 20 日和 2014 年 10 月 8 日丹江口库区水体透明度分布

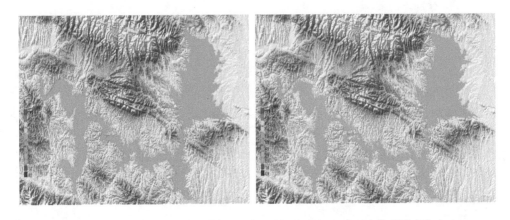

图 12-14　2015 年 1 月 3 日和 2015 年 2 月 8 日丹江口库区水体透明度分布

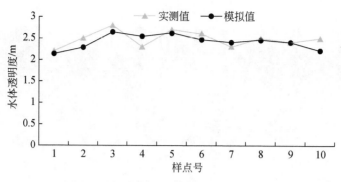

图 12-15　水体透明度实测值与反演值

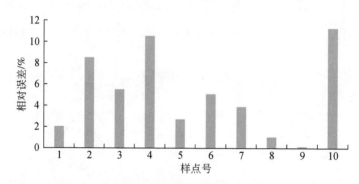

图 12-16　水体透明度实测值与反演值相对误差

从图 12-16 可以看出，水体透明度遥感模拟值与地面监测值相对误差都在 20% 以下，平均相对误差为 5.13%，由此可见，所建水体透明度遥感反演模型精度较高，利用所建模型对丹江口库区水体透明度进行遥感实时动态监测是可行的。

12.3.6　水表温度反演

12.3.6.1　模型构建

对于内陆水体表面温度反演，可假设水体比辐射率为 1，大气廓线数据可以通过星载大气垂直探测器、地面探空或气象数据得到。在业务化运行中，得到卫星过境的实时大气廓线很困难，需要采用一些温度反演算法得到，因此本研究基于热红外水面亮温图像，在气象资料的支持下采用单窗算法来反演丹江口水库水表温度，反演模型如下：

$$T_s = \gamma \left[\varepsilon^{-1} (\phi_1 L_{sensor} + \phi_2) + \phi_3 \right] + \delta \tag{12-4}$$

$$\gamma = \left[\frac{c_2 L_{sensor}}{T_{sensor}^2} \left(\frac{\lambda^4}{c_1} L_{sensor} + \lambda^{-1} \right) \right] \tag{12-5}$$

$$\delta = -\gamma L_{sensor} + T_{sensor} \tag{12-6}$$

式中，L_{sensor} 为星上辐射亮度；T_{sensor} 为星上辐射亮度对应的亮度温度；λ 为有效波长；$c_1 = 1.191\ 04 \times 10^8\ \mathrm{W} \cdot \mu\mathrm{m}^4 / (\mathrm{m}^2 \cdot \mathrm{sr})$；$c_2 = 1.438\ 77 \times 10^4\ \mu\mathrm{m} \cdot \mathrm{K}$；大气函数 ϕ_1、ϕ_2、ϕ_3 可以根据大气水汽含量来确定。具体参数如下：

$$
\begin{cases}
\phi_1 = 1/(0.941\ 007 - 0.048\ 223w - 0.412\ 27w^2 + 0.005\ 197w^3) \\
\phi_2 = 0.299\ 143 - 2.444\ 8w - 0.118\ 783w^2 - 0.169\ 506w^3 \\
\phi_3 = -0.096\ 411\ 7 + 1.160\ 37w + 0.350\ 854w^2 - 0.052\ 905\ 7w^3
\end{cases}
\tag{12-7}
$$

式中，大气水汽含量根据相对湿度和近地面大气温度计算。水体的发射率可随水中的悬浮物含量等因素的变化发生改变，由于库区水质稳定，发射率取 0.995。

12.3.6.2 反演结果分析

(1) 水表温度反演结果

选取 2014 年 7 月至 2015 年 1 月的 HJ-1CCD 数据，经过辐射定标、几何精校正，然后利用水体提取模型对丹江口库区水域进行水体掩膜，利用大气校正模型对数据进行大气校正，得到反射率影像，最后利用 12.3.6.1 小节给出的模型反演丹江口库区水体表面温度，得到的水表温度分布图如图 12-17 和图 12-18 所示。

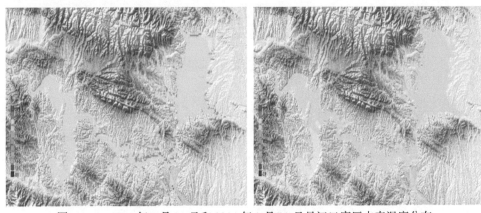

图 12-17　2014 年 7 月 27 日和 2014 年 9 月 20 日丹江口库区水表温度分布

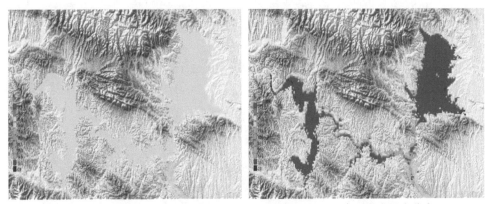

图 12-18　2014 年 10 月 2 日和 2015 年 1 月 21 日丹江口库区水表温度分布

（2）模型精度验证

为了验证所建水表温度反演模型的可靠性，选取 2013 年 10 月 9 日环境一号卫星 CCD、HIS 和 IRS 数据，在对数据进行几何纠正、大气校正和辐射定标等预处理后，利用建立的丹江口库区水温反演模型进行水体表面温度反演，得到库区水体表面温度分布，再结合 2013 年 10 月 19 日的地面监测站点实测数据，绘制反演值与实测值之间的折线图和相对误差柱状图（图 12-19 和图 12-20）。

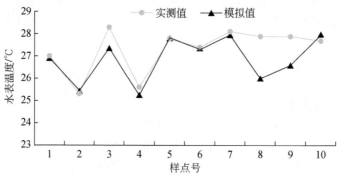

图 12-19　水表温度实测值与反演值

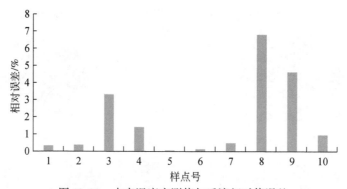

图 12-20　水表温度实测值与反演相对值误差

从图 12-20 可以看出，水表温度遥感模拟值与地面监测值相对误差都在 20% 以下，平均相对误差为 1.84%，由此可见，所建水表温度遥感反演模型精度较高，利用所建模型对丹江口库区水体表面温度进行遥感实时动态监测是可行的。

12.4　水质异常遥感动态监测

12.4.1　水体热污染

12.4.1.1　监测模型

利用空间域图像处理技术，对输入的水表温度分布影像进行空间滤波，得到平滑和去噪后的水表温度平均场，再通过对比原始输入水温影像与平均水温影像的差异，查找可能的热污染水体。

水温平均场影像可用下式计算：

$$g(x, y) = \sum_{m=0}^{L} \sum_{n=0}^{L} f\left(x + m - \frac{L}{2}, y + n - \frac{L}{2}\right) h(m, n) \tag{12-8}$$

式中，g 为水温平均场图像；f 为输入水温反演图像；h 为不同尺寸的卷积模板；L 为辐射亮度。常用的3种不同尺寸卷积模板有

$$h_1 = \frac{1}{9}\begin{bmatrix} 1 & 1 & 1 \\ 1 & 1 & 1 \\ 1 & 1 & 1 \end{bmatrix}, \quad h_2 = \frac{1}{10}\begin{bmatrix} 1 & 1 & 1 \\ 1 & 2 & 1 \\ 1 & 1 & 1 \end{bmatrix}, \quad h_3 = \frac{1}{16}\begin{bmatrix} 1 & 2 & 1 \\ 2 & 4 & 2 \\ 1 & 2 & 1 \end{bmatrix}$$

12.4.1.2 反演结果分析

选取2011年4月的HJ-1CCD数据，利用12.3.6.1小节给出的模型反演得到丹江口库区水体表面温度，再利用水表热污染预警模型计算丹江口库区水表面热污染空间分布，得到的库区水体热污染专题图如图12-21所示。

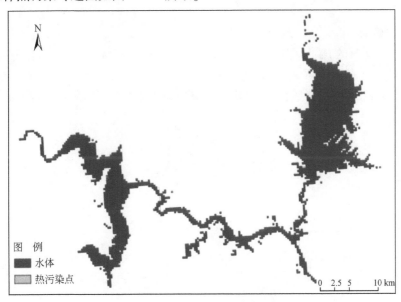

图12-21　2011年4月18日丹江口库区水体热污染

12.4.2　水体富营养化

12.4.2.1　监测模型

目前我国湖泊富营养化评价的常用参数包括水体透明度、叶绿素a、总磷、总氮、高锰酸钾指数。考虑到参评指标的遥感反演可行性和指标之间的相关性关系，从利用多光谱

遥感反演得到的叶绿素 a 和透明度指标入手，建立评价模型。叶绿素 a 和透明度多光谱反演模型 12.3.3.1 小节和 12.3.5.1 小节。采用富营养化综合指数中基于叶绿素 a 和透明度的富营养化计算公式为

$$TLI(chla) = 10(2.5 + 1.086\ln chla) \tag{12-9}$$
$$TLI(SD) = 10(5.118 - 1.94\ln SD) \tag{12-10}$$

式中，$TLI(chla)$ 为富营养化指数；chla 为叶绿素 a 浓度（mg/m³）；SD 为透明度（m）。

以 chla 作为基准参数，则第 j 种参数的归一化的相关权重计算公式为

$$w_j = \frac{r_{ij}^2}{\sum_{j=1}^{m} r_{ij}^2} \tag{12-11}$$

式中，r_{ij} 为第 j 种参数与基准参数 chla 的相关系数；m 为评价参数的个数。

根据上述原理，本研究采用的富营养化指数计算公式为

$$l = 0.59 \times 10[2.5 + 1.086\ln(chla)] + 0.41 \times 10[5.118 - 1.94\ln(SD)] \tag{12-12}$$

式中，l 为富营养化指数；chla 为叶绿素 a 浓度（mg/m³）；SD 为透明度（m）。

12.4.2.2 反演结果分析

（1）监测结果

选取 2011 年 7 月的 HJ-1CCD 数据，分别利用 12.3.3.1 小节和 12.3.5.1 小节给出的模型反演得到丹江口库区水体叶绿素 a 浓度和透明度，再利用 12.4.2.1 小节水体富营养化评价模型计算丹江口库区水体富营养化指数，得到的库区水体富营养化专题图如图 12-22 所示。

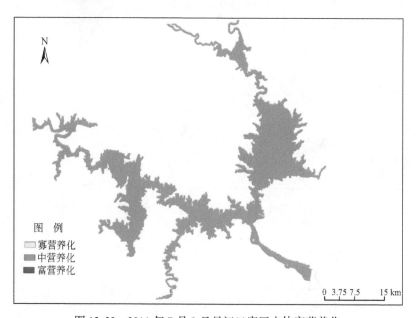

图 12-22　2011 年 7 月 8 日丹江口库区水体富营养化

（2）精度分析

为了验证所建水体富营养化遥感监测模型的可靠性，利用 2013 年 10 月 9 日叶绿素 a 浓度遥感模拟值，水体富营养化程度遥感模拟值，再结合 2013 年 10 月 19 日的地面监测数据，绘制模拟值与实测值之间的折线图和相对误差柱状图（图 12-23 和图 12-24）。

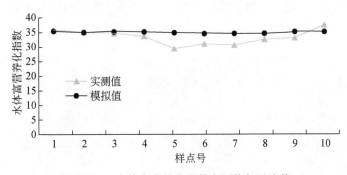

图 12-23　水体富营养化指数实测值与反演值

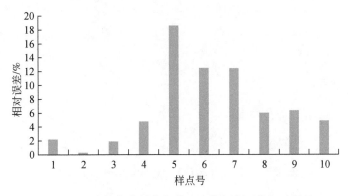

图 12-24　水体富营养化指数反演值与实测值相对误差

从图 12-24 可以看出，水体富营养化遥感模拟值与地面监测值相对误差都在 20% 以下，平均相对误差为 6.94%，由此可见，所建模型精度较高，利用所建模型对水体富营养化进行动态监测是可行的。

12.4.3　水华预警

12.4.3.1　监测模型

蓝藻水华在 CCD 波段 2（绿波段）具有比 CCD 波段 1、波段 3 略高的反射率，构成了可见光波长范围的绿峰值，这也是蓝藻水华肉眼感官为绿色的光学响应特征。蓝藻水华在 CCD 波段 4（近红外波段）具有明显的类似绿色植被的陡坡效应，且蓝藻水华浓度越高，这种效应越大，这也是进行水华遥感识别的主要依据。由于宽波段 CCD 无法反映水华和水草的光谱差别，具体业务中需要通过先验知识加以区分。针对 HJ-1 CCD

原始 DN 值图像，利用第四波段（近红外）和第三波段（红）图像计算归一化植被指数。

12.4.3.2　反演结果分析

选取 2011 年 7 月的 HJ-1CCD 数据，利用水体水华遥感监测模型得到丹江口库区水体水华空间分布，如图 12-25 所示。

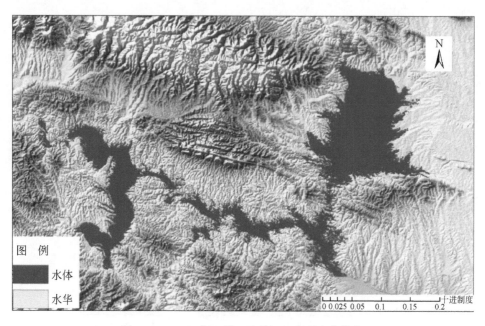

图 12-25　2011 年 7 月 8 日丹江口库区水华分布

12.5　水质遥感监测系统

12.5.1　监测系统设计

在充分吸收国内外相关经验的基础上，运用国内环境一号卫星等影像资源，结合库区地面实测数据，构建丹江口库区水质遥感监测系统并进行验证，系统指标参数包括悬浮物浓度、叶绿素 a 浓度、水体透明度、水表温度等。建立新型的层次法大气查找表，优化查找表的查询方法，提出基于权重的多维插值算法来提高高分辨率卫星大数据量检索效率，并对区域水质建立水质遥感综合评价模型，为水色遥感业务化运行提供了有效的技术支持。具体技术路线如图 12-26 所示。

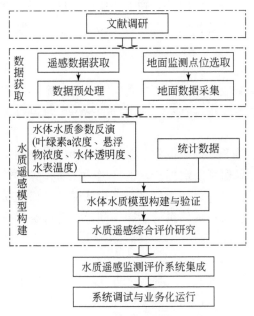

图 12-26　水质遥感监测系统技术路线

12.5.2　系统平台框架设计

12.5.2.1　平台设计原则

（1）先进性原则

考虑到日后的发展及产品升级换代，系统采用先进的技术指标、中间件及数据库产品。系统采用信息交换技术，能保证信息的一致性及输出格式统一。因此，系统具有较长的产品生命力，确保系统能适应现代信息技术的高速发展，避免以后的投资浪费。

（2）实用性原则

针对监管业务的工作特点，紧密结合环境管理的实际需求，确保系统使用简便，功能实用完备，应用流畅。系统的建设能切实提高用户的工作效率，改善工作效能，并为其他系统提供有效的数据支持。

（3）标准化原则

为确保系统建设的顺利进行及与其他系统的顺利连接，在系统的设计和建设过程中实行标准化、规范化和一体化的建设模式，包括项目实施的标准化，数据编码、数据格式的规范化，软件开发过程和文档的规范化，在系统的设计和开发过程中，采用国际通用的标准和协议，保证系统的开放性和通用性，为以后的扩展和升级预留空间。

（4）开放性原则

在总体设计中，采用开放式的体系结构，使系统容易扩展，使相对独立的分系统易于组合调整，有适应外界环境变化的能力，即在外界环境改变时，系统可以不做修改或仅做少量修改就能在新环境下运行。使网络的硬件环境、通信环境、软件环境、操作平台之间的相互依赖度减至最小，发挥各自优势。同时，保证网络的互联，为信息的互通和应用创造有利的条件。

（5）兼容性原则

采用统一灵活的数据交换机制保证了平台与其他应用系统之间能轻松耦合；通过平台封装各种数据库，保证了在应用层基本不作改动的情况下可兼容大多数数据库。

（6）安全性原则

系统安全可靠运行是整个系统建设的基础。鉴于环保信息的重要性，网络系统要有较高的可靠性及安全性，以确保系统数据传输的准确性，防止异常情况的发生。通过建立一套完整、合理的认证体系，对登录的用户进行身份认证，确保身份的真实性。在敏感信息的传送中采用加密技术，防止重要信息的泄露。同时，对重要操作进行日志记录，并可对日志记录进行审核。

（7）可维护性原则

采用简单、直观的图形化界面和多种输入方式，最大限度地方便用户使用。提供统一的图形化维护界面，维护人员通过简单的操作即可完成对整个系统的配置及管理。

12.5.2.2　平台总体框架

系统采用 B/S 技术架构（图 12-27），总体包括 4 个层次：基础设施层、数据访问层、业务逻辑层和表观层。①基础设施层：系统运行所需的硬件和网络环境，如服务器、PC 机、打印机、局域网、互联网等。②数据访问层：系统运行所需的软件环境，包括系统软件、数据库软件、运行环境等。③业务逻辑层：包括数据管理、水环境遥感监测、GIS 展示与分析和系统管理。④表观层：即水质遥感监测系统，分为管理员模式和普通用户模式。

12.5.3　功能架构设计

水质遥感监测系统平台主要包括五大功能模块，分别是数据管理模块、水质遥感反演模块、水质异常监测模块、GIS 展示与分析模块及系统管理模块。系统整体功能架构设计如图 12-28 所示。

12.5.3.1　数据管理

（1）数据上传

该模块主要是上传地面监测数据及下载影像数据。地面监测数据是通过地面监测站获取的数据，这些数据是某一位置上的点数据；影像数据是按照需要从相关的影像数据发布网站上下载的数据，对这些下载的数据进行一系列的处理获得所需的反演产品数据，产品数据是一种面数据。

（2）任务列表

该模块主要是监控影像数据的处理状态，由于影像数据的来源及时间不同，在对这些

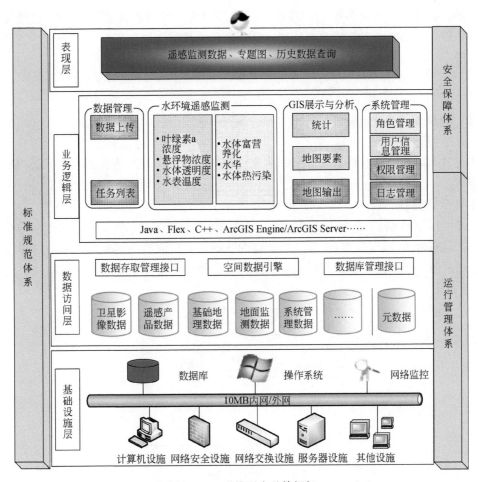

图 12-27　系统平台总体框架

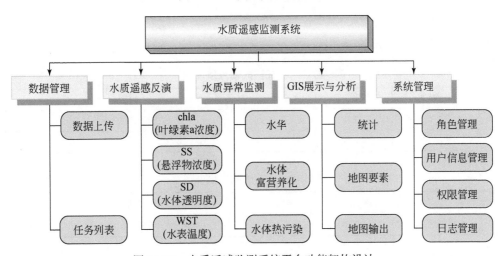

图 12-28　水质遥感监测系统平台功能架构设计

数据处理后需要监控这些数据处理情况，以便于查看。数据有两种状态：未处理及已处理，未处理代表数据未下载或没有处理，已处理代表数据已处理完并可以查看对应的反演产品数据。

12.5.3.2 水质参数反演

（1）叶绿素 a 浓度反演

a. 功能描述

针对多光谱离水反射率图像，根据图像获取的区域采用相应方法，反演水体叶绿素 a 浓度分布。

b. 业务化流程

具体流程如图 12-29 所示，首先，读入 HJ-1CCD 遥感反射率图像和图像配套数据，然后基于图像获取季节和区域特征，选择合适的叶绿素 a 反演模型，再根据模型选择参与运算的遥感反射率图像的波段，同时利用选择的波段和模型进行波段运算，最后输出叶绿素 a 浓度分布图。

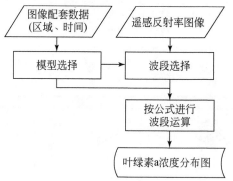

图 12-29 叶绿素 a 浓度反演业务化技术流程

c. 输入输出

算法的输入输出见表 12-1 和表 12-2。

表 12-1 算法的输入项说明

序号	名称	文件类型	数据类型	描述
1	离水反射率	GeoTiff	栅格	波段合成后的离水反射率，如＊＊＊.tif
2	辅助文件	Txt	文本	模型参数

表 12-2 算法的输出项说明

序号	名称	文件类型	数据类型	描述
1	叶绿素 a 浓度	GeoTiff	栅格	单波段存储的叶绿素 a 浓度产品，单位为 mg/m^3

d. 限制条件

采用的模型需要根据多光谱相机的载荷指标和光谱响应曲线进行修正。

（2）悬浮物浓度反演

a. 功能描述

针对多光谱离水反射率图像，根据图像获取的区域特征采用相应方法，反演水体悬浮物浓度分布。

b. 业务化流程

具体流程如图 12-30 所示，首先，读入 HJ-1CCD 遥感反射率图像和图像配套数据，然后基于图像获取季节和区域特征选择合适的悬浮物反演模型，再根据选择的模型选择参与运算的遥感反射率图像的波段，同时利用选择的波段和模型进行波段运算，最后输出悬浮物浓度分布图。

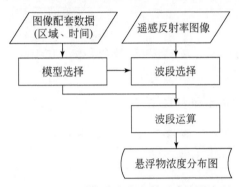

图 12-30　悬浮物浓度多光谱遥感监测流程

c. 输入输出

算法的输入输出见表 12-3 和表 12-4。

表 12-3　算法的输入项说明

序号	名称	文件类型	数据类型	描述
1	离水反射率	GeoTiff	栅格	波段合成后的离水反射率，如 ***.tif
2	辅助文件	Txt	文本	模型参数

表 12-4　算法的输出项说明

序号	名称	文件类型	数据类型	描述
1	悬浮物浓度	GeoTiff	栅格	单波段存储的悬浮物浓度产品，单位为 mg/L

d. 限制条件

采用的模型需要根据多光谱相机的载荷指标和光谱响应曲线进行修正。

（3）水体透明度反演

a. 功能描述

针对多光谱离水反射率图像，根据图像获取的区域特征采用相应方法，反演水体透明度浓度分布。

b. 业务化流程

具体流程如图 12-31 所示，首先输入悬浮物浓度分布图，其次基于同步实测数据对反演模型进行修正，最后基于反演模型进行波段运算，最终得到水体透明度分布图。

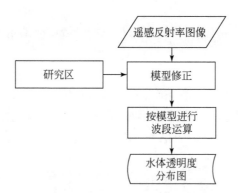

图 12-31　基于遥感反射率的水体透明度估算流程

c. 输入输出

算法的输入输出见表 12-5 和表 12-6。

表 12-5　算法的输入项说明

序号	名称	文件类型	数据类型	描述
1	悬浮物浓度产品	GeoTiff	栅格	单波段悬浮物浓度产品

表 12-6　算法的输出项说明

序号	名称	文件类型	数据类型	描述
1	水体透明度	GeoTiff	栅格	单波段存储的水体透明度产品，单位为 m

d. 限制条件

采用的模型需要根据多光谱相机的载荷指标和光谱响应曲线进行修正。

（4）水表温度反演

a. 功能描述

针对热红外遥感影像，根据影像获取的区域采用相应方法，反演水体表面温度分布。

b. 业务化流程

具体流程如图 12-32 所示，首先利用热红外辐射定标系数进行辐射定标，把 HJ-1B 红外相机热红外通道 DN 值转化为大气顶层通道亮度和亮温温度。输入卫星过境时刻水体同步或准同步大气垂直温湿度廓线，利用大气辐射传输模型 MODTRAN 进行大气校正，求算大气向上通道透过率和大气向上通道程辐射。利用针对水体的热红外辐射传输公式，求算水体的 HJ-1B 地表通道辐射亮度。最后利用 HJ-1B 热红外光谱响应，假设水体比辐射率为 1，从地表辐射亮度反演得到水体表面温度。

c. 输入输出

算法的输入输出见表 12-7 和表 12-8。

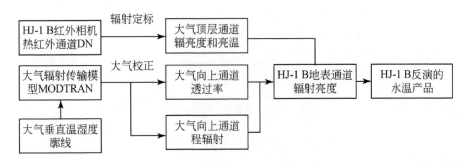

图 12-32　水温单波段监测流程

表 12-7　算法的输入项说明

序号	名称	文件类型	数据类型	描述
1	原始影像	GeoTiff	栅格	HJ-1B 卫星红外相机第四单波段 DN
2	辅助气象资料	Txt	文本	卫星过境时刻的库区水表温度和相对湿度数据（可通过天气预报模式得到）； 文件名例如：***-meteo.txt
3	辅助卫星信息	XML	文本	卫星数据获取时间、定标系数、地理信息等；文件名例如： ***.XML 包含<sceneDate>、<absCalibType >等标签

表 12-8　算法的输出项说明

序号	名称	文件类型	数据类型	描述
1	水表温度	GeoTiff	栅格	单波段存储的水表温度产品，单位为℃

d. 限制条件

环境星热红外波段星下点空间分辨率为 300m，对水库及周边流域水面较狭窄处无法有效监测。

12.5.3.3　水质异常预警

（1）水体热污染预警

a. 功能描述

利用反演得到的水表温度数据，通过计算影像各像元与其周边水域平均温度的差值来检测目标水域内是否存在热污染水体。

b. 业务化流程

具体流程如图 12-33 所示，首先读入由 HJ-1 数据反演得到的水温图像和背景水体温度，通过比较得到大于背景水体温度的最大值和最小值。最后对最大值和最小值范围的温度按照一定间隔进行等级划分，得到温度等级的个数为 $N=(T_{max}-T_{min})/\Delta T$。最后按照温度从低到高的顺序以不同的色彩赋值，得到水体热污染分级专题分布图。

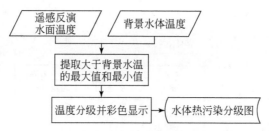

图 12-33 水体热污染遥感提取流程图

c. 输入输出

算法的输入输出见表 12-9 和表 12-10。

表 12-9 算法的输入项说明

序号	名称	文件类型	数据类型	描述
1	水表温度影像	GeoTiff	栅格	反演得到的水表温度分布影像

表 12-10 算法的输出项说明

序号	名称	文件类型	数据类型	描述
1	热污染区域	GeoTiff	栅格	表明热污染区和正常区的二值图像

d. 限制条件

输入数据空间分辨率不足、近岸坡地造成的阴影遮挡、云下阴影等可能导致热污染检测出现误判和虚警。

(2) 水体富营养化预警

a. 功能描述

利用反演得到的水体叶绿素 a 浓度和透明度分布数据，通过计算富营养化指数来检测目标水域内是否存在富营养化水体。

b. 业务化流程

具体流程如图 12-34 所示，首先读入基于 HJ-1 CCD 数据反演得到的叶绿素 a 浓度和悬浮物浓度分布图，然后根据模型进行运算，输出富营养化指数分布图，最后对富营养化指数进行密度分割，输出水体富营养化分级图。

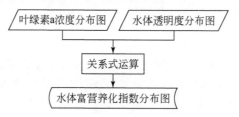

图 12-34 水体富营养化指数遥感反演流程

c. 输入输出

算法的输入输出见表 12-11 和表 12-12。

表 12-11　算法的输入项说明

序号	名称	文件类型	数据类型	描述
1	叶绿素 a 浓度影像	GeoTiff	栅格	反演得到的水体叶绿素 a 浓度分布影像
2	水体透明度影像	GeoTiff	栅格	反演得到的水体透明度浓度分布影像

表 12-12　算法的输出项说明

序号	名称	文件类型	数据类型	描述
1	富营养化区域	GeoTiff	栅格	表明富营养化区和非富营养化区的二值图像

d. 限制条件

富营养化指数为基于遥感反演水体参量的经验模型，由于对 COD、BOD、总磷、总氮等关键指标的遥感反演精度不高，因此对水体富营养化的判断精度及其在水源地的适用性尚待进一步研究。

（3）水体水华预警

a. 功能描述

针对多光谱离水反射率图像，根据图像获取的区域特征采用相应方法，监测水华异常分布情况。

b. 业务化流程

具体流程如图 12-35 所示，首先计算归一化植被指数，然后基于归一化植被指数计算归

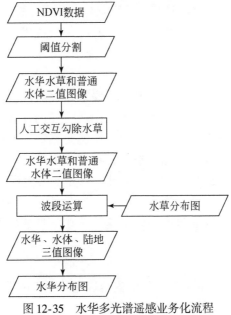

图 12-35　水华多光谱遥感业务化流程

一化植被阈值，将归一化植被指数大于阈值的像元判断为水草，小于阈值的像元则判断为普通水体。将上一步得到的水草和普通水体的二值图作为输入，根据经验进行人工交互勾除水草，得到水华发生水体和普通水体的二值图。最后，将水华水体二值图和水草分布图进行波段运算，生成水华、水体、陆地的三值图，进而得到水体水华分布图。

　　c. 输入输出

　　算法的输入输出见表 12-13 和表 12-14。

表 12-13　算法的输入项说明

序号	名称	文件类型	数据类型	描述
1	原始影像	GeoTiff	栅格	第三和第四单波段 DN
2	辅助信息	XML	文本	卫星数据获取时间、定标系数、地理信息等；文件名例如：***. XML 包含<sceneDate>、<absCalibType >等标签
3	观测几何	Txt	文本	卫星观测几何信息文件，例如：***-SatAngle. txt

表 12-14　算法的输出项说明

序号	名称	文件类型	数据类型	描述
1	水华区域	GeoTiff	栅格	表明水华区和非水华区的二值图像

12.5.3.4　GIS 展示与分析

（1）地图要素

　　a. 功能描述

　　在制作专题图时，需要在专题图界面图片上增加一些必要的地图要素，如指南针、专题图的名称、比例尺、制作人、时间等信息，使导出的专题图内容更加丰富与完善。地图要素的主要功能是配置专题图导出时添加标注信息。

　　b. 实现思路

　　通过界面上的可选框可以设置对应的地图要素是否在地图上可见。图名标识当前地图的名称，在导出专题图时同地图一起导出。图名字体的样式根据用户的习惯可自定义配置，包括字体风格、颜色、大小、样式等。图例是在增加专题图后才可以看到，标识当前专题图各个指标值所在范围信息。指北针用于标识地图方向。比例尺是使用地图自带的比例尺样式，单位是 km 和 m，位于地图左下方。其他标记信息还包括专题图的制作人、制作时间、注释，内容都是用户填写的文本信息，这些信息在地图上初始化位置位于地图的右下方，用户可以通过拖动调节这些标注信息的位置，设计自定义专题图。

（2）地图输出

　　a. 功能描述

　　地图输出是将当前地图界面上配置好的内容以图片文件的形式导出，保存到计算机指定的路径中。图片的类型可支持 bmp、png 和 jpg。

b. 实现思路

单击"地图输出"菜单项时，弹出窗体询问是否地图导出，单击"图片输出"按钮，弹出选择图片类型窗体，选择图片类型后单击"保存"，选择文件路径，当提示"保存完成"时，保存完成。

12.5.3.5 功能执行流程

(1) 后台执行流程

首先对下载的影像数据中的研究区域进行裁剪，然后根据不同的大气气溶胶光学厚度和气溶胶模型对影像进行大气校正，由于下载的数据是按波段分成独立的文件，需要将这些独立的文件进行波段合成处理生成一个包含多波段的单一文件。然后根据不同水质参数的反演算法从包含多波段的文件中读出算法所需的水质参数反演产品数据，然后进行水质异常监测。

(2) 前台执行流程

前台执行流程为：数据上传（上传需要处理的影像及地面数据）→任务列表（监控数据的处理状态)→选择某一反演指标→生成专题图→输出专题图。

12.5.3.6 界面设计及流转图

系统前端界面采用 ESRI 的 Flex Viewer 3.0 架构，它拥有和其他所有 Flex 应用程序相同的生命周期，即均由浏览器中 Flash Player 进行加载和管理。

如图 12-36 所示，①启动 Flex Viewer；②在 Flex Viewer 启动后，Flex Viewer 会自动加载相应的配置文件，并根据该文件中的各种配置项来初始化系统的功能、界面，以及加

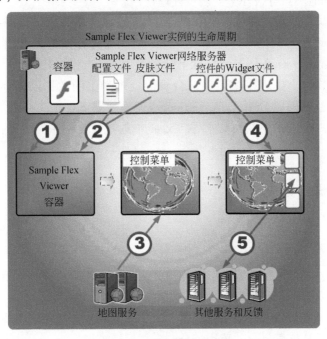

图 12-36　界面设计及流转

载和显示相关组件对应的 Flash 文件；③系统初始化地图窗口，并根据配置文件中配置的图层从运行于 ArcGIS Server（也可为其他数据源，但需扩展）中获取地图数据；④系统根据配置信息及用户操作动态加载对应 Widget 相关的 Flash 文件，每个 Widget 都是一个可以与用户进行交互的对话框窗体；⑤在用户与该 Widget 交互的过程中向外部服务器提供数据和分析服务。

系统界面主要有登录界面和系统主界面。登录界面确定用户是否是系统登录用户，判断有没有使用系统的权限。系统主界面是用户进行地图分析、业务处理的核心界面。系统主界面主要分为 5 个模块，位于界面顶端的菜单栏、中间左侧的菜单栏、中间右侧的地图控件、下方的状态栏和地图操作工具条。

12.5.3.7 模块接口

数据处理接口主要有 3 个，分别是大气校正、波段合成、水质参数反演，这 3 项功能的核心算法是利用 C++ 程序语言开发，同时调用 GDAL 库对遥感影像进行读写，并将其编译成可执行程序。最后通过 Java 调用该可执行程序并传入所需的参数进行集成通信。

Web 端与服务器交互对象 RemoteObject，在前台页面与后台服务器进行数据交互时 Flex 采用的是 RemoteObject 远程访问对象，在服务端定义好访问入口后可通过这个访问对象直接调用相应的后台接口。

定时任务模块分为定时器模块和任务处理模块，定时器模块用于设置每天定时处理的时间，并在指定的时间点分析任务列表、处理数据。

服务端数据访问模块（DAO）由以下部分组成，数据库访问模块、数据处理、Excel 文件处理模块等。数据库处理模块是用于数据库连接及数据的增加、删除、查询、修改等，访问的数据库对象及表的名称都存储在相应的配置文件中，能够在使用模块时准确提取相应数据。处理模块是将前台页面处理产生的数据及描述信息存储到数据库中，并对数据进行提取分析操作。Excel 处理模块是 Excel 文件加载、处理、分析、存储的主要模块，通过该模块可以提取 Excel 中的数据，并将可用的信息存储到数据库中。

12.5.4 系统研发集成

12.5.4.1 系统集成设计要求

1）展现集成：界面风格、术语、操作模式一致，方便用户日常使用。
2）应用集成：统一工作空间，集成各类产品制作。
3）流程集成：规范各类产品制作流程，统一任务调度，任务状态及时反馈。
4）服务集成：功能可拆分、重用组合，支撑后续扩展。
5）数据集成：统一数据管理、统一产品共享。

12.5.4.2　系统研发集成设计

基于 B/S 架构，完成系统原型设计、详细设计、系统研发，集成了数据上传、数据监控、水质参数反演、水质异常监测及 GIS 展示功能。系统部分功能界面如图 12-37 ~ 图 12-39 所示。

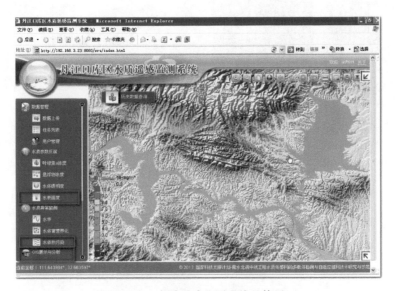

图 12-37　水质遥感监测系统整体界面

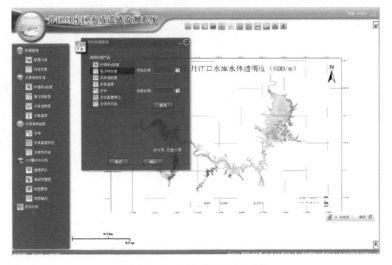

图 12-38　历史数据查询功能

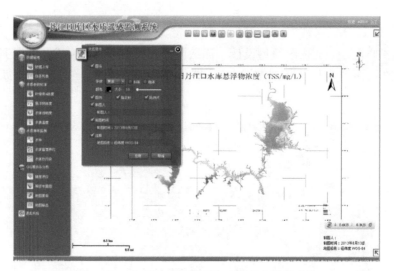

图 12-39　水质遥感监测系统地图要素设置功能

|第 13 章| 多载体自适应组网技术研究

13.1 国内外研究概况

随着物联网技术、通信技术、智能嵌入式技术的飞速发展及日益成熟，多元、泛在、网络化的系统已成为环境监测的发展趋势。物联网的实质是传感网、因特网及移动通信网"三网"高效融合的产物，其核心是智能传感网络技术。将物联网技术与环境监测相结合，可实现水质数据的高效测试及远程传输。

目前，我国已在七大流域、重点湖泊等重要水域建立了固定式或移动式水质自动监测站，实现了部分水质参数的在线监测。由于单个监测站点只能反映其附近区域的水质情况，为了及时全面地了解流域水质信息，需要将不同的监测站点连接起来，组成智能监测网络，以提高流域水环境监测体系的运行效率及管理水平。多载体智能化传感网络是连接物理世界、数字虚拟世界和人类社会的桥梁，它通过大量集成化的微型传感器，以协作方式实时监测、感知和采集环境监测信息，使环境监测自动化、智能化和网络化。

国外水环境监测系统研究起步较早，20 世纪 70 年代美国、澳大利亚等国家便已开始了水质自动监测系统的研究工作。2002 年，美国宾夕法尼亚大学（Szewczyk et al.，2004）设计了基于无线传感网络为基础的水质监测系统，该系统通过在节点处布置水下 pH 感知探头，利用声波进行通信，具有数据采集和路由双重功能，其中主节点与电脑端连接，用户可通过电脑端实时查看各节点处的 pH，实现了大面积水域 pH 的监测。2004 年，澳大利亚的研究人员（Reza et al.，2009）研制了一款基于无线传感网络为基础的海洋监测系统，通过在附近海域部署多个水质检测传感器，研究人员可方便地获取海洋水质信息。美国圣母大学的研究人员（Lindsay et al.，2007）自主设计和制作了基于无线传感网络为基础的湖泊水环境监测系统，并将其应用在校园内的湖泊中，可实时获取湖泊的温度、pH 和溶解氧含量。

近几年来，国内在水质在线监测传感网络系统的研究方面也开展了大量工作，取得了一系列的研究成果。例如，香港科技大学和中国海洋大学（Guo et al.，2008）在青岛崂山附近海域建立了 OceanSense 系统，该系统通过传感网络体系组网，对水质信息进行实时监测传输。华东理工大学的易建军及梁承美等（梁承美，2014）以无线传感网络技术、无线通信技术为支撑，提出了一套基于物联网的湖泊水质监测方案，实现了湖泊水质的自动化监测、评价和智能化管理。此外，无锡物联网研究基地以太湖为研究对象，建立了水环境监测传感网络体系，有力地推进了太湖流域污染物的监控与治理。

本章结合目前国内外水质智能监测系统研究现状及发展趋势，提出了一种基于物联网的多载体自适应组网技术，该技术采用无线传感网络技术、自动测量技术、自动控制技术及计算机应用技术，将水质固定监测台站、移动监测车、浮标式水质自动监测站、水下机器人等多载体智能感知节点进行自适应组网融合，实现数据实时采集并上传至监控中心，监控中心通过对各类数据进行智能分析、综合评价和趋势判断，将异常信息反馈给各感知节点，进而由 GPRS 模块与远程控制模块对各感知元进行智能调度与加密监测，形成覆盖区域广、监测精度高、监测网络可靠性强的网络体系。

13.2   总体架构设计

水质多载体检测与自适应组网（简称多载体自适应组网）是将固定监测台站、浮标水质自动监测系统、智能监测车、水下仿生机器人等通过物联网技术连接起来，将数据采集、分析、质控、评价、传输、存储、审核等进行全过程管理的一个信息化系统。系统采用集中式数据存储方式，数据全部传输并存储在中心站。系统具有运行维护及科学管理等多项实用功能，能辅助技术人员完成地表水环境质量报表及报告编写。

多载体自适应组网总体框架采用基于 B/S 和 C/S 结合的多层技术架构，采用 Windows Server 2008 操作系统和 Microsoft SQL Server 2008 数据库，具备良好的兼容性、可扩展性、部署灵活性和可维护性等特点。根据系统建设的内容和特点，构建系统总体框架如图 13-1 所示。有关信息安全和标准等遵从《多载体检测与自适应组网系统技术要求》。

图 13-1   水质多载体检测与自适应组网技术总体框架

（1）智能感知层

智能感知层包括多载体检测及通信设备，是按照国家标准通信协议采集、传输监测信息的基础设施，用来采集水质数据、设备运行状态数据、系统运行状态数据、环境动力数据等，为环境质量监测后续信息处理和相应决策提供精准的数据信息支撑。

（2）网络传输层

网络传输层作为业务运行平台，为各级监管机构提供高速、可靠的信息传输通道，主要依托全方位覆盖的保障性网络集群，将智能感知层采集的信息高速率、低损耗、安全可靠地传送到上一层。

（3）数据服务层

数据服务层负责"自适应组网系统"的数据入库和存储，并在中心站服务器上对数据存储体系进行统一管理，主要包括数据入库和存储管理，并对基础数据库及监测业务数据库进行存储与管理。数据服务层提供统一的技术架构和运行环境，为系统建设提供通用的应用服务和集成服务，为资源整合和信息共享提供运行平台。数据服务层主要由各类商用支撑软件和开发类通用支撑软件共同组成，将周期数据、自动质控数据、子站运行日志数据等存储在中心站服务器数据库中，并对存储数据进行分析，为组网预警提供数据支持。

（4）应用表现层

应用表现层即"自适应组网系统"的数据应用部分，基于水质应急监测预警模型技术，综合运用联机事务处理技术、组件技术、地理信息系统（GIS）、专业图形图表等高新技术，构建先进、科学、高效、实用的监测预警系统。

（5）标准规范体系

标准规范系统是支撑国家水质监控能力建设和运行的基础，是实现应用协同和信息共享的需要，是节省建设成本、提高建设效率的需要，是系统不断扩充、持续改进和版本升级的需要。

（6）信息安全体系

信息安全体系是保障系统安全应用的基础，包括物理安全、网络安全、信息安全及管理安全等。

13.3　水质多载体自适应组网技术研究

13.3.1　水质多载体自适应组网技术的研究目标

水质多载体自适应组网技术研究的重点是构建多载体、多目标、多尺度的水质监测智能感知节点，研究多载体水质监测系统的通信网元自适应组网技术及同一载体或不同载体中多种水质监测仪器间的数据传输与组网技术，突破传统上以通信基站为主，以 GPRS、CDMA 为辅的无线通信网局部动态自治和网络融合困境，解决异质网元互联互通技术定制标准缺失的难题，实现数据采集与传输标准的统一，建立立体水质监测传感网络，实现多载体的有机融合及集成创新，为南水北调中线工程水质监测网的构建提供关键技术支持。

13.3.2 水质多载体自适应组网技术研究内容

（1）多载体互联互通技术缺失标准定制

在现有的《污染源在线自动监控（监测）系统数据传输标准》（HJ/T 212—2005）和《水资源监测数据传输规约》（SZY 206—2012）的基础上，制定多载体水质监测系统的通信网元自适应组网技术标准以及同一载体或不同载体中多种水质监测仪器间的数据传输与组网技术标准，以平台为指挥中心与系统中各通信网元进行交互。

（2）多载体数据采集与传输技术

通过对监测仪器、中控系统及平台通信技术的研究，使多载体检测数据、控制指令能够按照制定的标准进行采集与传输。

（3）多载体自适应组网联动技术

通过对多载体自适应组网联动技术进行研究，建立立体水质监测传感网络，实现多载体检测的有机融合。

（4）多载体自适应组网辅助技术研究

多载体自适应组网辅助技术是对自适应组网技术研究的补充，可进一步提升自适应组网系统的实用性能，主要包括 GIS 集成、数据有效性判别等。

13.3.3 数据传输标准的研究及缺失标准的定制

由于站房式、浮标式、智能监测车（船）、水下仿生机器人、生物综合毒性、遥感监测等检测载体较多，涉及众多生产厂家，现有的数据传输标准无法实现载体与组网系统的无缝对接。因此，需要根据实际情况对标准协议进行扩展。

虽然不同的智能监测仪器与中控系统（或者数据采集与传输设备）之间信息采集传递可能存在差别，但只要能够获取仪器关键状态输出协议，再参考标准协议，扩展符合实际需求的相关标准，再通过中控系统与平台之间的通信，在平台上就能直接查看或者应用监测数据、日志记录等信息，还可对仪器进行远程控制或指令发送。

针对控制系统与平台系统的传输协议的差异，本研究依据《污染源在线自动监控（监测）系统数据传输标准》（HJ/T 212—2005）和《水资源监测数据传输规约》（SZY 206—2012），以保障数据准确性为核心，扩展了符合实际需求的数据质量控制与传输标准协议。本协议基于 TCP/IP 网络传输协议，规定了数据传输过程及系统中参数命令、交互命令、数据命令和控制命令的数据格式和代码定义，并采取公开、公平、公正的原则，将数据通过网络集成发送至控制中心。

在现有标准规范的基础上，为满足自适应组网功能实现的需求，本研究制定了一系列开放透明、简单实用的标准规范，包括水量信息的采集、远程数据交互传输、分析仪工况输出、远程控制、数据有效性判别和补齐等方面的规范，具体标准规范的建设内容见表 13-1。

表 13-1　缺失的标准规范定制

序号	标准名称	规范/标准内容	可参考的关联行业标准
1	通信交互协议标准	规范现场端与监控中心平台数据交互的握手、心跳、密码验证等基础标准	HJ/T 212—2005
2	水质分析仪数据采集与控制标准	规范现场控制单元与水质分析仪通信交互格式	MODBUS 美国标准
3	水质分析仪运行工况信息采集标准	规范分析仪需要输出的关键部件状态信号	无
4	水质、水量数据远程传输标准	规范监测数据向上传输的内容、格式和标记符	HJ/T 212—2005
5	现场设备远程反控指令标准	规范需要远程控制设备和系统运行的标准指令集	HJ/T 212—2005
6	自动监测数据有效性判别规范	规范数据有效性判别的条件和具体流程	国控重点污染源数据有效性审核规范
7	缺失数据补足规范（一）	规范现场端数据缺失、数据异常、有效数据不足等情况下数据补足标准	地表水相关规范

本研究还开发了基于 GIS 的全球定位系统，以及水质信息 GPRS 传输、宽带虚拟专网（VPN）、宽带因特网等异构网络接入标准与接口模块，能够实现水质监测预警系统多模块的无缝对接。另外，现场端传输系统从原来仅支持 GPRS 通信逐步发展到支持 GPRS、ADSL、VPN、3G/4G 等多种通信方式，监控指挥中心通过开放统一的端口可实现与现场端通信数据的交互，如智能监测车、浮标站、水下仿生机器人、便携式设备等可通过 GPRS、3G/4G 等网络灵活配置组网，组成稳定、可靠、实用的联动监测网络。

13.3.4　多载体数据采集与传输技术的研究

由于站房式、浮标式、智能监测车、水下仿生机器人、生物综合毒性仪及遥感监测等检测载体间数据采集与传输方式可能存在差异，无法直接接入平台。因此，数据采集与传输方式的统一是实现自适应组网技术的关键。本节重点探讨多载体数据采集与传输技术。

水下仿生机器人、生物综合毒性仪等自动检测设备是单个监测仪器，可称为感知元，它们不能直接与平台进行通信，必须借助于中间载体才能成为感知节点，从而实现平台与设备间的通信。该中间载体可以是中控系统，也可以是数据采集与传输设备。固定监测台站、浮标站和智能监测车等都属于集成系统，其包含中控系统，可作为智能感知节点，能够直接与平台进行通信。

13.3.4.1　中控系统研究

中控系统是水质多载体自适应组网技术的交互枢纽，起着承上启下的作用，负责平台指挥中心和设备感知节点的交互工作。

（1）中控系统设备性能指标

由于不同载体间数据采集与传输方式可能存在差异，因此，中控系统需具备较强的兼容性，为使系统兼容性最大化，中控系统应满足以下要求。

1）硬件平台：硬件平台采用 X86 构架的嵌入式、低功耗、高性能的工业级单板机及高精单片机控制。

2）软件平台：软件平台采用嵌入式 Windows XP，即 XPE，带 C 盘保护恢复系统，防止病毒入侵。

3）数据存储：数据存储在数据库中，数据库系统基于 MySQL 数据库建设，并提供数据库访问接口，以方便用户直接读取数据。

4）模拟量输入：电流输入，4~20 mA，带隔离，输入阻抗≤250Ω；电压输入，0~5V，带隔离，输入阻抗>10MΩ；模拟量输入通道数为 8 路，A/D 转换分辨率为 12~16 可选 bit。

5）数字量输入：数字量输入通道数为 8 路，带隔离。

（2）中控系统功能指标

经研究，为了保证中控系统能与平台和仪器进行交互，达到多载体互连，需满足以下几点基本功能。

1）中控系统能实时采集监测仪器及辅助设备的输出数据。

2）中控系统能对采集的数据进行处理、存储和显示，适合模拟信号、数字信号等多种信号输入方式，能兼容多载体仪器的通信协议。

3）中控系统应具有数据打包和远程通信功能。

4）中控系统通过平台进行远程控制，确保在线监测仪器按照要求进行工作。

5）中控系统应能运行相应程序，控制自动监测仪器及辅助设备按预定要求进行工作。

6）中控系统可自动对仪器进行校准。

7）当水质参数超标时，在发出警报的同时自动采集超标水样并保存。

13.3.4.2 监测仪器与中控系统的通信

监测仪器与中控系统采用 RS232/485、模拟信号等传输方式，采用标准 MODBUS 协议进行通信，可对设备状态及监测数据进行实时采集。MODBUS 协议遵守主-从原则，其中主设备为监测站控制系统或数据采集仪，从设备为自动监测仪器或辅助单元设备。通信流程为：主设备发送命令给从设备，从设备进行地址验证，如果验证通过则返回相应的数据，如图 13-2 所示。

13.3.4.3 中控系统与平台的通信

中控系统与平台之间的通信依据数据传输标准和定制的缺失标准。本协议从底层逐级向上可分为现场机、传输网络和上位机 3 个层次，上位机通过传输网络与现场机交换数据、发起和应答指令。中控系统与平台通信方式主要分为两大类，分别为基站控制数据主动上传以及上位机主动下发命令，如图 13-3 和图 13-4 所示。

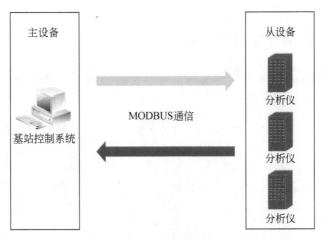

图 13-2　自动监测仪器与中控系统之间的数据交互

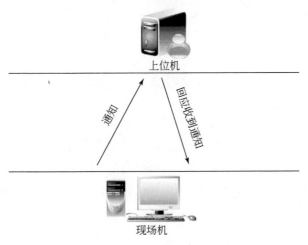

图 13-3　基站控制数据主动上传示意图

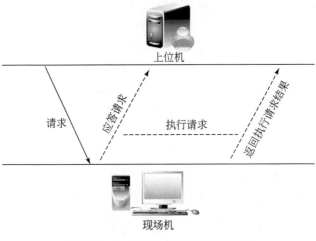

图 13-4　上位机主动下发命令示意图

13.3.5　多载体自适应组网技术研究

多载体自适应组网技术主要针对通信网元及多种检测仪器间联动组网技术进行研究，其组网逻辑结构如图 13-5 所示。

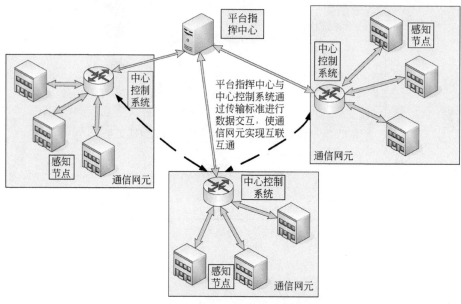

图 13-5　多载体自适应组网逻辑结构

根据组网的方式不同，本书中多载体的组网方式可分为触发式组网和框选式组网两种方式。

（1）触发式组网

触发式组网是通过感知节点监测数据的超标报警而进行的自适应组网。当某一感知节点监测数据发生超标报警时，中心控制系统会将感知节点发出的信息及时反馈给平台指挥中心，平台指挥中心第一时间对感知节点数据的有效性进行自动判断，如数据属实，则触发自适应组网流程，平台指挥中心会给报警的通信网元及其相邻通信网元发送组网指令，并命令通信网络内对应的感知节点进行加密测试，流程如图 13-6 所示。

图 13-6　触发式组网的流程

（2）框选式组网

框选式组网即人工组网，指工作人员在自适应组网系统的 GIS 地图中框选要进行组网的感知网元，并发送感知节点加密测试指令，流程如图 13-7 所示。

图 13-7　框选式组网的流程

13.3.6　多载体自适应组网辅助技术研究

多载体自适应组网辅助技术主要包括以下几个重要的辅助技术。

（1）GPS 定位技术

通过 GPS 对各个通信网元进行定位，获取通信网元经纬度坐标，通过中控系统将经纬度上传至平台。平台根据各个通信网元的具体位置以就近原则进行组网调度。

（2）模型与 GIS 集成技术

系统采用外联式和半紧密式内嵌方法将模型与 GIS 集成，建立自适应组网系统，通过与感知元及预警模型结合，方便用户交互和组网展示。

（3）数据有效性判断

数据有效性是对感知元异常、报警数据进行判断，防止错误信息导致的无效性组网发生。

平台指挥中心根据上传的监测数据和数据标记进行反向追溯，查询该时段监测仪器的运行状态和监测数据，并对监测数据的有效性进行判断、审核，并加标记注明。系统能根据监测数据、标记位、自动质控数据、运行日志等自动进行水质类别计算和数据有效性的判别与说明。用户可直观明了地判定当前数据是否准确有效。

（4）短信报警集成

短信报警在第一时间内对超标异常数据进行报警，对突发性应急事故进行指挥调度。报警管理系统是采用 C/S 模式进行开发，所需设备为一个 GPRS 短信发送模块和一张 SIM 卡，短信发送模块负责客户端手机短信的发送与接收，短信报警流程如图 13-8 所示。

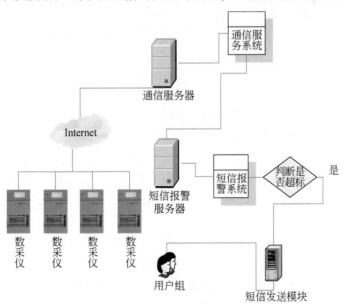

图 13-8　短信报警流程

通常，短信报警信息一般包括数据超标报警、故障报警和应急调度指令3个方面。

1）数据超标报警。对于超标或异常数据以短信形式发送至相关负责人及环保部门相关联系人。

2）故障报警。根据通信协议要求，实现现场端故障、异常等情况的即时报警功能。

3）应急调度指令。当应急事故发生时，根据组网情况向附近应急车、船等相关负责人发送应急短信，指挥其前往事故地点。

13.4　自适应组网系统的功能设计

本研究在水质在线监控平台的基础上，进行了自适应组网系统的功能模块设计与开发，主要包括地理信息系统的应用、实时监控管理、数据综合分析、质量控制与监管及事故应急支撑等。

13.4.1　地理信息系统（GIS）的应用

为了更好地突出各水质自动站及其水质类别在空间上的分布关系，直观地展现自适应组网效果，本研究运用地理信息系统实现了省、地市和前端子站3个层次之间的灵活切换，便于形象生动地展示当前重点监测对象的水环境质量状况。地理信息系统的应用主要可分为以下几个方面。

13.4.1.1　GIS 基础应用

GIS 系统的基础应用功能如下。

1）系统以 ArcGIS 为基础平台，实现地图的显示、操作等功能应用，地图操作包括地图缩放、地图漫游、测距、框选、点选等。

2）系统登录后，以配置地为中心显示地图，显示监测点的分布，不同的监测站使用不同的图标显示。

3）系统可通过颜色、闪烁表示监测点的状态，状态分为在线/离线、超标、故障等。

4）系统可根据监测数据，显示该站点的水质类型。

5）单击系统的标记站点，系统会弹出气泡窗口，显示该站点具体情况。弹出气泡界面显示：①自动站现场端图像、名称、类型（车载、船载、浮标、固定站）、通信状态、流域等；②水质情况：目标水质状况和当前水质状况；③导航（方阵）：站点控制、数据查询、任务轨迹，其界面如图13-9所示。

13.4.1.2　自动站导航及统计

1）导航与检索：以 GIS 为基础，自动站可实现按行政区、流域、动态组网3种列表方式展现，并增加了按监测参数、超标情况等条件的综合检索功能，提高中心站对自动站的管理效率。

图 13-9　GIS 应用界面–站点分布

2）站点统计：以行政区、流域地理定位为基础，可快速导航到自动站所在的行政区和流域。动态组网按照用户自行定义的统计方式统计。

3）自适应组网：在自适应组网启动后可自动或手动将组网外的自动站添加入动态组网中，通过平台可方便快捷地查看站点的运行情况。此外，动态组网还可统计管理部门重点关心的自动站或出现水质异常、故障频率高的自动站，用户可自行将此类自动站添加到动态组网中，以便及时掌握自动站的运行状况。

本研究开发的自适应组网系统的自动站导航及统计界面如图 13-10 所示。

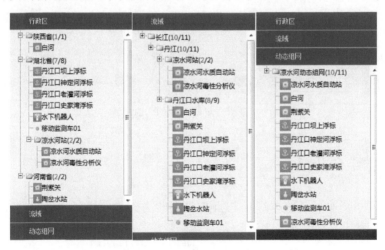

图 13-10　自动站导航及统计界面

13.4.1.3　丹江口库区专题地图

丹江口库区专题地图依据库区全部水质自动站的水质评价结果，通过等级渲染直观显示并提供水质等级的统计结果。丹江口库区专题地图可以按不同时间段显示专题地图，默认情况为最后评价结果。系统能提供监测站的列表查询、定位、评价结果、历史曲线等，能直观地反映出、入水库水质的总体情况。

13.4.2　实时监控管理

13.4.2.1　多级管理机制

自适应组网系统采用数据大集中的方式，将各监测子站的监测数据，直接上传到监控中心平台，通过对用户权限的管理，实现不同用户的分级权限管理，中心站拥有最高权限，能显示库区内任意一个前端子站的实时监测数据和历史监测数据，并且具有应急调度功能，调度地市级监测站点。

自适应组网系统的权限管理是唯一的，用户在各子模块中享有相同的站点权限，因此，在报警管理系统中，中心站系统能对各站点进行报警设置，也可查看每一个前端子站的状态量异常报警和浓度超标报警，并记录历史报警。

13.4.2.2　实时监控

自适应组网系统能对所有自动站进行实时监控，能反映各站点的联网、超标、异常、故障情况及采集的实时监测数据和视频，其监控界面如图 13-11 所示。

图 13-11　自适应组网系统的实时监控界面

13.4.3　数据综合分析

自适应组网系统加强了数据综合分析与应用能力建设，提供了全方位的图表分析功能，实现数据同比、环比、多维统计分析、污染物统计分析、污染情况统计分析等功能。

13.4.4　质量控制与监管

自适应组网系统具有远程质量控制与监管功能，能够按照国家相关环境保护标准对任意一个前端子站监测设备进行远程质量控制，如平行样核查、标样核查、加标回收测试等操作，并能对现场端进行反控，如设置测试周期等。自适应组网系统的质量控制与监管设置界面如图 13-12 所示。

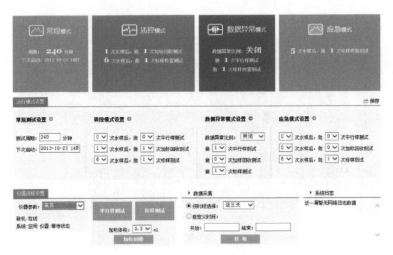

图 13-12　质量控制与监管设置界面

13. 4. 5　事故应急支撑

13. 4. 5. 1　源头排查

通过人工取样监测、智能车（船）现场监测、便携式设备分析等多种排查方式缩小排查范围，最终锁定事故来源。

13. 4. 5. 2　流域上下游趋势分析

根据时间、站点名称、监测参数和数据来源等条件对同一参数变化过程进行对比分析。通过折线图和柱状图来展现同一因子在不同站点中的变化情况，不同站点用不同的颜色来表示，超标值则用红色的点来表示。图 13-13 和图 13-14 分别为多个站点同一因子的监测数据柱状图和折线对比图。

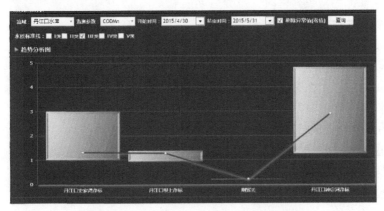

图 13-13　同一监测因子多个站点监测数据

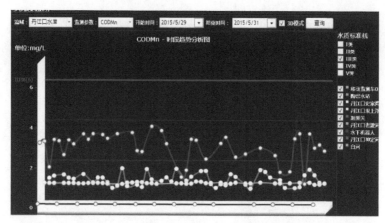

图 13-14　同一监测因子多个站点监测数据折线对比

13.5　自适应组网系统应用示范

自适应组网系统配置了多种应急流程，系统能根据通信元类别自动选择应急组网模式。应急组网模式包括：自动站超标应急预警、生物综合毒性监测异常预警、水质遥感异常预警 3 个常见预警组网流程。

（1）自动站超标应急预警流程

当监控区域内某个站点出现数据异常后，通过自适应组网系统可及时进行超标、异常预警，自动进行非正常数据判别，当判别为水质发生变化后，自动启动自适应组网应急监测模式，智能调动异地移动监测设备（智能监测车、水下仿生机器人）进入事故发生区域进行应急监测，同时启动附近的相关监测系统，如浮标监测系统、固定监测台站监测系统入网进行加密监测，直至水质正常，组网解除。自适应组网系统运行流程如图 13-15 所示。

（2）生物综合毒性监测异常预警流程

1）生物综合毒性指数异常时，流程启动。

2）核查附近其他站点水质数据情况。

3）确认水质异常则自动组网并通知相关工作人员到现场进行水质核查。

4）移动设备自适应入网提示。

5）对附近站点进行加密监测并提供相关站点数据对比图。

6）水质恢复正常，并发送短信告知相关工作人员。

（3）水质遥感异常预警流程

1）水质遥感监测数据异常，流程启动。

2）核查附近站点叶绿素、pH、溶解氧等相关水质参数数据情况。

3）确认水体水质异常后发送预警短信给相关工作人员。

4）移动设备自适应入网。

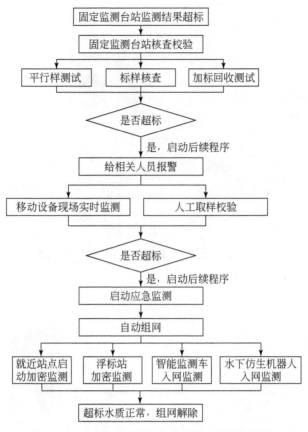

图 13-15　自适应组网应急监测模式的运行流程

5）组网站点进行加密监测并提供叶绿素、pH、溶解氧等相关水质参数数据对比图。

6）水质恢复正常，并发送短信告知相关工作人员。

本章以下内容主要针对自动站超标应急预警进行探讨。

13.5.1　超标预警

自适应组网系统能够根据水质规划类别实时对所有监测数据进行自动审核，当监测数据发生超标时，地图上会将该点位以圆形波纹扩散形式突出显示，以示预警（图 13-16）。

13.5.2　自动站异常数据核查

自动站发生数据超标或异常时，自适应组网系统会自动对数据质量进行判断，启动数据判断程序，当判定仪器正常及数据有效后，则会确认水质超标，启动自适应组网流程，并发送超标报警信息给相关工作人员。系统相关功能界面如图 13-17 所示。

图 13-16　自适应组网超标预警

图 13-17　自适应组网超标、异常数据核查

13.5.3　现场实时跟踪

相关工作人员收到报警短信后，会根据实际情况调动附近的应急监测车、水下机器人等移动设备去现场进行调查监测。移动设备的运行轨迹将会在地图上实时显示，如图 13-18 所示。

13.5.4　自适应组网应急监测

在发送报警短信的同时，将数据超标站点及其周边站点进行自适应组网。以超标站点名称作为组网名称，在 GIS 组网系统上以不同颜色圆形辐射显示覆盖范围，覆盖范围内的站点将会启动应急加密监测，如图 13-19 所示。

固定监测台站　　　智能监测车　　　★ 城市、村庄

图 13-18　自适应组网现场实时跟踪

图 13-19　自适应组网系统的应急监测

13.5.5　移动设备入网监测

根据 GPS 定位信息，当智能监测车（船）、水下机器人等移动设备进入覆盖区域网络后，系统会弹出新通信元自适应入网的提示，并组成新的动态网络，如图 13-20 所示。

13.5.6　水质正常，组网解除

水质恢复正常后，系统应急报警将自动解除，并发送报警解除信息给相关工作人员，如图 13-21 所示。

图 13-20　移动设备入网监测提示

图 13-21　水质恢复正常后报警解除

参 考 文 献

安贝贝，蒋昌潭，刘兰玉，等．2015．水质监测断面优化技术研究．环境科学与技术，3（4）：107-111.

曹捍．1987．国内外水质监测新技术概况．环境与可持续发展，5：97-101.

查金苗，王子健．2005．利用日本青鳉早期发育阶段暴露评估排水的急、慢性毒性和内分泌干扰效应．环境科学学报，12：1682-1686.

陈楚群，施平，毛庆文．1996．应用 TM 数据估算沿岸海水表层叶绿素浓度模型研究．遥感学报，（3）：17-23.

陈雷，郑青松，刘兆普，等．2009．不同 Cu^{2+} 浓度处理对斜生栅藻生长及叶绿素荧光特性的影响．生态环境学报，18（4）：1231-1235.

陈宁，边归国．2007．我国环境应急监测车的现状与发展趋势．中国环境监测，23（6）：41-45.

陈阳，段剑洁，庹丹丹．2014．一种总氮和总磷的检测方法及系统．中国，103983597A.

樊引琴，李婳，刘婷婷，等．2012．物元分析法在水质监测断面优化中的应用．人民黄河，34（11）：82-84.

傅克付，荒川久幸．1999．悬沙水体不同波段反射比的分布特征及悬沙估算实验研究．海洋学报，3：134-140.

傅文彦，李军．1975．介绍几种国外水质污染监测车（船）．分析仪器，2：51-54.

高娟，李贵宝，华珞．2006．地表水环境监测进展与问题探讨．水资源保护，22（1）：5-8.

顾建，赵友全，郭翼，等．2012．一种投入式光谱法紫外水质监测系统．安全与环境学报，6：98-102.

韩波，林华荣．1991．主成分分析在水质监测优化布点中的应用．中国环境监测，7（1）：12-13.

韩志国．2002．环境胁迫（盐胁，热胁，渗透胁迫）对两种海洋浮游植物的影响．广州：暨南大学硕士学位论文．

何林华．1989．藻类生物监测中测试参数对效应浓度的影响．环境科学，10（3）：32-37.

黄正，王家玲．1994．发光细菌的生理特性及其在环境监测中的应用．环境科学，16（3）：87-90.

简建波，邹定辉，刘文华，等．2010．三角褐指藻对铜离子长期暴露的生理响应．海洋通报，29（1）：65-71.

姜欣．2006．"均值偏差法"在河流水质监测断面优化中的应用．黑龙江环境通报，30（3）：44-45.

蒋新松，封锡盛，王棣棠．2000．水下机器人．沈阳：辽宁科学技术出版社．

金立新．1989．水质监测站网设计．南京：河海大学出版社．

金细波，陈尧，周晗．2013．移动水质监测站．中国，201320280545.

景体淞，徐镜波．2000．酚、苯、重金属离子对溞类的毒性作用．松辽学刊（自然科学版），3：18-22.

景欣悦，康维钧，张宏伟．2005．环境污染物的生物测试方法．国外医学：卫生学分册，32（3）：167-170.

黎夏．1992．悬浮泥沙遥感定量的统一模式及其在珠江口中的应用．环境遥感，7（2）：106-113.

李百庆，张翼轩．2013．水环境遥感监测技术应用研究．北方环境，25（9）：56-57.

李京．1986．水域悬浮物固体含量的遥感定量研究．环境科学学报，6（2）：166-173.

李丽君，刘振乾，徐国栋，等．2006．工业废水的鱼类急性毒性效应研究．生态科学，25（1）：43-47.

李淑娆，李伟．2001．大型蚤急性毒性试验在工业污染源监测中的应用研究．环境保护科学，27（107）：28-29，32．

李炎，李京．1999．基于海面-遥感器光谱反射率斜率传递现象的悬浮泥沙遥感算法．科学通报，44（17）：1892-1897．

连晓峰，彭森，王小艺，等．2015．基于综合分层聚类的水质监测断面优化研究．系统仿真学报，（7）：1563-1569．

梁承美．2014．基于物联网的湖泊水质监测系统的研究．上海：华东理工大学硕士学位论文．

梁铁军．2004．断面综合指数法在水质监测断面优化布设方法中的应用．辽宁城乡环境科技，5：15-20．

梁伟臻，叶锦润，杨静．2002．模糊聚类分析法优化城市河涌水质监测点．环境监测管理与技术，14（3）：6-7．

凌旌瑾．2009．环境胁迫对蛋白核小球藻（*Chlorella pyrenoidosa*）生长和光合作用的影响．上海：华东师范大学硕士学位论文．

刘大胜，赵岩，傅莹，等．2008．工业废水排放环境监管中的新手段：鱼类急性毒性试验应用．环境监测，14：50-53．

刘海锋．2010．高锰酸盐指数在线自动监测仪器的研制．成都：成都理工大学硕士学位论文．

刘红玲，周宇，许妍，等．2004．氯代酚和烷基酚类化合物对斑马鱼胚胎发育影响的研究．安全与环境学报，4（4）：3-6．

刘晓茹，周怀东，李贵宝．2004．水质自动监测系统建设．中国水利，09：51-52．

刘晓茹，刘玲花，高继军，等．2007．基于 GPRS 技术的水质监测系统集成研究．中国水利水电科学研究院学报，1：75-79．

刘允，刘廷良，宫正宇．2010．水质自动监测系统的质量保证与质量控制．现代仪器，3：60-62．

吕恒，江南，李新国．2005．湖泊的水质遥感监测研究．地球科学进展，20（2）：185-192．

罗兰．2008．我国地下水污染现状与防治对策研究．中国地质大学学报（社会科学版），8（2）：72-75．

马飞，蒋莉．2006a．河流水质监测断面优化设置研究——以南运河为例．环境科学与管理，31（8）：171-172．

马飞，蒋莉．2006b．基于 Matlab 的水质监测断面优化设置研究．内蒙古环境保护，18（3）：48-50．

马荣华，唐军武．2006．湖泊水色遥感参数获取与算法分析．水科学进展，17（5）：720-726．

马媛媛．2013．安徽省地表水质自动监测网络优化研究．合肥：合肥工业大学硕士学位论文．

仇伟光．2015．辽河流域水环境监测网络优化技术研究．中国环境监测，31（1）：122-127．

邱郁春．1992．水污染鱼类毒性实验方法．北京：中国环境科学出版社．

瞿建国．1996．锌对金鱼的急性毒性及在体内的积累和分布．上海环境科学，6：42-43．

沈盎绿．2006．制浆造纸废水对不同鱼类急性毒性研究．海洋渔业，28（4）：331-335．

史媛．2013．基于三株绿藻的毒性测试研究．武汉：武汉理工大学硕士学位论文．

水利部水文司，中国科学院地理研究所．1989．苏联水文学进展//胡宗培．苏联第五届水文代表大会文集．北京：测绘出版社．

孙朝辉，刘增宏，朱伯康，等．2006．全球海洋中 Argo 剖面浮标运行状况分析．海洋技术，25（3）：127-134．

孙婕．2013．小型鱼监测污染源废水毒性的时间效应研究．长春：吉林农业大学硕士学位论文．

滕佩峰．2008．基于 GSM 网络水质在线自动监测系统的研究与实现．北京：北京邮电大学硕士学位论文．

汪红军，李嗣新，周连凤，等．2010．5 种重金属暴露对斑马鱼呼吸运动的影响．农业环境科学学报，

29（9）：1675-1680.

汪丽．2006. 蒽醌类化合物对大型溞（*Daphnia magna*）急性光致毒性与 QSAR. 大连：大连理工大学硕士学位论文．

王宏，许永香，高世荣，等．2003. 几种典型的有害化学品对水生生物的急性毒性．应用与环境生物学报，9（1）：49-52.

王辉，孙家君，孙丽娜，等．2014 贴进度法的改进在浑河干流水质监测断面优化中应用．生态杂志，（2）：3470-3474.

王建珊．1993. 秦淮河水质监测点位的优化．环境监测管理与技术，3：18-20.

王丽萍，张雁秋，徐正华．2002. 污水处理厂出水对鱼类影响的试验研究．中国矿业大学学报，31（3）：310-314.

王丽莎，魏东斌，胡洪营．2004. 发光细菌毒性测试条件的优化与毒性参照物的应用．环境科学研究，17（4）：61-62，66.

王山杉．2002. Zn^{2+} 浓度对固氮鱼腥藻（*Anabaena azotica* Ley）光能转化特性的影响．湖泊科学，14（4）：350-356.

王晓辉，金静，任洪强，等．2007. 水质生物毒性检测方法研究进展．河北工业科技，24（1）：58-62.

王增愉．1991. 西欧水环境监测系统典型介绍．环境监测管理与技术，4：60-64.

吴银宝，汪植三，廖新俤．2005. 恩诺沙星对隆腺蚤（*Daphnia Carinata*）的急性活动抑制毒性测定．农业环境科学学报，24（4）：698-700.

吴泳标，张国霞，许玫英，等．2010. 发光细菌在水环境生物毒性检测中应用的研究进展．微生物学通报，37（8）：1222-1226.

武建国．2010. 混合驱动水下滑翔器系统设计与性能分析．天津：天津大学博士学位论文．

徐富春，程子峰．1996. 日本水质监测信息管理系统．环境科学研究，02：41-46.

续衍雪，郑丙辉，刘琰，等．2012. 贴近度法在湘江干流水质监测断面优化中的应用．水资源保护，28（6）：46-48.

杨光．2005. 浅谈环境应急监测车．环境科学与技术，28（增刊）：147-148.

杨增顺．2014. 水质在线实时监测系统的设计与实现．北京：中国科学院大学硕士学位论文．

姚运先．2003. 环境监测技术．北京：化学工业出版社．

叶伟红，刘维屏．2004. 大型蚤毒理试验应用与研究进展．环境污染治理技术与设备，5（4）：4-7.

于瑞莲，胡恭任．2002. 苯胺类化合物在不同 pH 下对大型蚤的急性毒性及 QSAR 研究．重庆环境科学，24（6）：47-49.

于瑞莲，胡恭任．2005. 不同 pH 下对发光菌的毒性及 QSAR 研究．环境科学与技术，28（4）：20-22.

袁静，刘树深，王丽娟，等．2011. 蛋白核小球藻（*Chlorella pyrenoidosa*）微板毒性分析方法优化．环境科学研究，24（5）：553-558.

章宗涉，莫珠成，戎克文，等．1983. 用藻类监测和评价图们江的水污染．水生生物学集刊，20（1）：97-104.

赵聪蛟，周燕．2013. 国内海洋浮标监测系统研究概况．海洋开发与管理，11：13-18.

赵红宁，王学江，夏四清．2008. 水生生态毒理学方法在废水毒性评价中的应用．净水技术，27（5）：18-24.

赵吉国．2004. 东江流域地表水监测省控断面优化布点．广东水利水电，12（6）：27-28.

赵晓艳，刘丽君，聂湘平，等．2009. 利用对斑马鱼的在线监测实现对水体重金属铬污染的预警．给水排水，6：20-23.

赵学亮，史云. 2012. 水质重金属自动监测系统. 数据采集与处理，S2：402-406.

中华人民共和国水利部. 2012. 中国水资源公报（2011）. 第 1 版. 北京：中国水利水电出版社.

朱党生，王超，程晓冰. 2000. 水资源保护规划理论及技术. 北京：中国水利水电出版社.

朱士圣，吴朋，徐进. 2012. 移动式污染源自动监控系统：中国，201220255031.

朱正国，臧维玲. 2008. Cu^{2+} 和食盐对金鱼幼鱼的急性毒性作用. 上海水产大学学报，（1）：109-112.

Anderson B G. 1944. The toxicity thresholds of various substances found in industrial wastes as determined by the use of *Daphnia magna*. Sewage Works Journal，16（6）：1156-1165.

Beutler M，Wiltshire K H，Meyer B，et al. 2002. A fluorometric method for the differentiation of algal populations in vivo and in situ. Photosynthesis Research，72（1）：39-53.

Brayner R，Couté A，Livage J，et al. 2011. Micro-algal biosensors. Analytical and Bioanalytical Chemistry，401（2）：581-597.

Buonasera K，Lambreva M，Rea G，et al. 2011. Technological applications of chlorophyll a fluorescence for the assessment of environmental pollutants. Analytical and Bioanalytical Chemistry，401（4）：1139-1151.

Cairns J J，Dickson K L，Sparks R E，et al. 1970. A preliminary report on rapid biological information systems for water pollution control. Water Pollution Control Federation，42：685-703.

Chen K Q，Lei C Q. 2001. Reservior trophic state evaluation using Landsat TM data. Journal of the American Water Resource Association，37（5）：30-33.

Cheng J Y，Ai Q Z，Ming W J，et al. 2011. Development and experiments of the Sea-Wing underwater glider. China Ocean Engineering，25（4）：721-736.

Cieniawski S E，Eheart J W，Ranjithan S. 1995. Using genetic algorithms to solve a multiobjective groundwater monitoring problem. Water Resources Research，31：399-409.

Davies-Colley R J，Smith D G，Ward R C，et al. 2011. Twenty years of new Zealand's National rivers water quality network：Benefits of careful design and consistent operation. JAWRA Journal of the American Water Resources Association，47（4）：750-771.

Dekker A G，Malthus T J，Wijnen M M，et al. 1992. The effect of spectral band width and positioning on the spectral signature analysis of inland water. Remote Sensing of Environment，41：211-225.

Dietrich S，Ploessl F，Bracher F，et al. 2010. Single and combined toxicity of pharmaceuticals at environmentally relevant concentrations in *Daphnia magna*——a multigenerational study. Chemosphere，79（1）：60-66.

Dixon W，Chiswell B. 1996. Review of aquatic monitoring program design. Water Research，30：1935-1948.

Dixon W，Smyth G K，Chiswell B. 1999. Optimized selection of river sampling sites. Water Research，33：971-978.

Durand M J. 2003. Specific detection of organotin compounds with a recombinant luminescent bacteria. Chemosphere，52：103-111.

Ekstrand S. 1992. Landsat TM based quantification of chlorophyll-a during algae blooms in coastal waters：from thematic mapper imagery. Remote Sensing of Environment，66：153-165.

Elliot E L，Colwell R R. 1985. Indicator organisms for estuarine and marine waters. FEMS Microbiology Letters，32（2）：61-79.

Environmental Protection Agency of United States（USEPA）. 1971. Algal Assay Procedure：Bottle Test. New York：National Eutrophication Research Program.

Eriksen C C，Osse T J，Light R D，et al. 2001. Seaglider：A long-range autonomous underwater vehicle for oceanographic research. IEEE Journal of Oceanic Engineering，126（4）：424-436.

Esterby S R. 1996. Review of methods for the detection and estimation of trends with emphasis on water quality applications. Hydrological Processes, 10: 127-149.

Fan W, Wu C, Zhao C, et al. 2011. Application of enriched stable isotope technique to the study of copper bioavailability in *Daphnia magna*. Journal of Environmental Sciences, 23 (5): 831-836.

Frense D, Müller A, Beckmann D. 1998. Detection of environmental pollutants using optical biosensor with immobilized algae cells. Sensors and Actuators B: Chemical, 51 (1-3): 256-260.

Fritzsche M, Mandenius C F. 2010. Fluorescent cell-based sensing approaches for toxicity testing. Analytical and Bioanalytical Chemistry, 398: 181-191.

Giardino C, Candiani G, Zilioli E. 2005. Detecting chlorophyll-a in Lake Garda using TOA MERIS radiances. Photogrammetric Engineering and Remote Sensing, 71 (9): 1045-1051.

Goltsev V, Zaharieva I, Chernev P, et al. 2009. Delayed fluorescence in photosynthesis. Photosynthesis Research, 101 (2-3): 217-232.

Gu M B, Gil G C. 2001. A multi-channel continuous toxicity monitoring system using recombinant bioluminescent bacteria for classification of toxicity. Biosensors and Bioelectronics, 16: 661-666.

Guo Z, Hong F, Feng H, et al. 2008. Ocean Sence: Sensor Network of Realtime Ocean Environmental Data Observation and Its Development Platform. San Francisco: Proceedings of the 3rd ACM International Workshop on Linder Water Networks.

Habbane M. 1998. Empirical algorithm using SeaWiFS hyperspectral bands: asimple test. International Journal of Remote Sensing, 19 (11): 2161-2169.

Hanikenne M. 2003. Chlamydomonas reinhardtii as a eukaryotic photosynthetic model for studies of heavy metal homeostasis and tolerance. New Phytologist, 159 (2): 331-340.

Harmancioglu N B, Alpaslan N. 1992. Water quality monitoring network design: a problem of multiobjective decision making. Water Resources Bulletin, 28: 179-192.

Henry S. 1989. The slocum mission. Oceanography, 2 (1): 22-25.

Herve C, Laurent B, Patrice P. 2014. Seaexplorer glider breaks two world records. Sea Technology, 55 (3): 19-22.

International Organization for Standardization (ISO). 2004. Water Quality——Freshwater Algal Growth Inhibition Test with Unicellular Green Algae. Paris: International Organization for Standardization.

Kallio K, Koponen S, Pulliainen J. 2003. Feasibility of airborne imaging spectrometry for lake monitoring-a case study of spatial chlorophyll a distribution in two meso-eutrophic lakes. International Journal of Remote Sensing, 24 (19): 3771-3790.

Keiner L E, Yan X H. 1998. A neural networks model for estimation sea surface chlorophyll and sediments. Remote Sensing of Environment, 66 (2): 153-165.

Kimmel C B, Ballard W W, Kimmel S R, et al. 1995. Stages of embryonic development of the zebrafish. Developmental dynamics, 203 (3): 253-310.

Kirchen R V, West W R. 1976. The Japanese medaka care and development. Carolina Biological Supply Burlington, NC, 42: 685-703.

Klemas V, Bartlett D, Philpot W, et al. 1974. Coastal and estuarine studies with ERTS-1 and Skylab. Remote Sensing of Environment, 3 (3): 153-174.

Kondal J K, Saroj G, Saxena P K. 1984. Acute toxicity of vegetable oil factory effluent to some freshwater teleosts in relation to size. Toxicology Letters, 21 (2): 155-162.

Krause G H, Weis E. 1991. Chlorophyll fluorescence and photosynthesis: the basics. Annual Review of Plant Physiology and Plant Molecular Biology, 42 (1): 313-349.

Langiano V D, Martinez C B. 2008. Toxicity and effects of a glyphosate-based herbicide on the Neotropical fish *Prochilodus lineatus*. Comparative Biochemisty and Physiology C-Toxicology and Pharmacology, 147 (2): 222-231.

Lathrop R G. 1992. Landsat Thematic Mapper monitoring of turbid inland water quality. Photogrammetric Engineering and Remote Sensing, 13: 345-352.

Lichtenthaler H K. 1996. Vegetation stress: an introduction to the stress concept in plants. Journal of Plant Physiology, 148 (1-2): 4-14.

Lindsay A S, Caitlyn S B, Michael D L, et al. 2007. Lake net: an integrated sensor network for environmental sensing in lakes. Environmental Engineering Science, 2 (4): 183-191.

Loftis J C, Mcbride G B, Ellis J C. 1991. Considerations of scale in water quality monitoring and data analysis. JAWRA Journal of the American Water Resources Association, 27: 255-264.

López-Rodas V, Marvá F, Costas E, et al. 2008. Microalgal adaptation to a stressful environment (acidic, metal-rich mine waters) could be due to selection of pre-selective mutants originating in non-extreme environments. Environmental and Experimental Botany, 64 (1): 43-48.

Macedo R S, Lombardi A T, Omachi C Y, et al. 2008. Effects of the herbicide bentazon on growth and photosystem II maximum auantum yield of the marine diatom Skeletonema Costatum. Toxicology in Vitro, 22 (3): 716-722.

Mallick N, Mohn F H. 2003. Use of chlorophyll fluorescence in metal-stress research: a case study with the green microalga scenedesmus. Ecotoxicology and Environmental Safety, 55 (1): 64-69.

Martins J, Soares M, Saker M, et al. 2007. Phototactic behavior in *Daphnia magna* Straus as an indicator of toxicants in the aquatic environment. Ecotoxicology and Environmental Safety, 67 (3): 417-422.

Marvá F, López-Rodas V, Mónica R, et al. 2010. Adaptation of green microalgae to the herbicides simazine result of preselective mutations. Aquatic Toxicology, 96 (2): 130-134.

Michels E, Leynen M, Cousyn C, et al. 1999. Phototactic behavior of *Daphnia* as a tool in the continuous monitoring of water quality: experiments with a positively phototactic *Daphnia magna* clone. Water research, 33 (2): 401-408.

Moreno-Garrido I, Lubian L M, Soares A. 2000. Influence of cellular density on determination of EC50 in microalgal growth inhibition tests. Ecotoxicology and Environmental Safety, 47 (2): 112-116.

Mostafa F Y, Helling C S. 2002. Impact of four pesticides on the growth and metabolic activities of two photosynthetic algae. Journal of Environmental Science and Health: Part B-Pesticides Food Contaminants and Agricultural Wastes, 37 (5): 417-444.

Naddafi K, Nabizadeh R, Baiggi A. 2008. Bioassay of methyl tertiary-butyl ether (MTBE) toxicity on rainbow trout fish. Journal of Hazardous Materials, 154 (1-3): 403-406.

Naessens M, Tran-Minh C. 2000. Fiber optic biosensor using *Chlorella vulgaris* for determination of compounds. Ecotoxicology and Environmental Safety, 46 (2): 181-185.

Nguyen-Ngoc H, Tran-Minh C. 2007. Fluorescent biosensor using whole cells in an inorganic translucent matrix. Analytica Chimica Acta, 583 (1): 161-165.

Nguyen-Ngoc H, Durrieu C, Tran-Minh C. 2009. Synchronous-scan fluorescence of algal cells for toxicity assessment of heavy metals and herbicides. Ecotoxicology and Environmental Safety, 72 (2): 316-320.

Ning S K, Chang N B. 2002. Multi-objective, decision-based assessment of a water quality monitoring network in a river system. Journal of Environmental Monitoring, 4: 121-126.

Organization for Economic Co-operation and Development (OECD) . 2006. OECD Guidelines for the Testing of Chemcals-Freshwater Alga and Cyanobacteria, Growth Inhibition Test. Paris: Organization for Economic Cooperation and Development.

Pandey A K, Mishra D K, Bohidar K. 2014. Histopathological changes in gonadotrophs of Channa punctatus (Bloch) exposed to sublethal concentration of carbaryl and cartap. Journal of Experimental Zoology-India, 17 (2): 451-455.

Ren S J, Frymier P. 2003. Kinetics of the toxicity of metals to luminescent bacteria. Advances in Environmental Research, 7: 537-547.

Reza S, Marcin P, Geal R, et al. 2009. A practical secure neighbor verification protocol for wireless sensor networks. Proceedings of the second ACM conference on Wireless network security, 22 (2): 193-200.

Rogers K R. 2006. Recent advances in biosensor techniques for environmental monitoring. Analytica Chimica Acta, 568 (1-2): 222-231.

Santore R C, Diord D M, Paquin P R, et al. 2001. Biotic ligand model of the acute toxicity of metals. 2. Application to acute copper toxicity in freshwater fish and *Daphnia*. Environmental Toxicology and Chemistry, 20 (10): 2397-2402.

Sathyendranath S, Pereur L, Morel A. 1989. A three-component model of ocean color and its application to remote sensing of phytoplankton pigments in coastal waters. International Journal of Remote Sensing, (10): 1373-1394.

Schreiber U, Bengtson S M, Ralph P J, et al. 2005. The combined SPE: ToxY- PAM phytotoxicity assay: application and appraisal of a novel biomonitoring tool for the aquatic environment. Biosensors and Bioelectronics, 20 (7): 1443-1451.

Schreiber U, Quayle P, Schmidt S, et al. 2007. Methodology and evaluation of a highly sensitive algae toxicity test based on multiwell chlorophyll fluorescence imaging. Biosensors and Bioelectronics, 22 (11): 2554-2563.

Scordino A, Triglia A, Musumeci F, et al. 1996. Influence of the presence of atrazine in water on the in-vivo delayed luminescence of *Acetabularia acetabulum*. Journal of Photochemistry and Photobiology B: Biology, 32 (1-2): 11-17.

Sherman J, Davis R E, Owens W B, et al. 2001. The autonomous underwater glider "spray" . IEEE Journal of Oceanic Engineering, 126 (4): 437-446.

Simonetti P J. 1998. Low-cost, endurance ocean profiler. Sea Technology, 39 (2): 17-21.

Soterosantos R B, Rocha O, Povinelli J. 2007. Toxicity of ferric chloride sludge to aquatic organisms. Chemosphere, 68 (4): 628-636.

Stumpf R P, Pennock J R. 1989. Calibration of a general optical equation for remote sensing of suspended sediments in a moderately turbid estuary. Journal of Geophysical Research oceans, 94 (C10): 14363-14371.

Szewczyk R, Polastre J, Mainwaring A, et al. 2004. Lessons from a sensor network expedition. Wireless Sensor Networks Lecture Notes in Computer Science, 2920: 307-322.

Thomulk K W, McGee D J, Lange J H. 1993. Use of the bioluminescent bacterium phosphoreum to detect potentially biohazardous materials in water. Bulletin of Environmental Contamination and Toxicology, 51 (4): 538-544.

Villegas-Navarro A, Santiago M R, Pérez F R, et al. 1997. Determination of LC50 from Daphnia magna in treated industrial waste waters and non-treated hospital effluents. Environment International, 23 (4): 535-540.

Wang M, Gordon H R. 1994. A simple moderate accurate atmospheric correction algorithm for sea WIFS. Remote Sensing of Environments, 50: 231-239.

Ward R C. 1996. Water quality monitoring: where's the beef ? JAWRA Journal of the American Water Resources Association, 32: 673 -680.

Webb D C, Simonetti P J, Jones C P. 2001. SLOCUM: an underwater glider propelled by environmental energy. IEEE Journal of Oceanic Engineering, 26: 447-452.

Williamsa T D, Hutchinsona T H, Robertsa G C, et al. 1993. The assessment of industrial effluent toxicity using aquatic microorganisms, invertebrates and fish. Science of The Total Environment, 134 (2): 1129-1141.

Yu J C, Zhang A Q, Jin W M, et al. 2011. Development and experiments of the Sea-Wing underwater glider. China Ocean Eng. , 25 (4): 721-736.